Konstruktionsbücher

Herausgeber Professor Dr.-Ing. K. Kollmann, Karlsruhe

19

Freilaufkupplungen

Berechnung und Konstruktion

Von

Dipl.-Ing. Karl Stölzle und Dipl.-Ing. Sigwalt Hart

Augsburg München

Mit 202 Abbildungen im Text und auf einer Tafel

Springer-Verlag

Berlin/Göttingen/Heidelberg

1961

ISBN 978-3-642-51094-6 ISBN 978-3-642-51093-9 (eBook)
DOI 10.1007/978-3-642-51093-9

Softcover reprint of the hardcover 1st edition 1961

Vorwort

Freilaufkupplungen finden heute auf zahlreichen Gebieten der Technik Verwendung. Trotz dieser Tatsache und obwohl der Freilauf schon als verhältnismäßig altes Maschinenelement anzusprechen ist, fehlte bisher in der technischen Literatur eine Zusammenfassung der für die richtige Wahl der Freilaufart und für die Berechnung und Konstruktion von Freiläufen erforderlichen Grundlagen und Erfahrungswerte.

Die Anwendung von Freiläufen, die sich über Jahrzehnte hin nur auf bestimmte Gebiete des Maschinenbaues beschränkte, hat eine bedeutende Ausweitung erfahren. Insbesondere ergaben sich im Hinblick auf die Wahl der Freilaufart, entsprechend den gestellten Anforderungen, zahlreiche neue wesentliche Erkenntnisse. Die Entwicklung wurde dadurch gefördert, daß einige bekannte Firmen des In- und Auslandes die Herstellung von Freiläufen als An- und Einbauelement aufgenommen haben. Erst durch diese Entwicklung war eine eingehendere Erfassung der Betriebsverhältnisse bei den unterschiedlichsten Anwendungsfällen möglich geworden. Die gewonnenen Erfahrungen bilden die Grundlage der vorliegenden Abhandlung.

In diesem Buch werden die Klemmrollen- und die Klemmkörperfreiläufe behandelt; jedoch wird in den Abschnitten 4 und 6 auch auf die nach anderem Prinzip arbeitenden Freilaufkupplungen eingegangen. Das Buch soll die Unterlagen bieten, welche für die Wahl der geeigneten Freilaufart, für die Berechnung, die konstruktive Gestaltung und für den Einbau und die Wartung erforderlich sind. Unter anderem soll das vor allem durch die Behandlung einer möglichst großen Anzahl von mehr oder weniger bekanntgewordenen Konstruktionen, und zwar auch von solchen, die sich nicht durchsetzen konnten, erreicht werden. Dies scheint gerade im Hinblick auf die öfters zu beobachtende ungeeignete Verwendung und Ausführung von Freiläufen, die dann zu Mißerfolgen und zu falscher Beurteilung führen, erforderlich zu sein.

Abschließend sei hier noch auf die Gründe eingegangen, die zur Wahl des Titels „Freilaufkupplungen" geführt haben. Die Bezeichnung „Freilaufkupplung" ist auf alle Klemmrichtgesperre anwendbar, ohne Rücksicht auf Einzelheiten des Aufbaues und Verwendungszweckes. Sie bringt beide Wirkungsmöglichkeiten zum Ausdruck, sowohl das „Freilaufen" oder Überholen, als auch das „Kuppeln" oder Übertragen eines Drehmomentes. Ihr entspricht die englische Bezeichnung „freewheeling clutch". Es hat sich jedoch, wie ein Überblick über das einschlägige Schrifttum, die diesbezüglichen Patente und die verschiedenen Firmenkataloge zeigt, die Kurzbezeichnung „Freilauf" weitgehend durchgesetzt. Erwähnt seien noch die in der englischen Literatur gebräuchlichen Bezeichnungen, wie „freewheeling unit", „one-way clutch", „one-way unit" und „overrunning clutch". Alle diese Benennungen sind zutreffend, charakterisieren aber stets nur eine der beiden Funktionseigenschaften.

An dieser Stelle sei nicht versäumt, allen Dank zu sagen, die durch Überlassung von Unterlagen, Druckschriften und Prospekten zum Gelingen des vorliegenden Buches mit beigetragen haben.

Die Verfasser danken insbesondere Herrn Prof. Dr.-Ing. G. Niemann, Technische Hochschule München, aus dessen Lehrbuch „Maschinenelemente" Band II das Kapitel „Richtungskupplungen" die Anregung zu diesem Buch gegeben hat, für sein Entgegenkommen und seine Unterstützung.

Augsburg und München, im September 1960

Karl Stölzle und Sigwalt Hart

Inhaltsverzeichnis

Hinweise

Verwendetes Maßsystem: Technisches Maßsystem mit kg als Krafteinheit.

Bezugnahme auf Bilder, Gleichungen und Schrifttum: Abb. 25/1 = Abb. 1 auf S. 25; Gl. (90/**3**) = Gl. **3** auf S. 90; [*40*] = Schrifttumsangabe in Abschn. 7 Schrifttum.

1 Überblick

Der Freilauf als Maschinenelement ist seit etwa 80 Jahren bekannt. Seine praktische Verwendung hat sich über ein halbes Jahrhundert auf wenige Gebiete des Maschinen- und Fahrzeugbaues beschränkt und dementsprechend hat sich die allgemeine Entwicklung auch nur verhältnismäßig langsam und zögernd vollzogen. Freiläufe wurden jeweils nur für einen bestimmten Bedarfsfall entwickelt und gebaut. Die gestellten Anforderungen und der diesen Anforderungen angepaßte Aufbau schlossen meist schon von vornherein eine universelle Anwendung aus. Als Beispiel sei hier die Verwendung von Freiläufen im Fahrrad angeführt. Außerdem hatten die Hersteller, die sich bei der Entwicklung des Freilaufes nur mit einer das Gesamtaggregat umfassenden Problemstellung beschäftigten, im allgemeinen keine Möglichkeit, dieses Element auch für andere Zwecke auszubilden. Zu einer Entwicklung auf breiter Grundlage kam es erst, als angeregt durch die steigende Verwendung von Freiläufen im Kraftfahrzeugbau und auf verschiedenen Gebieten des Spezialmaschinenbaues sich auch für den allgemeinen Maschinenbau neue Anwendungsmöglichkeiten abzeichneten.

Ein Überblick über die Entwicklung des Freilaufes als Klemmrollen- und Klemmkörpergesperre ist in Anbetracht des verhältnismäßig geringen Umfanges an diesbezüglichen Veröffentlichungen in Fachbüchern und Fachzeitschriften am besten aus den einschlägigen Patenten zu gewinnen (s. Abschn. 7.4). Vor allem kommen hier die Patentklassen und -gruppen 63 c 8/01, 63 c 8/40, 63 c 8/41, 63 c 11, 63 c 16/07 (Kraftfahrzeuggetriebe und -kupplungsvorrichtungen, Schaltwerksgetriebe, Freilaufkupplungen), 63 i 9–11 (Freilaufrücktrittbremsen für Fahr- und Motorräder), 63 k 5, 6 und 34 (Freilaufkupplungen für Fahrräder) sowie 47 c 6 und 47 h 5 in Betracht.

Eine kurze Zusammenfassung des Inhaltes der deutschen Patente ergibt folgendes Bild der Entwicklung des Freilaufes:

Als einer der ersten Freiläufe mit Klemmrollen kann das „Schaltwerk" gelten, das gemäß dem am 13. 3. 1878 erteilten Patent DRP 2804, 47 h 5, „Schaltwerkmotor" – Erfinder Hans Goeldel, Berlin – zur Umwandlung der von einer Kolbenkraftmaschine erzeugten hin- und hergehenden Bewegung in eine drehende dienen sollte (s. Abb. 1/1). Einige Jahre später, am 19. 6. 1881, wurde den beiden Amerikanern Charles Mayo und William Perry, Lowell USA, das Patent DRP 18261, 47 h 5, „Neuerungen an Tretvorrichtungen für den Fußbetrieb von Maschinen" erteilt. Dieses Patent sieht den Einbau einer Überholkupplung (s. Abb. 2/1), zwischen einem

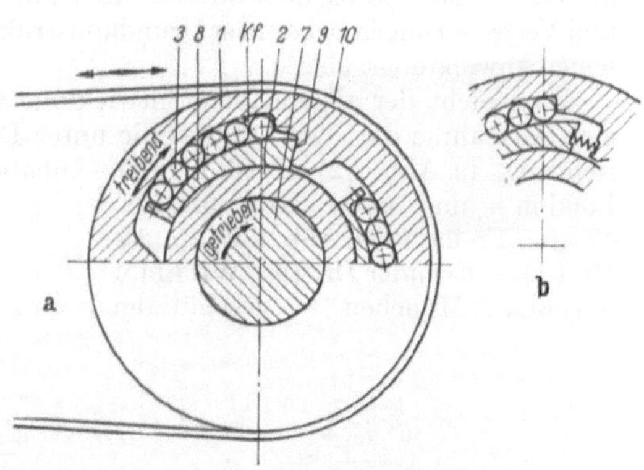

Abb. 1/1 a u. b. Schaltwerk nach Goeldel
a) Ausführung nach Patentschrift; b) Ergänzung durch Anfederung der Klemmbacken

fußbetätigten Kurbeltrieb und einer als Schwungrad ausgebildeten Riemenscheibe vor. Diese Überholkupplung ist als Klemmrollenfreilauf mit spiralförmig gekrümmten Klemmflächen und einzeln angefederten Klemmrollen dargestellt. Die Anfederung wird durch je zwei nebeneinander angeordnete Druckfedern bewirkt. Bemerkenswert ist, daß schon vor 80 Jahren dieser Freilauf alle nach den heutigen Erkenntnissen für eine einwandfreie Funktion notwendigen Merkmale aufwies. Im weiteren Verlauf der Entwicklung bis zur Jahrhundertwende ist das Bestreben feststellbar, diese und andere zahlreiche, nicht allgemein bekanntgewordenen Konstruktionen, besonders bezüglich ihrer Verwendungsmöglichkeiten, auszubauen und zu verbessern. Die bedeutendste Neuerung war die Weiterentwicklung zum umschaltbaren und abschaltbaren Freilauf. Durch Schalten, d.h. durch Beeinflussung der Klemmrollen von außen, bot dieser die Möglichkeit, Kupplungs- und Freilaufrichtung nach Bedarf umzukehren oder die Kupplungswirkung nach beiden Seiten hin vollständig aufzuheben. Damit war zumindest theoretisch die Entwicklung des Klemmrollenfreilaufes hinsichtlich seiner Verwendbarkeit als Überholkupplung, Schaltwerk und Rücklaufsperre zu einem gewissen Abschluß gekommen; denn selbstverständlich kam ein großer Teil dieser Patente nicht über die Erteilung oder das Versuchsstadium hinaus. Die zahlreichen, innerhalb der letzten 25 bis 30 Jahre erteilten Patente beziehen sich auf Veränderungen und Verbesserungen bekannter Grundkonstruktionen, angeregt durch das Entstehen neuer Anwendungsgebiete.

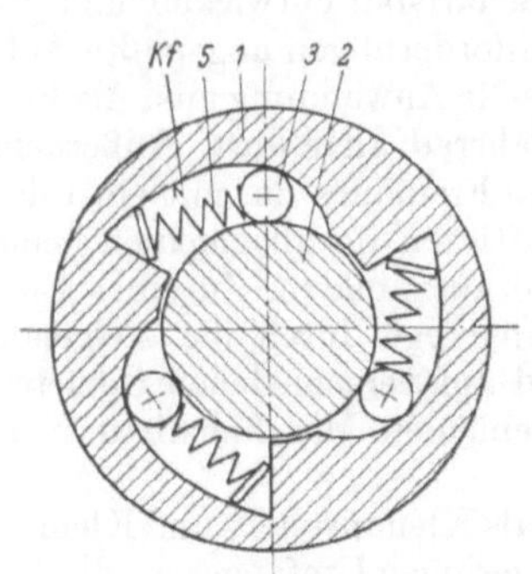

Abb. 2/1. Überholkupplung nach MAYO und PERRY

Zwei nicht der allgemeinen Entwicklung folgende Konstruktionen stellen hier eine Ausnahme dar. Es sind dies die unter DRP 496495, 47 c 6, „Kupplungsvorrichtung" (s. Abb. 2/2) am 16. 9. 1925 – Inhaber Humfrey-Sandberg Company Ltd., London – und unter DRP 924408, 47 c 6, „Freilauf" (s. Abb. 2/3) am 24. 10. 1951 – Erfinder Dr.-Ing. WILHELM STIEBER, München – geschützten Freilaufsysteme. Diese beiden Konstruktionen unterscheiden sich durch Verwendung von konzentrisch-hyperbolischen bzw. konzentrisch-kegeligen Freilaufkörpern in Verbindung mit dazwischenliegenden, schräggestellten Klemmrollen, grundsätzlich von dem bis dahin üblichen Aufbau der Freiläufe.

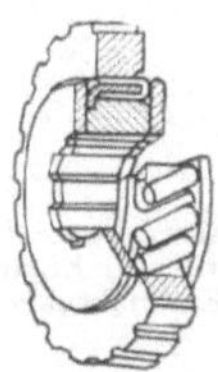
Abb. 2/2. Humfrey-Sandberg-Freilauf nach [10]

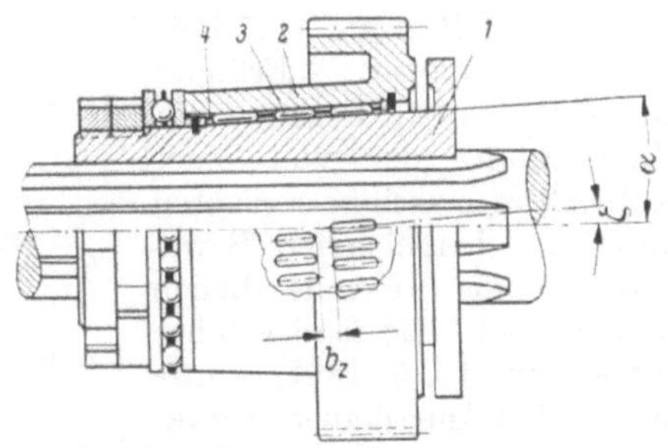

Abb. 2/3. Kegelfreilauf nach STIEBER

Abschließend sei hier noch kurz darauf hingewiesen, daß der seiner Verwendung wegen am meisten bekanntgewordene Freilauf, nämlich der Fahrradfreilauf, am 20. 6. 1897 im DRP 105465, 63 i 11/01, „Kombiniertes Gesperre für Fahrradantrieb und Hinterradbremse" – Erfinder KARL JUNGK, Bremen – erstmalig als Klemmrollengesperre, kombiniert mit Rücktrittbremse, patentiert wurde. Die Konstruktion sah die Verwendung von zwei Freiläufen in der Hinterradnabe vor, von denen der eine beim Vorwärtstreten für den Antrieb des Fahrrades, der andere beim Rückwärtstreten für die Betätigung einer Außenbandbremse über ein außerhalb der Freilaufnabe befindliches Gestänge dienen sollte. Infolge der damals schon

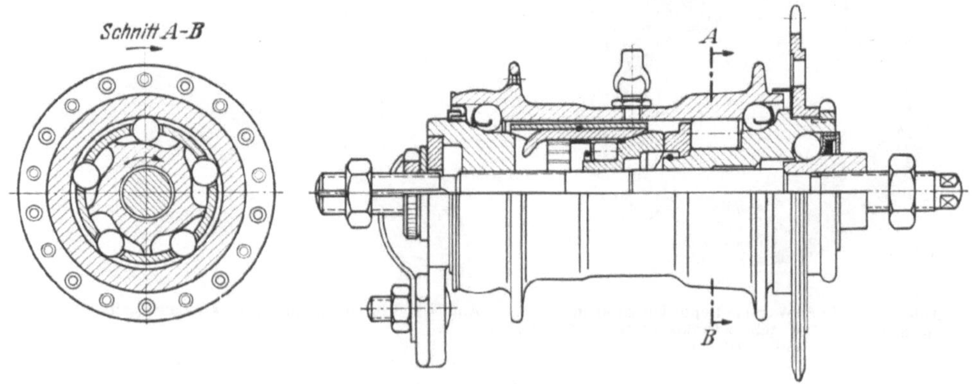

Abb. 3/1. Torpedo-Freilaufnabe nach [10]

erheblichen wirtschaftlichen Bedeutung des Fahrradfreilaufes verging nur etwas mehr als ein Jahrzehnt, um die heute noch bestehende und bewährte Konstruktion und äußere Form zu erreichen. Vor allem sind hier Entwicklungsarbeiten und zahlreiche Patente von ERNST SACHS und der Firma Fichtel & Sachs, Schweinfurt, zu nennen (s. Abb. 3/1).

Neben den Klemmrollenfreiläufen mit zylindrischen Klemmrollen wurden auch Klemmkörperfreiläufe entwickelt, bei denen Klemmkörper mit zwei gekrümmten Klemmflächen, ähnlich Abb. 3/2. zwischen den koaxialen, zylindrischen Freilaufkörpern den Kraftschluß herstellen. Wahrscheinlich ist der im Patent DRP 306763, 47 h 5, „Schaltwerkwechselgetriebe" vom 7. 9. 1916 – Erfinder ARTUR LEFFLER, Stockholm – gezeigte Freilauf als erste derartige Konstruktion anzusprechen. Dieses Patent bezieht sich zunächst, ohne nähere Angaben über konstruktive Einzelheiten, lediglich auf die als „Schaltklinken" bezeichneten Klemmkörper. Dagegen zeigt schon das am 22. 12. 1922 erteilte Patent DRP 401152, 63 k 34, „Freilaufrad" – Erfinder DIMITRI SENSAUD DE LAVAUD, Paris – die für die heutige Form der Klemmkörper maßgebende Ausbildung der Klemmflächen. Die weitere Entwicklung dieser Freilaufart wurde vor allem in den USA mit Erfolg betrieben, wie sowohl einige Patente, als auch die seit Jahren im Fahrzeug- und Flugzeugbau mit Erfolg verwendeten Freiläufe der Borg-Warner Corporation (s. Abb. 4/1) und anderer maßgeblicher Firmen zeigen. In Deutschland wurde die Herstellung dieser Freilaufart unter anderem durch die Firma Ringspann aufgenommen und die Ent-

Abb. 3/2. Klemmkörperfreilauf, in sich gelagert, mit gemeinsamer Anfederung der Klemmkörper mittels Schraubenringfeder (Formsprag Company [58])

wicklung weitergeführt (s. Abb. 4/2). Erwähnt sei hier noch ein als „Berührungsfreier Freilauf“ bezeichneter Klemmkörperfreilauf (s. Abb. 4/3). Bei diesem Freilauf, der 1953 auf den Markt kam, wird durch die Schwerpunktanordnung innerhalb der einzelnen Klemmkörper bei Beginn oder im Verlaufe des Überholvorganges, unter Ausnutzung der Zentrifugalkraft, die Berührung mit dem Freilaufinnenring durch selbsttätiges Abheben unterbrochen. Dieser Effekt kann auch bei den beiden vorher besprochenen Freiläufen durch entsprechende Anordnung der Klemmkörper erzielt werden.

Abb. 4/1. Borg-Warner-Doppelkäfigfreilauf, Normalausführung mit Klemmkörpern und Bandspreizfeder

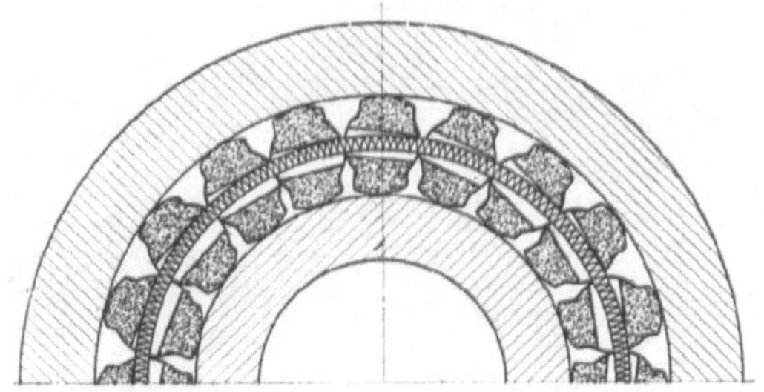

Abb. 4/2. Ringspann-Klemmstückfreilauf nach [28]

Neben den beiden Freilaufarten, dem Klemmrollen- und dem Klemmkörperfreilauf, wurden noch Freilaufkupplungen, die nach dem Prinzip der Reib-, Band- und Klinkengesperre arbeiten, entwickelt. Die brauchbaren Lösungen lassen sich am besten an Hand einiger charakteristischer Anwendungsfälle diskutieren. Erwähnt seien hier die Freilaufkupplungen mit axialem Kraftschluß, bei welchen die Drehmomentübertragung über Konus- oder über Planreibflächen stattfindet. Eine bekannte, nach diesem Prinzip arbeitende Konstruktion ist der Fichtel & Sachs-Freilauf „Komet“ (s. Abb. 158/2). In den letzten Jahren wurden im besonderen die Lamellen-Reibüberholkupplungen, bekannt in ihrer ursprünglichen Form als „Ardelt-Kupplungen“, weiter entwickelt (s. Abb. 159/1 u. 161/1). Sie finden vornehmlich Verwendung in Getrieben, die ohne Zugkraftunterbrechung schalten müssen. Die Hauptanwendungsgebiete liegen auf dem Fahrzeugsektor.

Abb. 4/3. Berührungsfreier Klemmkörperfreilauf, einzeln angefederte Klemmkörper in Käfig geführt nach [10]

Weiter ist die SSS-Überholkupplung, System Sinclair, die nach dem Prinzip des Klinkengesperres arbeitet, anzuführen (s. Abschn. 6.5.4). Der schon bei den berührungsfreien Freiläufen erwähnte Effekt ermöglicht hier die Berührungsfreiheit der Klinken. Die Kraftübertragung selbst erfolgt form- und kraftschlüssig über Zahnkupplungen (s. Abb. 154/2 u. 155/1).

Abschließend sei noch auf die Maybach-Sperrklauen-Überholkupplung hingewiesen, die vor allem in Bahngetrieben Verwendung findet (s. Abb. 156/2 u. 156/3).

2 Funktion und Eigenschaften

„Der Freilauf ist ein durch Reibung kraftschlüssig arbeitendes Richtgesperre", und zwar, soweit Gegenstand dieses Buches, nach dem Prinzip des Rollengesperres (s. Abb. 5/1) oder nach dem Prinzip des Reibgesperres (s. Abb. 62/1). Hiervon abweichende Kupplungsarten sind in Abschn. 4.9 und 6.5 besprochen. Der Freilauf stellt also eine in *einem* Drehsinn selbsttätig wirkende Kupplung dar. Bei Gleichlauf sind die beiden Kupplungsteile miteinander verbunden und es ist eine Drehmomentübertragung möglich. Bleibt der treibende Teil zurück, dann tritt Lösen ein.

Ein Freilauf kann nur als

Überholkupplung, Schaltwerk und Rücklaufsperre

Verwendung finden.

Ein Freilauf eignet sich *nicht als Lager* und stellt auch keine Kupplung im üblichen Sinne dar.

Abb. 5/1 zeigt das Prinzip eines Klemmrollenfreilaufes. Die in ständiger Berührung mit den beiden Teilen *1* und *2* stehende Klemmrolle *3* stellt bei Rechtsdrehung der Scheibe *1* die kraftschlüssige Verbindung zu Teil *2* her. Wird die Scheibe *1* nach links gedreht, so herrscht „Freilauf". Die Feder *4* dient dazu, die Rolle in den Eingriff zu drücken.

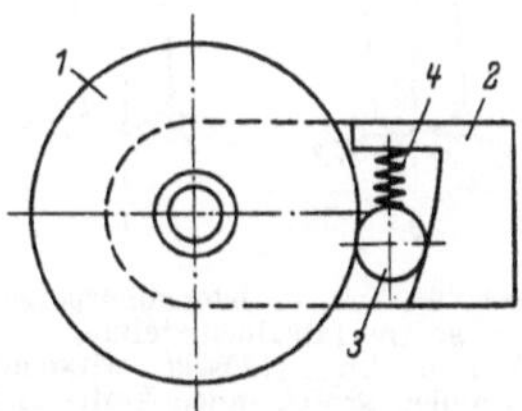

Abb. 5/ő. Rollengesperre, Prinzipdarstellung

Die Abb. 11/1 u. 21/1 erläutern die Übertragung des Drehmomentes. Dieses wird vom antreibenden Teil über die einzeln angeordneten Klemmrollen durch Reibung auf den getriebenen Teil übertragen, wenn die Winkelgeschwindigkeit des Antriebes diejenige des Abtriebes erreicht hat. Der an den beiden Berührstellen *A* und *B* wirkenden Normalkraft *P* entspricht die in tangentialer Richtung verlaufende Reibungskraft *R*.

Reibungskraft
$$R = \mu P \tag{5/1}$$

Diese muß größer sein als die zur Übertragung kommende Umfangskraft *U*. S. Abschn. 4.2.1.

Umfangskraft
$$U = P \tan\alpha \tag{5/2}$$

Dies bedeutet, daß die für die Funktion eines derartigen Reibgesperres grundlegende Bedingung besteht:

$$\mu > \tan\alpha \tag{5/3}$$

Es kann dabei, wie die beiden Abb. 12/1 u. 20/2 zeigen, An- und Abtrieb unter Berücksichtigung der Drehrichtung vertauscht werden.

Abb. 2/3 zeigt einen Kegelfreilauf. Dieser besteht aus zwei konzentrisch angeordneten Kegelkörpern *1* und *2*, die gleiche Kegelneigung aufweisen. Dazwischen liegen die im Käfig *4* geführten Rollen *3*. Die Fenster des Käfigs sind unter dem Winkel ζ schräg gestellt, so daß die Rollenachsen windschief zur Freilaufachse verlaufen. Die Rollen haben an ihren Enden Kuppen. Das Verhältnis von Rollendurchmesser zu nutzbarer Rollenlänge ist so klein gehalten, daß sich die

Rollen unter Belastung elastisch verbiegen und damit an die Kegelflächen anschmiegen können. Beide, oder einer der Kegelkörper sind elastisch gestaltet.

Wird auf den Kegelkörper *1* ein Drehmoment übertragen, so schraubt er sich infolge der Schrägstellung der Rollen in den Kegelkörper *2* hinein. Durch die dabei entstehenden Radialkräfte zwischen Rollen und Kegelflächen werden die Rollen zunächst so weit elastisch verformt, bis sie sich an die Kegelflächen anschmiegen. Durch weiteres Verdrehen der beiden Kegelkörper gegeneinander steigen die Radialkräfte in Abhängigkeit von den Wandstärken der Körper, der Kegelneigung und dem Schrägungswinkel ζ, so daß ein dementsprechendes Drehmoment auf den Körper *2* übertragen werden kann. Infolge der Schraubbewegung findet bei der Verdrehung auch eine axiale Verschiebung der Kegelkörper gegeneinander statt.

Abb. 6/1 zeigt das Prinzip eines Klemmkörperfreilaufes. In Abb. 6/1a stellt der Klemmkörper die kraftschlüssige Verbindung mit den zylindrischen Klemmbahnen von Freilaufaußen- und -innenkörper her, wenn letzterer im Uhrzeigersinn antreibt. Wird der Innenkörper entgegen dem Uhrzeigersinn gedreht, herrscht „Freilauf". Die Ausführung nach Abb. 6/1b unterscheidet sich von der Ausführung nach Abb. 6/1a nur insofern, als durch entsprechende Ausbildung des Innenkörpers die Klemmkörper innen eine kraft- und formschlüssige, außen dagegen nur eine kraftschlüssige Verbindung herstellen. Die in Abb. 32/1 gezeigte Feder bewirkt durch Drehen der Klemmkörper um ihre Achse eine gleichzeitige Anlage derselben am Innen- und Außenkörper.

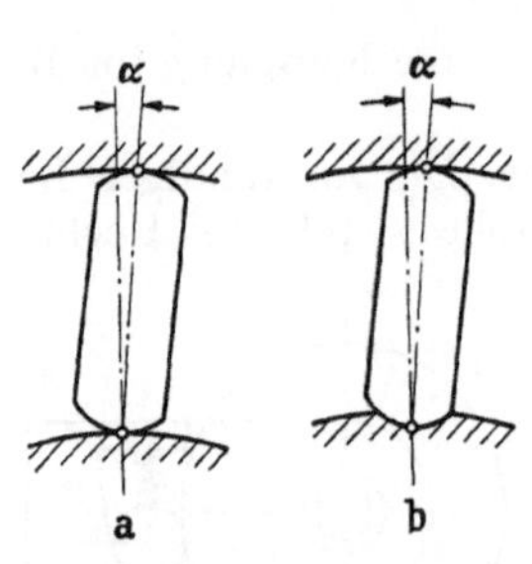

Abb. 6/1 a u. b. Klemmkörpergesperre, Prinzipdarstellung
a) rein kraftschlüssig wirkend; b) außen kraft-, innen kraft- und formschlüssig wirkend

Abb. 28/1 erläutert die Kraftübertragung bei einem Klemmkörperfreilauf. Zwischen den konzentrisch-zylindrischen Klemmbahnen des Freilaufaußen- und -innenkörpers sind Klemmkörper angeordnet, die sich bei Drehung des Außenkörpers im Uhrzeigersinn um den Punkt B abzuwälzen versuchen. Da die Mittelpunkte der Klemmkurven – Kreise mit Radien ϱ_{sa} und ϱ_{si} – entsprechend der Abbildung so zueinander versetzt sind, daß der Abstand der beiden Berührpunkte A und B stets größer ist, als der radiale Abstand zwischen den Klemmbahnen von Freilaufaußen- und -innenkörper, tritt kraftschlüssige Verbindung durch Klemmen ein. Somit ist die Übertragung eines Drehmomentes möglich.

Auch hier muß wie beim Klemmrollenfreilauf die Bedingung erfüllt sein

$$\boxed{\mu > \tan\alpha}$$

3 Begriffsbestimmung

Um in den nachfolgenden Abschnitten möglichst einfache und klare Beschreibungen und Erläuterungen bringen zu können, ist es erforderlich, die Bezeichnungen, die bisher im technischen Sprachgebrauch weder einheitlich noch zum Teil zweckmäßig waren, für die einzelnen Freilaufteile festzulegen.

Für alle Klemmrollenfreiläufe charakteristisch ist der mit „Klemmflächen" ausgestattete Freilaufkörper, der in Anlehnung an seine Form als „Stern" bezeichnet wird. Je nachdem der Innen- oder Außenkörper des Freilaufes mit Klemmflächen versehen ist, findet die Bezeichnung „Innenstern" bzw. „Außenstern" Verwendung (s. Teil *1*, Abb. 7/1, 7/2, 7/3, 7/4 u. 7/5).

Der mit der zylindrischen „Klemmbahn" versehene Freilaufkörper wird als „Ring" bzw. „Außenring" oder „Innenring" bezeichnet (s. Teil *2*, Abb. 7/1, 7/2, 7/3, 7/4 u. 7/5). Abb. 7/3 zeigt einen als Zahnrad ausgebildeten Außenring, während der in

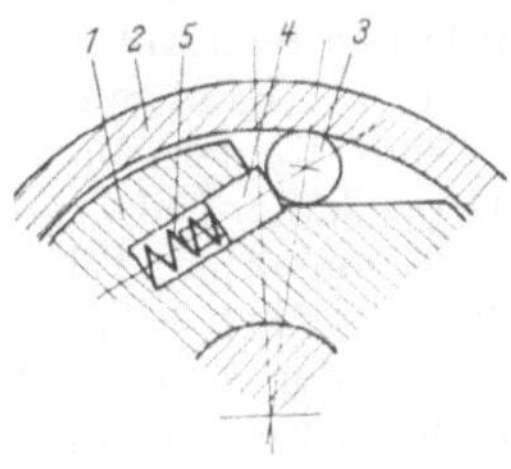

Abb. 7/1. Klemmrollenfreilauf mit Innenstern, Einzelanfederung

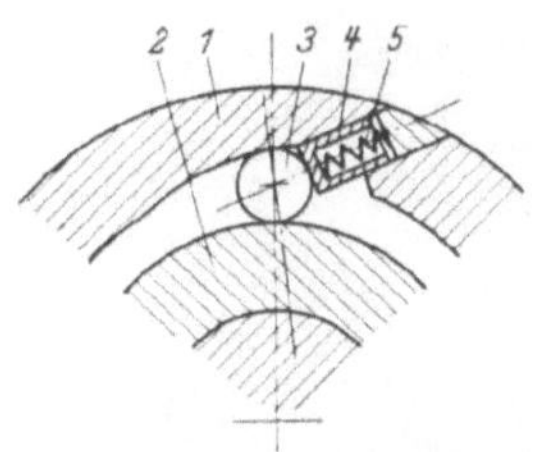

Abb. 7/2. Klemmrollenfreilauf mit Außenstern, Einzelanfederung

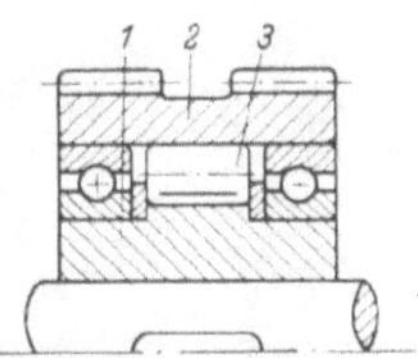

Abb. 7/3. Klemmrollenfreilauf mit Innenstern, in sich gelagert

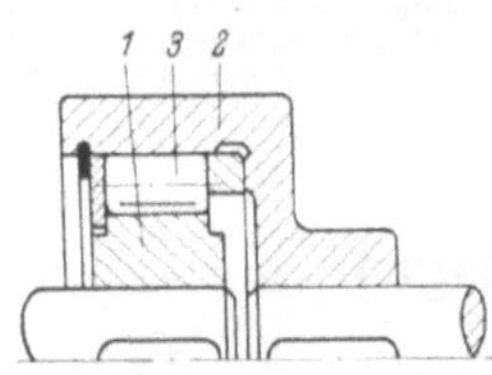

Abb. 7/4. Klemmrollenfreilauf mit Innenstern, zur Verbindung zweier Wellen

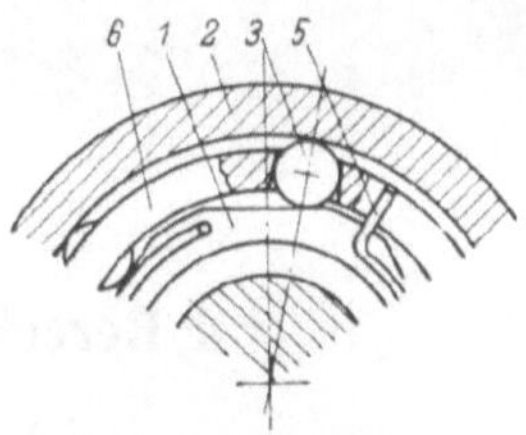

Abb. 7/5. Klemmrollenfreilauf, Klemmrollen in Käfig geführt, gemeinsame Anfederung mittels Ringfeder

Abb. 7/4 dargestellte Außenteil *2* auch als „Glocke" bezeichnet wird. Sinngemäß heißen die beiden Hauptteile von Klemmkörperfreiläufen ebenfalls „Innenring" und „Außenring" (s. Teil *1* u. *2*, Abb. 7/6, 7/7 u. 7/8).

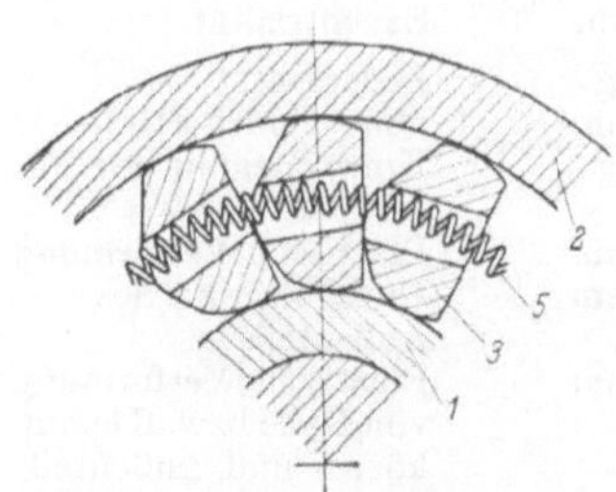

Abb. 7/6. Klemmkörperfreilauf, Klemmkörper mittels Schraubenringfeder gemeinsam angefedert

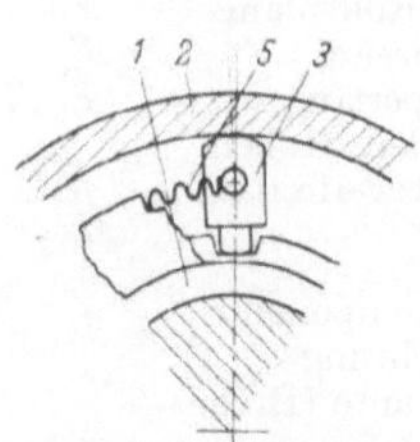

Abb. 7/7. Klemmkörperfreilauf mit einzeln angefederten Klemmkörpern

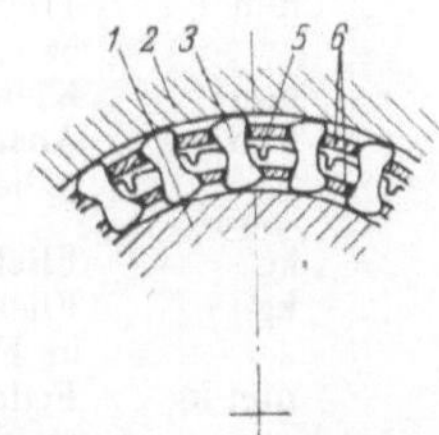

Abb. 7/8. Klemmkörperfreilauf, Klemmkörper in Doppelkäfig geführt und mittels Bandspreizfeder angefedert

Zwischen den beiden Freilaufkörpern Teil *1* u. *2* liegen die „Klemmrollen" (s. Teil *3*, Abb. 7/1, 7/2, 7/3, 7/4 u. 7/5) bzw. die „Klemmkörper" (s. Teil *3*, Abb. 7/6, 7/7 u. 7/8). Die Klemmkörper werden im Englischen mit „cams" (Abb. 7/6 u. 7/7 bzw. „sprags" (Abb. 7/8 u. 8/1) bezeichnet.

Unter dem Begriff „Anfederung" sind weitere wichtige Freilaufteile, wie „Federbolzen" (s. Teil *4*, Abb. 7/1), „Federhülsen" (s. Teil *4*, Abb. 7/2) und „Federn" (s. Teil *5*, Abb. 7/1, 7/2, 7/5, 7/6, 7/7 u. 7/8) zusammengefaßt.

Abb. 7/7 zeigt die Ausbildung der Feder als „Wellfeder" und Abb. 7/5 die Ausbildung als „Ringfeder" in Verbindung mit einem zur Führung der Klemmrollen dienenden „Käfig" (Teil *6*). Gemäß der Ausführung in Abb. 7/6 besteht die Anfederung aus einer auf alle Klemmkörper gemeinsam wirkenden „Schrauben-Ringfeder". Eine andere Art der Anfederung zeigt Abb. 7/8. Mittels einer „Band-Spreizfeder", Teil *5*, werden die in einem Doppelkäfig, Teil *6*, geführten Klemmkörper, Teil *3*, angefedert (s.a. Abb. 8/1).

Bei den in den Abschn. 4.9 und 6.5 behandelten Freiläufen gelten analoge Bezeichnungen.

Abb. 8/1. Einzelteile des Borg-Warner-Doppelkäfigfreilaufes. Innenkäfig, Außenkäfig, Klemmkörper und Bandspreizfeder mit einigen eingesetzten Klemmkörpern

4 Berechnungsgrundlagen

4.1 Bezeichnungen

A_f	mm kg	Formänderungsarbeit
a	mm	Abstand der Klemmkörper-Krümmungsmittelpunkte
a_0	mm	Abstand der Federbolzen bei Klemmrollenfreiläufen
a_s	mm	Konstante
b	mm	Tragende Rollenlänge bzw. Ringbreite
b_K	mm	Klemmkörperlänge
b_z	mm	Abstand der Rollenreihen im Kegelfreilauf
C	kg	Fliehkraft
C_F	kg	Fliehkraftkomponente in Federrichtung
c	mm kg	Federkonstante (Drehsteifigkeit)
c_b	mm	Biegehebelarm
D	h/Tag	Benutzungsdauer
d_a	mm	Durchmesser der Außenklemmbahn
d'_a	mm	Außendurchmesser des Außenkegels
d_{Fl}	mm	Flanschdurchmesser
d_i	mm	Durchmesser der Innenklemmbahn
d'_i	mm	Innendurchmesser des Innenkegels
d_K	mm	Klemmkörperdicke
d_r	mm	Rollendurchmesser
d_w	mm	Wellendurchmesser
E	kg/mm²	Elastizitätsmodul
E_1, E_2	kg/mm²	Elastizitätsmodul für Werkstoff 1 bzw. 2
e	–	Basis des natürlichen Logarithmus (2,7183)
e_i	mm	Exzentrizität
F	kg	Federkraft
F_0	mm²	Querschnitt-Fläche
F_a, F_i, F_k	kg	Komponenten der Federkraft
f_b	mm	Plastische Verformung
f_1	mm	Durchbiegung des Außenteils
f_2	mm	Elastische Verformung von Rolle bzw. Klemmkörper und Außenteil
f_3	mm	Durchbiegung des Innenteils
f_4	mm	Elastische Verformung von Rolle bzw. Klemmkörper und Innenteil
G	kg	Gewicht
G_K	kg	Klemmkörpergewicht
G_r	kg	Rollengewicht
g	mm/sek²	Erdbeschleunigung (9810 mm/sek²)
H	mm	Einbauhöhe bei Klemmkörperfreiläufen

Zeichen	Einheit	Bedeutung
h	mm	Spiel der Klemmrollen im Freilaufzustand
h_f	mm	Berührungsfreiheit
I	mm^4	Flächenträgheitsmoment
i	–	Übersetzungsverhältnis
K	kg/mm^2	Wälzfestigkeit
k, k_a, k_i	kg/mm^2	Wälzpressung
L	mm	Reduzierte Rollenlänge
L_f	h	Schmierfrist
L_h	h	Lebensdauer
l	mm	Lagerabstand
l_K	mm	Käfiglänge
M, M_1	mm kg	Biegemoment
M_B	mm kg	Beschleunigungsmoment
M_F	mm kg	Kupplungsmoment
M_{Fl}	mm kg	Flanschmoment
M_i	mm kg	Eingeleitetes Wechseldrehmoment
M_R	mm kg	Rutschmoment
M_S	mm kg	Schleppmoment
M_s	mm kg	Schließmoment
M_t	mm kg	Drehmoment
M_w	mm kg	Wechseldrehmoment
m	–	Konstante, $m = \cot \psi$
N, N_1	kg	Normalkraft
$N_{[PS]}$	PS	Leistung
n, n_s	1/min	Drehzahl, Schaltzahl bzw. Lastwechselfrequenz
P	kg	Anpreßkraft
P_0	kg	Auflagekraft beim Eichversuch
P_a, P_i	kg	Anpreßkraft am Außen- bzw. Innenteil
P_{ax}	kg	Axialkraft
P_{FL}	kg	Axiale Anpreßkraft des Flansches bei Kegelfreilauf
P_s	kg	Anpreßkraft beim Kegelfreilauf
P_u	kg	Umfangskraft an der Rolle beim Kegelfreilauf
p	kg/mm^2	Spezifischer Druck
p_H	kg/mm^2	HERTZsche Pressung
Q	kg	Querkraft
$q_1 \dots q_n$	–	Prozentualer Belastungsanteil
q_z	–	Einflußwert
R	kg	Reibungskraft
R_a, R_i	kg	Resultierende
r	mm	Radiusvektor
r_0	mm	Radiusvektor-Ausgangsstellung, Log. Spirale
r_a, r_i	mm	Radius der Außen- bzw. Innenklemmbahn
r_e		Rechengröße-Klemmkörperfreiläufe
r_G	mm	Mittlerer Gewinderadius
r_k	mm	Mittlerer Kegelradius
r_m	mm	Mittlerer Radius der Planreibfläche
r_P	mm	Bezugsradius für Planschlag
r_r	mm	Rollenradius
r_s	mm	Schwerpunktradius
S	$\frac{kg/cm^2}{Ordnung}$ cm	Spannungsoptische Konstante
S_R	–	Schlupf
s	mm	Ringdicke
T	kg	Tangentialkraft
t	sek	Zeit
t_0	mm	Bezugsmaß-Klemmrollenfreilauf
U	kg	Umfangskraft
U_a, U_i	kg	Umfangskraft am Außen- bzw. Innenteil
u	mm	Rollendurchbiegung
u_a, u_{a0}	μm	Abweichung von der Achsparallelität
V_i	–	Resonanzfaktor (Vergrößerungsfaktor)
v	m/sek	Umfangsgeschwindigkeit
v_{rel}	m/sek	Relativgeschwindigkeit zwischen Klemmrolle bzw. Klemmkörper und Klemmbahn
W	–	Lastwechselzahl
W_b	mm^3	Widerstandsmoment
w	°/Schaltung	Schaltweg
w_s	mm	Schließweg
x, x_a	mm	Klemmflächenabstand
y	mm	Hilfsgröße
z	–	Anzahl der Klemmrollen bzw. Klemmkörper
z'	–	Anzahl der Rollenreihen im Kegelfreilauf
z_i	–	Reibflächenzahl
z_s	–	Windungszahl
α	°	Klemmwinkel
α_G	°	Gewinde-Schrägungswinkel
α_K	°	Kegelwinkel
α_s	°	Umschlingungswinkel
β	°	Winkel am Klemmkörper
γ	°	Meßwinkel-Klemmrollenfreilauf
γ_0	°	Keilrillenwinkel

Δ	mm	Abweichung vom Nennmaß
δ	Ordnung	Isochromatenordnung
δ_t	–	Logarithmisches Dekrement
δ_U	–	Ungleichförmigkeitsgrad
ε	1/sek²	Winkelbeschleunigung
ζ	°	Schrägungswinkel-Kegelfreilauf
η	–	Wirkungsgrad
Θ	mmkg sek²	Massenträgheitsmoment
ϑ	°	Verdrehwinkel
$\varkappa$	°	Hilfswinkel
$\varkappa_i$	1/sek	Dämpfung
λ	°	Winkel zwischen C und C_F
μ	–	Reibwert
μ_F, μ_a, μ_i	–	Reibwert
μ_{Fl}, μ_G, μ_K	–	Reibwert
μ_s	–	Widerstandsfaktor
ν	–	POISSONsche Konstante
ξ	°	Meßwinkel
$\varrho, \varrho_a, \varrho_i$	mm	Ersatzkrümmungsradius
ϱ_s, ϱ_{s0}	mm	Krümmungsradius der Klemmkurven
$\varrho_{sa}, \varrho_{si}$	mm	Krümmungsradien der Klemmkörper
ϱ_R, ϱ_G	°	Reibwinkel
σ	kg/mm²	Zugspannung
σ_b	kg/mm²	Biegespannung
σ_1, σ_2	kg/mm²	Hauptspannungen
$\sigma_{Res.}$	kg/mm²	Vergleichsspannung
τ	kg/mm²	Schubspannung
φ	°	Polarwinkel
Φ	–	Füllungsgrad
$\varphi_a, \varphi^*, \varphi_0, \varphi'$	°	Winkel – log. Spirale
φ_i, φ_1	°	Teilwinkel
χ	°	Hilfswinkel
ψ, ψ_a	°	Winkel – log. Spirale
ψ_i	–	Verhältnismäßige Dämpfung
$\omega, \omega_a, \omega_i$	1/sek	Winkelgeschwindigkeit
ω_E	1/sek	Eigenfrequenz
Ω	°	Hilfswinkel
Ω_i	1/sek	Frequenz der erregenden Schwingung

4.2 Klemmrollenfreilauf

Die für die Funktion eines Klemmrollenfreilaufes notwendige Grundbedingung wurde in Abschn. *2* erläutert. Aus Gl. (5/2) ist zu entnehmen, daß mit größer werdendem Klemmwinkel α die Anpreßkraft P geringer wird. Wird Gl. (5/3) entsprochen, so ist auch bei Erhöhung der Umfangskraft U, d.h. des Drehmomentes M_t, kein Durchrutschen möglich. Allerdings tritt infolge der Erhöhung von P eine entsprechende Vergrößerung der Wälzpressung k bzw. der HERTZschen Pressung p_H ein, die aber durch die Vergrößerung von α infolge der elastischen Verformung wieder etwas abnimmt. Die praktische Erfahrung hat gezeigt, daß im Bereich der elastischen Verformung, sofern die Klemmflächen genügend lang sind, um ein Überrollen zu vermeiden, auch durch Überlast kein Durchrutschen stattfindet. Dies kann wohl so erklärt werden, daß dann neben dem Reibschluß auch ein gewisser Formschluß vorhanden ist. Dagegen können bleibende Verformungen, hervorgerufen durch plastische Eindrückungen und Verschleiß, eine solche Klemmwinkeländerung bewirken, daß kein einwandfreier Kraftschluß mehr gewährleistet ist.

Das hier Gesagte gilt analog für die Klemmkörperfreiläufe (Abschn. 4.3).

Maßgebend für die Bemessung ist nun die zwischen den am stärksten gekrümmten Berührungsflächen auftretende Wälzpressung, die kleiner sein muß, als die zulässige Wälzpressung k_{zul}.

k_{zul} stellt einen Erfahrungswert dar, der den Werkstoffeinfluß, die Herstellungsgüte, die Einbaugenauigkeit und die Betriebscharakteristik berücksichtigt. Auch die Freilaufart ist von Bedeutung. So ergeben Freiläufe mit käfiggeführten Rollen in den meisten Fällen einen anderen Traganteil als solche mit Einzelanfederung. (s. a. Abschn. 5.3).

Bei einer exakten Berechnung der an den Berührungsstellen (Berührungslinien) auftretenden Spannungen müßte neben der Erfassung der Normalbelastung auch der Einfluß der Tangentialkräfte berücksichtigt werden. Die mathematische

Erfassung der hieraus resultierenden Spannungen ist möglich, es sei hier auf das Schrifttum [2] verwiesen, doch würde die Freilaufberechnung dadurch wesentlich komplizierter gestaltet werden. Es wird auch hier, wie auf ähnlichen Gebieten,z. B. bei der Zahnradberechnung, so verfahren, daß die schwer erfaßbaren Einflüsse, auf Grund praktischer Erfahrungen, in den zulässigen Werten für die HERTZsche Pressung bzw. Wälzpressung Berücksichtigung finden. Der Zusammenhang zwischen p_H und k ist durch eine einfache Beziehung gegeben (s. a. [10]).

$$k = \frac{2{,}86}{E} p_H^2 \quad [\text{kg/mm}^2] \tag{11/1}$$

Für E ist der resultierende Elastizitätsmodul der Wälzpaarung einzusetzen.

$$E = \frac{2 E_1 E_2}{E_1 + E_2} \quad [\text{kg/mm}^2] \tag{11/2}$$

Bei Stahl auf Stahl ist $E = 2{,}1 \cdot 10^4$ kg/mm². Mit diesem Wert vereinfacht sich die Gl. (11/1) zu

$$p_H = 85{,}7 \sqrt{k} \quad [\text{kg/mm}^2] \tag{11/3}$$

Die Wälzpressung k läßt sich in der bekannten Weise schreiben

$$k = \frac{P}{2 \varrho b} \quad [\text{kg/mm}^2] \tag{11/4}$$

4.2.1 Freilauf mit Innenstern

Wie schon erwähnt, ist für die Bemessung die zwischen den am stärksten gekrümmten Berührungsflächen, also die zwischen der Klemmfläche des Innensternes und der Rolle auftretende Wälzpressung maßgebend. Die für die Klemmfläche verwendete Kurvenform ist in den überwiegenden Fällen wohl die Gerade. Für Sonderfälle kommen die logarithmische Spirale und auch andere durch Kreisbögen angenäherte Kurven in Frage. Freiläufe mit Klemmflächen, deren Stirnschnitte logarithmische Spiralen sind, besitzen zwar die später noch bewiesene Eigenschaft annähernd gleichen Klemmwinkels in jeder Rollenstellung, bringen aber wegen der ungünstigeren Krümmungsverhältnisse belastungsmäßig Nachteile. Sie sind auch fertigungstechnisch ungünstiger herzustellen als Freiläufe mit ebenen Klemmflächen. Praktisch sinnvoll ist ihr Einsatz nur bei sogenannten elastischen Freiläufen mit großen Verdrehwinkeln.

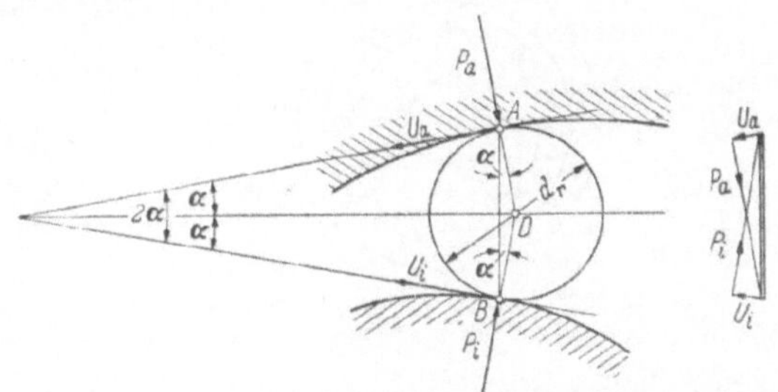

Abb. 11/1. Klemmrollenfreilauf mit Innenstern, Kräfte auf die Klemmrolle

Für Freiläufe mit ebenen Klemmflächen wird in Abschn. 4.2.3 ein Verfahren für die günstigste Abstimmung von Außendurchmesser, Rollendurchmesser und Rollenzahl behandelt.

Die Kräfte auf die Klemmrolle ergeben sich aus den allgemeinen Beziehungen für ein Kräftesystem (s. Abb. 11/1),

Σ-Kräfte = 0	Σ-Momente = 0
Vertikal	$U_a r_r - U_i r_r = 0$
$(P_a - P_i)\cos\alpha + (U_a - U_i)\sin\alpha = 0$	Daraus folgt
Da $U_a = U_i$, folgt $P_a = P_i \rightarrow$ *Anpreßkraft P*	$U_a = U_i \rightarrow$ *Umfangskraft U*
Waagrecht	
$(P_a + P_i)\sin\alpha - (U_a + U_i)\cos\alpha = 0$	
Hieraus ergibt sich $\underline{U = P\tan\alpha}$	

Umfangskraft bezogen auf eine Rolle

$$\boxed{U = P\tan\alpha} \quad [\text{kg}] \qquad (12/1)$$

Das übertragbare Drehmoment M_t ist nunmehr

$$M_t = z\,U\,r_a = z\,P\tan\alpha\,\frac{d_a}{2}$$

Aus diesem Ansatz läßt sich die Anpreßkraft P als Funktion des eingeleiteten Drehmomentes darstellen.

Anpreßkraft

$$\boxed{P = \frac{2\,M_t}{z\,d_a\tan\alpha}} \quad [\text{kg}] \qquad (12/2)$$

Unter Benutzung der Gl. (11/4) kann für die Wälzpressung geschrieben werden:

Wälzpressung

$$\boxed{k = \frac{M_t}{z\,d_a\tan\alpha\,\varrho\,b} \leqq k_{\text{zul}}} \quad [\text{kg/mm}^2] \qquad (12/3)$$

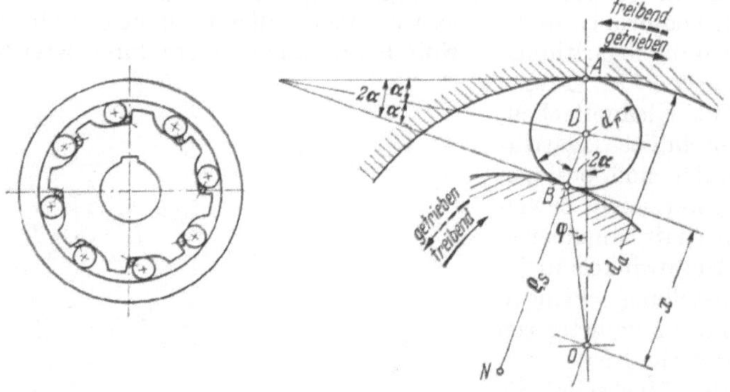

Abb. 12/1. Klemmrollenfreilauf mit Innenstern, geometrische Beziehungen

Durch entsprechende Umstellung der Gleichung ergibt sich

Zulässiges Drehmoment

$$\boxed{M_{t\,\text{zul}} \leqq z\,d_a\tan\alpha\,\varrho\,b\,k_{\text{zul}}} \quad [\text{mm kg}] \qquad (12/4)$$

Die in den Gln. (11/4), (12/3) u. (12/4) verwendete Größe ϱ, der Ersatzkrümmungsradius, ergibt sich allgemein zu

Ersatzkrümmungsradius $$\varrho = \frac{1}{1/\varrho_s + 1/r_r} \quad [\text{mm}] \qquad (13/1)$$

Der Krümmungsradius der Klemmfläche im Stirnschnitt, ϱ_s, ist eine Funktion von r und φ (s. Abb. 12/1).

Krümmungsradius $$\varrho_s = f(r, \varphi) \quad [\text{mm}] \qquad (13/2)$$

4.2.1.1 Innenstern mit ebener Klemmfläche. Für den am häufigsten auftretenden Fall, daß die Klemmfläche eine Ebene ist, geht

$$\varrho_s \to \infty$$

und der Ersatzkrümmungsradius wird

$$\varrho = r_r \quad [\text{mm}] \qquad (13/3)$$

Abhängigkeit des Klemmwinkels von r_a, r_r und x

Im folgenden soll gezeigt werden, welche Überlegungen im Hinblick auf die Funktionstüchtigkeit anzustellen sind, damit die Gewähr für ein einwandfreies Klemmen, d. h. die genaue Einhaltung des vorgeschriebenen Klemmwinkels, gegeben ist. Dieser ist direkt nicht meßbar, so daß nur an Hand der Maße d_a, d_r und x eine Kontrolle möglich ist.

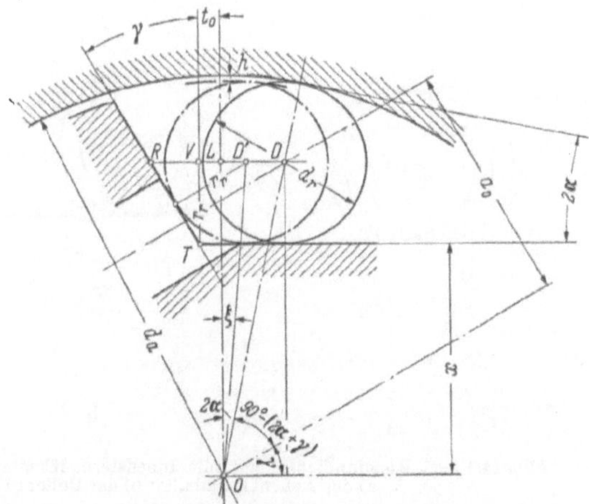

Abb. 13/1. Klemmrollenfreilauf mit Innenstern und Einzelanfederung, geometrische Beziehungen

Abstand „x" der Klemmfläche vom Sternmittelpunkt

Für den Klemmwinkel besteht folgende Abhängigkeit (s. Abb. 13/1).

$$\cos 2\alpha = \frac{x + r_r}{r_a - r_r} \qquad (13/4)$$

Abstand „x" $$x = (r_a - r_r) \cos 2\alpha - r_r \quad [\text{mm}] \qquad (13/5)$$

Damit bei „Freilauf" die Rollen unter keinen Umständen zwischen Stern und Außenring festgeklemmt werden und Beschädigungen hervorrufen, ist das Spiel „h" entsprechend zu wählen (s. Abschn. 5.9). Der für die Rolle notwendige Weg kann durch den Winkel ξ ausgedrückt werden.

Winkel ξ $$\cos \xi = \frac{r_a - r_r}{r_a - r_r - h} \cos 2\alpha \qquad (13/6)$$

Abstand „a_0“ des Federbolzens vom Sternmittelpunkt

Das Maß „a_0“ ist konstruktiv bedingt, es ist abhängig vom Winkel γ, der unter Berücksichtigung des vorhandenen Bauraumes für Federbolzen und Feder frei gewählt wird.

Weiterhin ist das Maß „t_0“ für die Herstellung von Wichtigkeit. Bei festgelegter Größe von „h“ und γ läßt es sich nach folgender Gl. 14/1 errechnen:

$$t_0 = r_r \frac{1 - \sin\gamma}{\cos\gamma} - (r_a - r_r - h) \sin\xi \quad [\text{mm}] \tag{14/1}$$

Klemmwinkeländerung durch Maßabweichungen

Die Änderung des Klemmwinkels α (s. Abb. 14/1) kann bereits durch Einsetzen der tatsächlichen Werte in die Gl. (13/4) bestimmt werden. Eine einfache Umformung ergibt

$$\cos\alpha = \sqrt{\frac{r_a + x}{2(r_a - r_r)}} \tag{14/2}$$

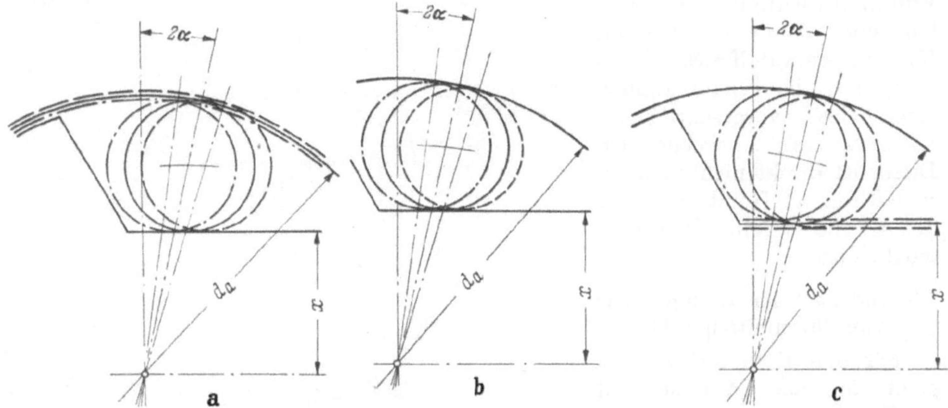

Abb. 14/1 a–c. Klemmrollenfreilauf mit Innenstern, Klemmwinkeländerungen bei Maßabweichungen a) der Außenklemmbahn; b) der Rolle; c) der Innenklemmfläche

Wenn die mit einem ′ (Strich) versehenen Größen die Maßunterschiede berücksichtigen, so ergibt sich der hierfür zutreffende Klemmwinkel aus der Beziehung

$$\cos\alpha' = \sqrt{\frac{r'_a + x'}{2(r'_a - r'_r)}} \tag{14/3}$$

Die Änderung des Klemmwinkels läßt sich durch folgenden allgemeinen Ausdruck darstellen

$$\frac{\cos\alpha'}{\cos\alpha} = \sqrt{\frac{(r_a - r_r)(r'_a + x')}{(r'_a - r'_r)(r_a + x)}} \tag{14/4}$$

Weicht nur d_a vom ursprünglichen Wert ab, so kann die Änderung aus Gl. (15/1) errechnet werden (s. Abb. 14/1a).

$$\frac{\cos\alpha'}{\cos\alpha} = \sqrt{\frac{(r_a - r_r)(r'_a + x)}{(r'_a - r_r)(r_a + x)}} \tag{15/1}$$

Ist dagegen nur eine Abweichung vom Rollendurchmesser d_r vorhanden (s. Abb. 14/1b), so vereinfacht sich die Gl. (14/4) und es verbleibt

$$\frac{\cos\alpha'}{\cos\alpha} = \sqrt{\frac{r_a - r_r}{r_a - r'_r}} \tag{15/2}$$

Ändert sich nur der Abstand „x“ (s. Abb. 14/1c), dann kann gesetzt werden

$$\frac{\cos\alpha'}{\cos\alpha} = \sqrt{\frac{r_a + x'}{r_a + x}} \tag{15/3}$$

$$r'_a \gtrless r_a \rightarrow \alpha' \gtrless \alpha$$

$$r'_r \gtrless r_r \rightarrow \alpha' \lessgtr \alpha$$

$$x' \gtrless x \rightarrow \alpha' \lessgtr \alpha$$

Aus den Gln. (15/1), (15/2) u. (15/3) ergibt sich

$$\sqrt{} \gtrless 1 \rightarrow \alpha' \lessgtr \alpha$$

Graphische Darstellung der Klemmwinkeländerung

Aus Gründen der Übersichtlichkeit wird an Hand eines Beispieles ein solches Diagramm erstellt (s. Abb. 15/1).

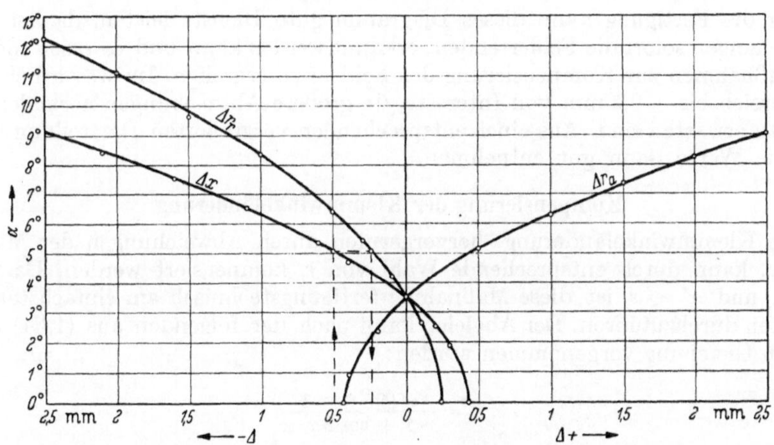

Abb. 15/1. Klemmwinkeländerungen am Freilauf mit Innenstern infolge Maßabweichungen

Bestimmungsgrößen: $d_a = 130$ mm, $d_r = 14$ mm, $z = 10$, $\alpha = 3{,}5°$.
Das Maß „x“ bestimmt sich aus der Gl. (13/5).

$$x = (65 - 7)\cos 7° - 7$$

$$\underline{x = 50{,}57\,\text{mm}}$$

1. Fall: Nur d_a veränderlich.

Um die Winkel α' mit hinreichender Genauigkeit zu erhalten, ist die Rechnung mittels Rechenmaschine oder Logarithmentafel durchzuführen. Die Kurve $\alpha' = \alpha'(r_a)$ ist in Abb. 15/1 mit Δr_a bezeichnet. Δr_r und Δx sind für diesen Fall gleich Null. Die Plus-Abweichungen Δ sind im Diagramm nach rechts und die Minus-Abweichungen Δ nach links aufgetragen.

Aus Gl. (15/1) ergeben sich folgende Werte:

Δr_a [mm]	− 0,43	− 0,40	− 0,2	0	0,5	1	1,5	2	2,5
α' [°]	0	0,9	2,4	3,5	5,1	6,3	7,3	8,2	9,0

2. Fall: Nur d_r veränderlich.

Die Kurve $\alpha' = \alpha'(r_r)$ ist in Abb. 15/1 mit Δr_r bezeichnet. Δr_a und Δx sind für diesen Fall gleich Null. Aus Gl. (15/2) ergeben sich folgende Werte:

Δr_r [mm]	0,22	0,2	0,1	0	− 0,1	− 0,3	− 0,5	− 1	− 1,5	− 2	− 2,5
α' [°]	0	0,9	2,6	3,5	4,2	5,4	6,4	8,3	9,7	11,1	12,2

3. Fall: Nur x veränderlich.

Die Kurve $\alpha' = \alpha'(x)$ ist in Abb. 15/1 mit Δx bezeichnet. Δr_a und Δr_r sind für diesen Fall gleich Null.

Aus Gl. (15/3) ergeben sich folgende Werte:

Δx [mm]	0,43	0,3	0,2	0,1	0	− 0,4	− 0,6	− 1,1	− 1,6	− 2,1	− 2,6
α' [°]	0	1,9	2,5	3,1	3,5	4,7	5,3	6,5	7,6	8,4	9,3

Vergleicht man die beiden Kurven für Δr_a und Δx, so stellt man fest, daß diese annähernd spiegelbildlich zur Ordinatenachse liegen.

Für die Fertigung kann dieses Diagramm gute Dienste leisten, da bei Maßabweichungen sofort die Fehlertendenz erkannt werden kann und es rasch möglich ist, Maßnahmen zur Kompensierung des Fehlers zu ergreifen. Im wesentlichen ist der Bereich bis $\pm$ 0,5 mm von Interesse, da größere Abweichungen normalerweise nicht zu erwarten sind. Aus einer entsprechenden vergrößerten Darstellung lassen sich die Werte dann gut entnehmen.

Kompensierung der Klemmwinkeländerung

Die Klemmwinkeländerung, hervorgerufen durch Abweichungen der Maße x und r_a, kann durch entsprechende Wahl von r_r kompensiert werden. Da meist $r'_a > r_a$ und $x' < x$, ist diese Maßnahme fertigungstechnisch am einfachsten und billigsten durchzuführen. Der Abgleich kann nach der folgenden aus (13/4) abgeleiteten Gleichung vorgenommen werden:

$$r''_r = \frac{r'_a \cos 2\alpha - x'}{1 + \cos 2\alpha}$$

Für den speziellen Fall, für welchen das Diagramm Abb. 15/1aufgestellt wurde, können die Werte sofort den eingezeichneten Kurven entnommen werden. Dies ist mit ausreichender Genauigkeit nur deshalb möglich, weil die Kurve für Δr_a annähernd spiegelbildlich zur Kurve für Δx verläuft.

Ein Beispiel hierfür ist gestrichelt eingezeichnet.

Gegeben: $r_a = 65$ mm, $\Delta x = -0{,}5$ mm, $d_r = 14$ mm.

Gesucht: d'_r um die Klemmwinkeländerung infolge Δx zu kompensieren.

$\Delta x = -0{,}5$ mm ergibt einen Klemmwinkel $\alpha' \approx 5°$.

Denselben Wert erhielte man auch, wenn $r_a = 65$ mm und $\Delta x = 0$, für $\Delta r_r = -0{,}24$ mm. Siehe gestrichelten Linienzug!

Um den geforderten Klemmwinkel $\alpha = 3{,}5°$ für die vorgegebenen Verhältnisse zu erhalten, ist der Rollendurchmesser also mit

$$\underline{d_r' = 14{,}48\,\text{mm}}$$

auszuführen.

4.2.1.2 Verwendung der logarithmischen Spirale als Klemmkurve. Als zweite spezielle Kurvenform für die Klemmfläche soll die logarithmische Spirale betrachtet werden (s. Abb. 17/1). Ihre Darstellung geschieht in Polar-Koordinaten.

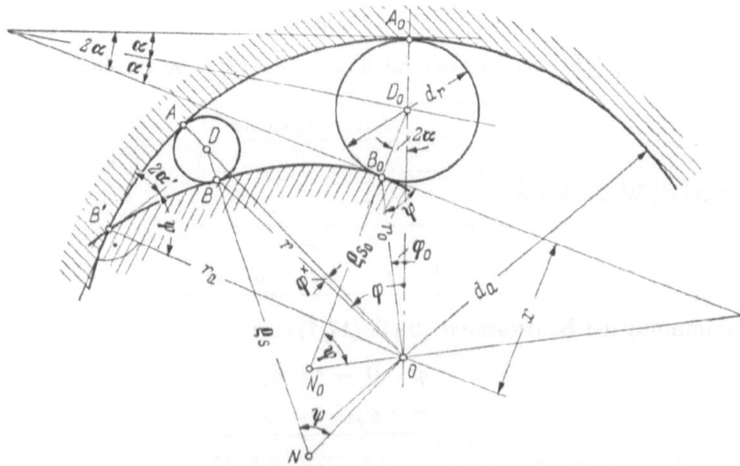

Abb. 17/1. Klemmrollenfreilauf mit Innenstern, geometrische Beziehungen, Klemmkurven sind logarithmische Spiralen

Die logarithmische Spirale besitzt die Eigenschaft, daß der Winkel zwischen dem Radiusvektor „r" zum jeweiligen Berührungspunkt und der Tangente in diesem Punkt stets konstant ist. Die Gleichung der logarithmischen Spirale in Polarkoordinaten lautet

$$\boxed{r = a_s e^{m\varphi}} \tag{17/1}$$

Hierin bedeutet

$$\boxed{m = \cot\psi = \text{const}} \tag{17/2}$$

Der Krümmungsradius errechnet sich zu

$$\boxed{\varrho_s = \frac{r}{\sin\psi}} \tag{17/3}$$

ϱ_s, erforderlich für die Wälzpressungsberechnung sowie für die Fertigung, kann durch die für einen Klemmrollenfreilauf charakteristischen Größen r_a, r_r und α ausgedrückt werden.

Die Größen für die in Abb. 17/1 eingezeichnete Ausgangsklemmstellung sind mit dem Index 0 versehen. Maßgebend für die Größenverhältnisse ist wie beim Klemmrollenfreilauf mit ebenen Klemmflächen (Abb. 13/1) der Abstand x von der Drehachse. Dieses Maß ist konstruktiv bedingt und für den hier besprochenen Fall der senkrechte Abstand der Tangente an den Berührpunkt B_0 vom Mittelpunkt 0 aus.

$$\boxed{x = (r_a - r_r)\cos 2\alpha - r_r} \quad \text{[mm]} \tag{18/1}$$

Für die Ausgangsstellung ist nach Abb. 17/1

$$\varphi = \varphi_0$$
$$\varphi^* = \varphi_0$$

und für die Endstellung

$$r = r_a$$
$$\varphi^* = 0$$

Der Winkel ψ läßt sich aus der folgenden Gl. (18/2) bestimmen.

$$\boxed{\cot\psi = \frac{(r_a - r_r)\sin 2\alpha}{x}} \tag{18/2}$$

Winkel φ_0 ist konstant.

$$\boxed{\tan\varphi_0 = \frac{r_r \sin 2\alpha}{r_a - r_r(1 + \cos 2\alpha)}} \tag{18/3}$$

Bestimmung der Konstante a_s in Gl. (17/1) ergibt

$$\varphi = 0 \rightarrow r = a_s$$
$$\underline{\varphi = \varphi_0 \rightarrow r = r_0}$$
$$r_0 = a_s e^{m\varphi_0}$$

Ferner ist

$$r_0 = \frac{r_r \sin 2\alpha}{\sin\varphi_0}$$

und damit liegt die Konstante a_s fest.

$$a_s = r_0 e^{-m\varphi_0}$$

Die Gleichung der Klemmkurve lautet nunmehr

$$\boxed{r = r_r \frac{\sin 2\alpha}{\sin\varphi_0} e^{m(\varphi - \varphi_0)}} \quad \text{[mm]} \tag{18/4}$$

Die konstanten Größen φ_0 und m können den Gln. (18/2) u. (18/3) entnommen werden.

Unter Benutzung von

$$r_0 = \frac{\sin 2\alpha}{\cos\psi}(r_a - r_r)$$

ergibt sich der maßgebende Krümmungsradius für die Berechnung der Wälzpressung zu

$$\boxed{\varrho_{s0} = 2\frac{\sin 2\alpha}{\sin 2\psi}(r_a - r_r)} \quad \text{[mm]} \tag{18/5}$$

Der Winkel ψ ist aus Gl. (18/2) zu ermitteln.

Abhängigkeit des Klemmwinkels α vom Rollendurchmesser

Aus Abb. 17/1 ist ersichtlich, daß in der Ausgangslage $\varphi = \varphi_0$ und $\varphi^* = \varphi_0$ für den doppelten Klemmwinkel folgende Beziehung besteht:

$$\boxed{2\alpha = 90° - (\psi + \varphi_0)} \quad [°] \tag{19/1}$$

In der Endlage B' wird $r'_r = 0$, $\varphi^* = 0$ und $r = r_a$. Der doppelte Klemmwinkel in dieser Stellung ist

$$\boxed{2\alpha' = 90° - \psi} \quad [°] \tag{19/2}$$

Diese beiden Gleichungen zeigen, daß der Klemmwinkel α eine Zunahme erfährt und zwischen seinen Extremlagen um den Betrag $\frac{\varphi_0}{2}$ schwankt, der zwar relativ gering, aber doch zu beachten ist. Somit ist auch der schon zu Beginn angedeutete Beweis für die geringfügige Klemmwinkeländerung erbracht.

Beispiel

Für die vorgegebenen Ausgangsgrößen

$$d_a = 130\,\text{mm}, \quad d_r = 14\,\text{mm}, \quad x = 50{,}57\,\text{mm} \quad \text{und} \quad \alpha = 3{,}5°$$

wird im folgenden eine Gegenüberstellung der Werte bei Ausbildung der Klemmkurve als Gerade und bei Ausbildung der Klemmkurve als logarithmische Spirale durchgeführt.

Gerade

Ausgangswert

$$\boxed{2\alpha = 7°}$$

Grenzwert für $r_r = 0$.
Aus Gl. (13/4) folgt

$$\cos 2\alpha' = \frac{x}{r_a}$$

$$\cos 2\alpha' = \frac{50{,}57}{65}$$

$$\boxed{2\alpha' \approx 38{,}9°}$$

Logarithmische Spirale

Ausgangswert

$$\boxed{2\alpha = 7°}$$

Grenzwert für $r_r = 0$.
Berechnung von ψ und φ_0 aus den Gl. (18/2) u. (18/3)

$$\sin 2\alpha = 0{,}1219$$
$$r_a - r_r = 58\,\text{mm}$$
$$x = 50{,}57\,\text{mm}$$
$$\cot\psi = 0{,}1398$$
$$\psi \approx 82°$$

$$r_r \sin 2\alpha = 0{,}8533\,\text{mm}$$
$$r_a - r_r(1 + \cos 2\alpha) = 51{,}0518\,\text{mm}$$
$$\tan\varphi_0 = 0{,}01672$$
$$\varphi_0 \approx 1°$$

Aus Gl. (19/1) u. (19/2) folgt

$$2\alpha = 90° - (82° + 1°) = 7°$$
$$2\alpha' = 90° - 82° = 8°$$

$$\boxed{2\alpha' \approx 8°}$$

Es ist also lediglich eine *Klemmwinkelzunahme* um 0,5° vorhanden.

4.2.1.3 Kräfte auf die Klemmrolle im Freilaufzustand. Überholt bei „Freilauf" der umlaufende Außenteil den stehenden Stern, so wirken von außen die Federkraft F und abhängig davon F_a und F_i auf die Klemmrolle.

Überholt dagegen der umlaufende Außenteil den ebenfalls umlaufenden Stern, oder der umlaufende Stern den stehenden Außenteil, dann bleiben die 3 Kräfte F, F_a und F_i in ihrer Abhängigkeit nach wie vor wirksam, nur kommt noch die zusätzliche Kraftwirkung in Richtung von F_a durch die Fliehkraft C hinzu (s. Abb. 20/1). Aus den Kräften F, F_a, F_i und C sowie den entsprechenden Reibungsbeiwerten μ_a, μ_i und μ_F ergeben sich die auf die Klemmrolle wirkenden Umfangskräfte. Für sie muß folgende Bedingung gelten:

$$(F_a + C)\,\mu_a < F\,\mu_F + F_i\,\mu_i \quad \text{[kg]} \qquad (20/1)$$

da andernfalls Verschleiß an den Klemmflächen eintritt.

Abb. 20/1. Klemmrollenfreilauf mit Innenstern. Kräfte auf die Klemmrolle im Freilaufzustand

Die Fliehkraft C errechnet sich für die einzelne Klemmrolle zu

$$C = \frac{G_r}{g}\,(r_a - r_r)\,\omega_i^2 \quad \text{[kg]} \qquad (20/2)$$

Die Komponenten F_i und F_a sind am einfachsten aus dem Kräfteplan Abb. 20/1 zu entnehmen.

4.2.2 Freilauf mit Außenstern

Die Klemmkurven liegen bei dieser Freilaufart im Außenteil. Analog zu dem in Abschn. 4.2.1 Gesagten können die geometrischen Größen nach Abb. 20/2 ermittelt werden.

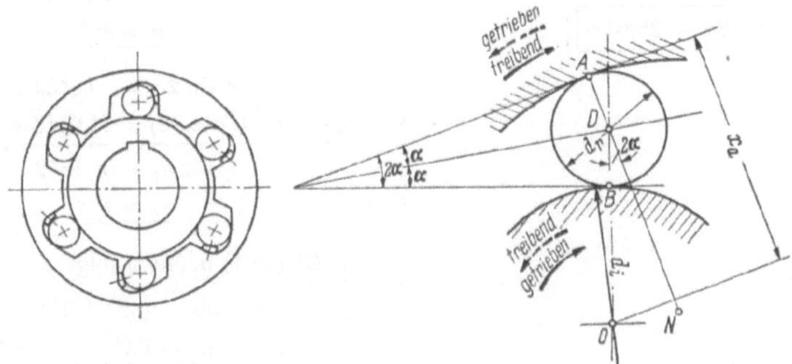

Abb. 20/2. Klemmrollenfreilauf mit Außenstern, geometrische Beziehungen

Für die Berechnung der Wälzpressung ist die Paarung *Rolle–Innenring* maßgebend. Da die Krümmungsverhältnisse ungünstiger sind als bei einem gleichgroßen Klemmrollenfreilauf mit Innenstern und ebenen Klemmflächen, wird man nicht nur wegen der schwierigeren Herstellung, sondern auch wegen der niedereren Belastbarkeit, wenn nicht ein Sonderfall die Ausführung mit Außenstern bedingt, stets den Freilauf mit Innenstern bevorzugen.

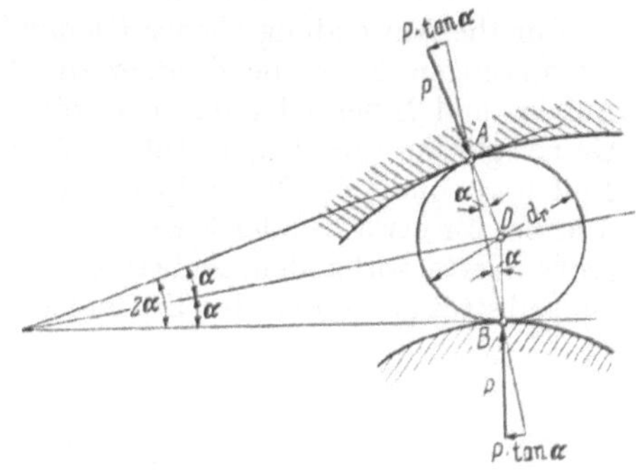

Abb. 21/1. Klemmrollenfreilauf mit Außenstern, Kräfte auf die Klemmrolle

4.2.2.1 Bemessungsgrößen. Die Gleichungen für die einzelnen Beanspruchungen und Bemessungsgrößen lauten ähnlich wie unter Abschn. 4.2.1 (s. Abb. 21/1).

Umfangskraft bezogen auf eine Rolle

$$\boxed{U = P \tan\alpha} \quad [\text{kg}] \qquad (21/1)$$

Das übertragbare Drehmoment M_t ist

$$M_t = z\,U\,\frac{d_i}{2} = z\,P\,\tan\alpha\,\frac{d_i}{2}$$

Anpreßkraft

$$\boxed{P = \frac{2\,M_t}{z\,d_i \tan\alpha}} \quad [\text{kg}] \qquad (21/2)$$

Wälzpressung

$$\boxed{k = \frac{M_t}{z\,d_i \tan\alpha\,\varrho\,b} \leqq k_{\text{zul}}} \quad [\text{kg/mm}^2] \qquad (21/3)$$

Da die Wälzpaarung *Innenring-Rolle* maßgebend ist, ergibt sich

Ersatzkrümmungsradius

$$\boxed{\varrho = \frac{r_i\,r_r}{r_i + r_r}} \quad [\text{mm}] \qquad (21/4)$$

Zulässiges Drehmoment

$$\boxed{M_{t\,\text{zul}} \leqq 2\,z \tan\alpha\,b\,\frac{r_i^2\,r_r}{r_i + r_r}\,k_{\text{zul}}} \quad [\text{mm kg}] \qquad (21/5)$$

4.2.2.2 Abhängigkeit des Klemmwinkels von der Form der Klemmkurve. Nimmt man als Klemmkurven im Außenstern Gerade an, so lassen sich, ähnlich wie in Abschn. 4.2.1, gemäß Abb. 21/2 die folgenden Beziehungen für die Bestimmungsgrößen aufstellen.

$$\boxed{x_a = r_r + (r_i + r_r)\cos 2\alpha} \quad [\text{mm}] \qquad (21/6)$$

Daraus lassen sich die Formeln für den Klemmwinkel und die Klemmwinkeländerung angeben.

$$\boxed{\begin{aligned} \cos 2\alpha &= \frac{x_a - r_r}{r_i + r_r} \\ \cos\alpha &= \sqrt{\frac{x_a + r_i}{2\,(r_i + r_r)}} \end{aligned}} \qquad (21/7)$$

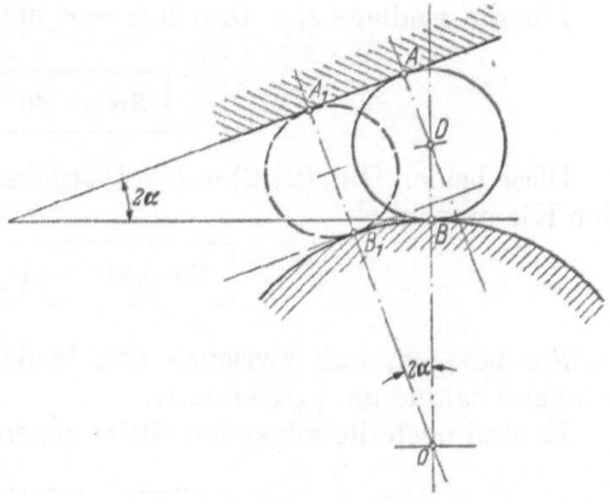

Abb. 21/2. Klemmrollenfreilauf mit Außenstern, ebene Klemmflächen

$$\frac{\cos\alpha}{\cos\alpha'} = \sqrt{\frac{(x_a + r_i)(r_i' + r_r')}{(r_i + r_r)(x_a + r_i')}} \qquad (22/1)$$

Für die Anwendung ebener Klemmflächen bestehen aber doch sehr große Einschränkungen. Es ist die Tendenz zu erkennen, daß bei steigender Verdrehung von Außen- und Innenteil unter Last eine Abnahme des Klemmwinkels eintritt. Als Grenze gilt der Punkt B_1 (s. Abb. 21/2), da in dieser Stellung der Klemmwinkel gleich Null und somit ein Durchkippen der Rolle zu erwarten ist. In der Nähe von B_1, d.h. bei 2α etwa 3° oder kleiner, ist ein Anstieg der Wälzpressung auf unzulässig große Werte vorhanden. Außerdem tritt ein Verklemmen der Rollen auf, welches ein selbsttätiges Lösen des Freilaufes nicht mehr gewährleistet.

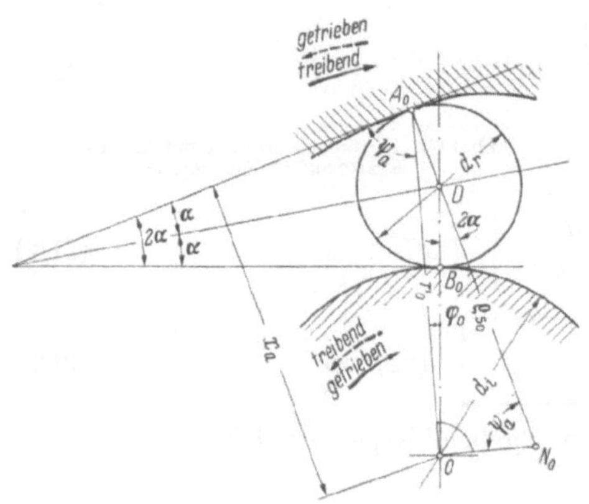

Abb. 22/1. Klemmrollenfreilauf mit Außenstern, geometrische Beziehungen, Klemmkurven sind logarithmische Spiralen

Aus den Gln. (21/7) u. (22/1) kann der Klemmwinkel in Abhängigkeit von x_a, r_i und r_r ermittelt werden. Daraus ergibt sich, daß die in der Fertigung übliche Toleranzrichtung, d. h. $x_a' > x_a$, $r_i' < r_i$ und $r_r' < r_r$, praktisch stets ein Kleinerwerden des Klemmwinkels bedingt.

Diese Überlegungen lassen es angeraten erscheinen, den Außenstern nur mit gekrümmten Klemmflächen zu versehen.

So kann, ähnlich wie für den Innenstern in Abschn. 4.2.1.2 beschrieben, auch für den Außenstern als Klemmkurvenform die logarithmische Spirale nach Abb. 22/1 zugrunde gelegt werden.

In der Ausgangslage $\varphi = \varphi_0$, d.h. $\varphi^* = \varphi_0$, besteht für den Klemmwinkel die Beziehung

$$2\alpha = 90° - (\psi_a - \varphi_0) \quad [°] \qquad (22/2)$$

Für die Endlage $r_r' = 0$, d.h. $r = r_i$ und $\varphi^* = 0$

$$2\alpha' = 90° - \psi_a \quad [°] \qquad (22/3)$$

Diese beiden Gln. (22/2) u. (22/3) ergeben sich aus der allgemeinen Beziehung für den Klemmwinkel

$$2\alpha = 90° - (\psi_a - \varphi^*) \quad [°] \qquad (22/4)$$

Sie besagen, daß zwischen den beiden Extremlagen lediglich eine Klemmwinkelabnahme um $\varphi_0/2$ eintritt.

Es sind noch die folgenden Gleichungen (22/5) – (23/2) von Bedeutung.

$$\cot\psi_a = \frac{(r_i + r_r)\sin 2\alpha}{x_a} \qquad (22/5)$$

$$\boxed{\tan\varphi_0 = \frac{r_r}{r_i + r_r}\cos\psi_a} \qquad (23/1)$$

Für x_a, dem senkrechten Abstand der Tangente – im Berührpunkt A_0, der Ausgangsstellung – von der Drehachse durch 0, gilt ähnlich wie unter 4.2.1.2

$$\boxed{x_a = (r_i + r_r)\cos 2\alpha + r_r} \quad [\text{mm}] \qquad (23/2)$$

Beispiel

Ausgangswerte: $d_i = 100\,\text{mm}$, $d_r = 14\,\text{mm}$, $x_a = 63{,}575\,\text{mm}$, $\alpha = 3{,}5\,°$.

Gegenüberstellung

Gerade

Ausgangswert

$$\boxed{2\alpha = 7°}$$

Grenzwert

$$\boxed{2\alpha' = 0}$$

Dieser Grenzwert wird bereits erreicht, wenn z.B. nur der Rollendurchmesser um 0,42 mm kleiner ausgeführt ist, als das Nennmaß.
Ist der Freilaufaußen- oder -innenteil sehr elastisch, so besteht die Gefahr, daß die Rolle unter Last einen Drehweg von 7° zurücklegt und damit in die Kippstellung gelangt.

Logarithmische Spirale

Ausgangswert

$$\boxed{2\alpha = 7°}$$

Grenzwert

Für $r_r = 0 \rightarrow \varphi^* = 0$
Berechnung von ψ_a und φ_0 aus den Gln. (22/5) u. (23/1)

$$\sin 2\alpha = 0{,}12187$$
$$r_i + r_r = 57\,\text{mm}$$
$$x_a = 63{,}575\,\text{mm}$$

$$\cot\psi_a = 0{,}1092$$
$$\psi_a \approx 83{,}7°$$

$$\cos\psi_a = 0{,}1086$$

$$\tan\varphi_0 = 0{,}0133$$
$$\varphi_0 \approx 0{,}7°$$

Aus den Gln. (22/2) u. (22/3) folgt

$$2\alpha = 90° - (83{,}7° - 0{,}7°) = 7°$$
$$2\alpha' = 90° - 83{,}7° = 6{,}3°$$

$$\boxed{2\alpha' \approx 6{,}3°}$$

Es ist lediglich eine *Klemmwinkelabnahme* um etwa 0,35° vorhanden.

4.2.2.3 Fliehkrafteinfluß der Klemmrollen. Wie in Abb. 24/1 gezeichnet, tritt infolge der Zentrifugalkraft C der Rolle eine Komponente C_F entgegen der Federkraft F auf. Bei Übergang von „Freilauf" auf „Mitnahme" ist die einwandfreie Anlage der Rollen an der Klemmfläche des Außenteiles und an der Klemmbahn des Innenkörpers unbedingt erforderlich. Die Anlage ist nur gewährleistet, wenn die Federkraft F in jedem Falle größer als C_F ist.

Diese Bedingung wird durch Gl. (24/1) erfaßt.

$$\frac{C_F}{C} = \frac{\sin 2\alpha}{\sin(2\alpha + \lambda)}$$

$$C = \frac{G_r}{g}(r_i + r_r)\,\omega_a^2 \quad [\text{kg}]$$

Fliehkraftkomponente

$$\boxed{C_F = \frac{G_r}{g}(r_i + r_r)\,\omega_a^2 \frac{\sin 2\alpha}{\sin(2\alpha + \lambda)} < F} \quad [\text{kg}] \qquad (24/1)$$

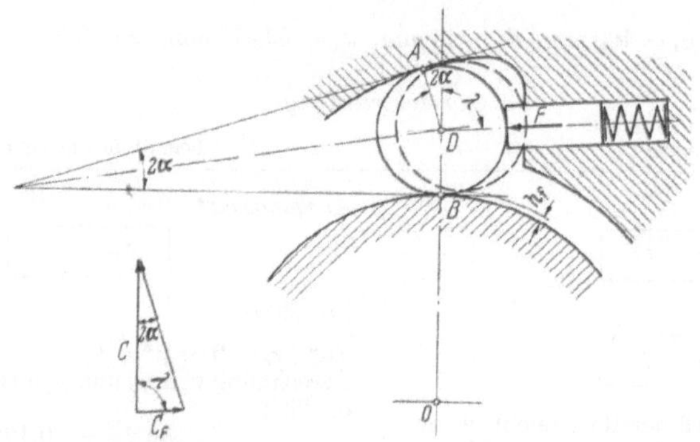

Abb. 24/1. Klemmrollenfreilauf mit Außenstern, Fliehkrafteinfluß der Klemmrollen

4.2.3 Bauraumausnutzung und Dimensionierung

Für die optimale Auslegung eines Freilaufes spielen nicht nur Rechengrößen eine Rolle, sondern vor allem konstruktive Forderungen und Einschränkungen. Auf Grund hinreichender Erfahrung ist es möglich, für jeweils bestimmte vorgegebene Bedingungen Diagramme aufzustellen, die bei der Auslegung eines Freilaufes schnell und folgerichtig zum Ziele führen.

4.2.3.1 Diagramme für Klemmrollenfreilauf mit Innenstern und geraden Klemmflächen. Den Diagrammen (Abb. 25/1–26/2) liegt als Ausgangsgröße das eingeleitete Drehmoment M_t, das sich nach Gl. (12/4) darstellen läßt, zugrunde.

$$\boxed{M_t = z \tan\alpha\, b\, r_r\, d_a\, k_{\text{zul}}} \quad [\text{mm kg}]$$

M_t wird über die Welle, meistens mittels einer Paßfeder, in den Freilauf eingeleitet. Da sich bei der zulässigen Schubfestigkeit des Wellenwerkstoffes ein ganz bestimmter Wellendurchmesser d_W ergibt, ist auch für den Innenstern schon eine Mindestabmessung festgelegt. Die für die Funktion wichtige Anfederung und der meist durch die Konstruktion bedingte Durchmesser d_a der Außenbahn, für welchen als Richtwert

$$\boxed{d_a \sim 2 \div 2{,}5\, d_W} \quad [\text{mm}] \qquad (24/2)$$

gesetzt werden kann, sind nun maßgebend für die Wahl des Rollendurchmessers d_r und die Rollenzahl z. Die Rollenlänge b wird in normalen Fällen, schon mit

Rücksicht auf den Traganteil, den Wert

$$\boxed{b \sim 4 d_r} \quad [\text{mm}] \qquad (25/1)$$

nicht wesentlich überschreiten.

Nun gilt es noch das ganze System so abzustimmen, daß die zulässige Wälzpressung k_{zul} nicht überschritten wird. Wie man sieht, eine äußerst komplexe Bedingung.

Den Diagrammen (Abb. 25/1–26/2) liegen folgende Werte zugrunde:

Zulässige Schubspannung für die Welle	$\tau_{zul} = 2{,}50$ kg/mm²
Zulässige Wälzpressung	$k_{zul} = 3{,}00$ kg/mm²
Klemmwinkel	$\alpha = 3{,}5°$
	$\tan\alpha = 0{,}0612$

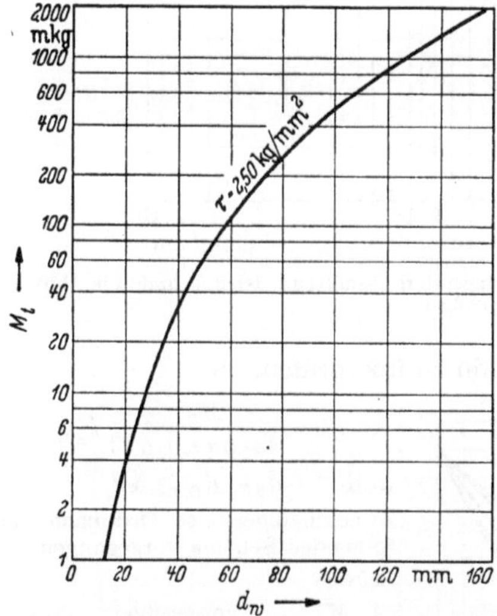

Abb. 25/1. Dimensionierung von Klemmrollenfreiläufen mit Innenstern, Ermittlung des Wellendurchmessers d_w

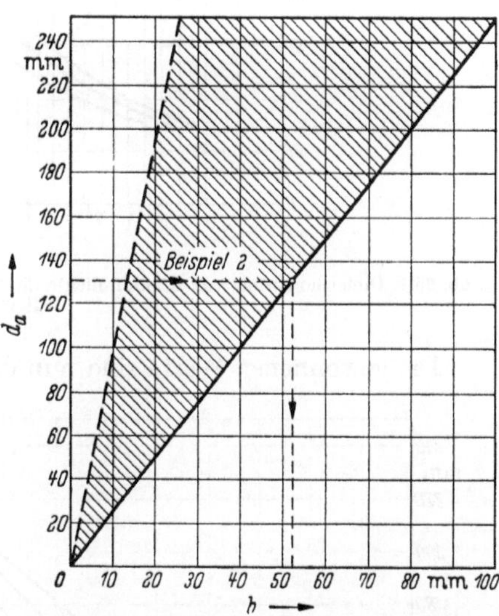

Abb. 25/2. Dimensionierung von Klemmrollenfreiläufen mit Innenstern, Ermittlung der Rollenbreite b in Abhängigkeit von d_a

4.2.3.2 Benutzung der Diagramme. Aus Diagramm (Abb. 25/1) kann bei vorgegebenem Drehmoment M_t der Wellendurchmesser d_W abgelesen werden.

$$\boxed{d_W = 1{,}27 \sqrt[3]{M_t}} \quad [\text{mm}] \qquad (25/2)$$

Wenn der Innendurchmesser d_a des Außenteiles nicht bereits festliegt, wird der Richtwert nach Gl. (24/2) bestimmt. Hierbei ist zu berücksichtigen, daß der Faktor 2,5 etwa bis $d_W = 60$ mm und der Faktor 2 für $d_W > 60$ mm eingesetzt werden.

Mit dem so gefundenen Wert für d_a kann aus dem Diagramm (Abb. 25/2) die Rollenbreite b in Abhängigkeit von d_a entnommen werden. Günstige Werte liegen im schraffierten Bereich. Es ist aber zunächst die rechte Grenzkurve anzustreben.

In einem weiteren Schritt bildet man M_t/b, das Drehmoment bezogen auf die Einheitsbreite und bestimmt aus Diagramm (Abb. 26/1) die Rollenzahl z. Schließlich ergibt Diagramm (Abb. 26/2) den Rollendurchmesser d_r.

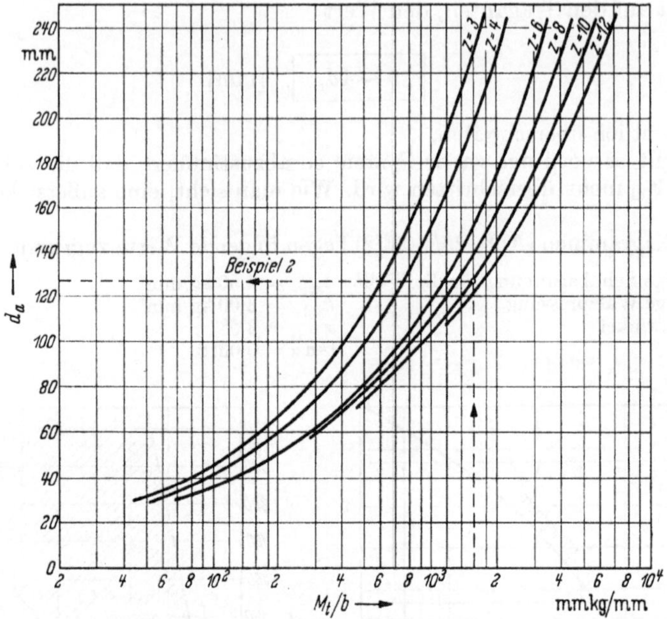

Abb. 26/1. Dimensionierung von Klemmrollenfreiläufen mit Innenstern, Ermittlung der Rollenzahl z in Abhängigkeit von M_t/b und d_a

Die gewonnenen Werte sind nun daraufhin zu überprüfen, ob

$$k = \frac{M_t}{z \tan\alpha\, r_r d_a b} \leqq k_{zul}$$

und $\quad d_a - d_W \geqq 4\, d_r$

Zweckmäßigerweise wird nach dem folgenden Schema vorgegangen.

Schema

1. M_t vorgegeben ($\tau_{zul} = 2{,}50\ \text{kg/mm}^2$)
2. d_W Diagramm Abb. 25/1
3. d_a a) In besonderen Fällen vorgegeben
   b) Annahme
   $d_a \sim 2{,}5\, d_W$ für $d_W < 60$ mm
   $d_a \sim 2\, d_W$ für $d_W > 60$ mm
4. b Diagramm Abb. 25/2
5. $\dfrac{M_t}{b}$ berechnen
6. z, d_a Diagramm Abb. 26/1
7. d_r Diagramm Abb. 26/2
8. Kontrolle $d_a - d_W \geqq 4\, d_r$
9. Kontrolle $\dfrac{M_t}{z \tan\alpha\, r_r d_a b} \leqq 3\ \text{kg/mm}^2$
10. Evtl. Anpassung der einzelnen Werte

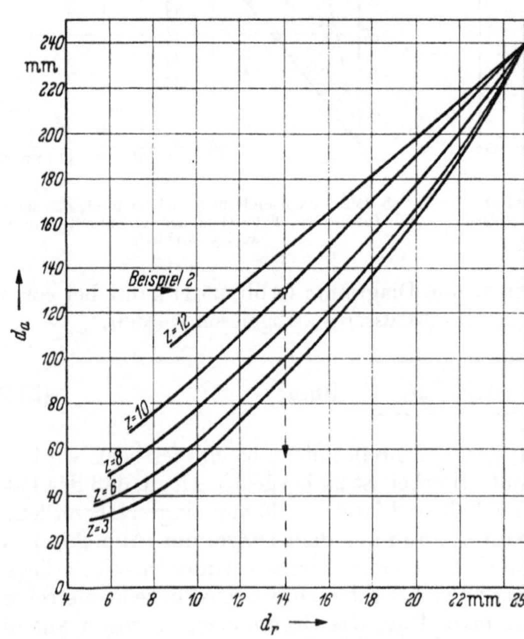

Abb. 26/2. Dimensionierung von Klemmrollenfreiläufen mit Innenstern, Ermittlung des Rollendurchmessers d_r in Abhängigkeit von d_a und z

4.2.3.3 Beispiele

Beispiel 1

Gegeben: $M_t = 20\,\text{mkg}$, $k_{zul} = 3\,\text{kg/mm}^2$, $\tau_{zul} = 2{,}5\,\text{kg/mm}^2$

Gesucht: z, d_r und d_a

Schema

1. $M_t = 20000\,\text{mmkg}$
2. $d_W = 35\,\text{mm}$
3. $d_a = 2{,}5\,d_W = 88\,\text{mm}$
4. $b = 35\,\text{mm}$
5. $\frac{M_t}{b} = \frac{20000}{35} = 571\,\frac{\text{mm kg}}{\text{mm}}$
6. $z = 6$

   $d_a = 85\,\text{mm}$
7. $d_r = 12\,\text{mm}$

Kontrolle

8. $d_a - d_W = 50\,\text{mm} > 4\,d_r$

   $4\,d_r = 48\,\text{mm}$
9. $k = \frac{20000}{6 \cdot 0{,}0612 \cdot 6 \cdot 85 \cdot 35} = 3{,}05\,\text{kg/mm}^2$
10. Die Schwankung von k gegenüber dem Ausgangswert liegt unter 2%.

    Die gleichen Werte wären mit einem schmäleren Freilauf mit 8 bzw. 10 Klemmrollen ebenfalls erreicht worden.

    Billiger baut der Freilauf mit weniger Klemmflächen, deshalb ist der Ausführung mit 6 Klemmrollen der Vorzug zu geben.

Beispiel 2

Gegeben: $M_t = 80\,\text{mkg}$, $k_{zul} = 3\,\text{kg/mm}^2$, $\tau_{zul} = 2{,}5\,\text{kg/mm}^2$

Gesucht: z, d_r und d_a

Schema

1. $M_t = 80000\,\text{mmkg}$
2. $d_W \approx 55\,\text{mm}$
3. $d_a \approx 130\,\text{mm}$
4. $b \approx 50\,\text{mm}$
5. $\frac{M_t}{b} = \frac{80000}{50} = 1600\,\frac{\text{mmkg}}{\text{mm}}$
6. $z = 10$

   $d_a = 125\,\text{mm}$
7. $d_r = 14\,\text{mm}$

Kontrolle

8. $d_a - d_W = 70\,\text{mm}$

   $4\,d_r = 56\,\text{mm}$
9. $k = \frac{80000}{10 \cdot 0{,}0612 \cdot 50 \cdot 125 \cdot 7} = 3\,\text{kg/mm}^2$

Beispiel 3

Gegeben: $M_t = 3\,\text{mkg}$, $k_{zul} = 3\,\text{kg/mm}^2$, $\tau_{zul} = 2{,}5\,\text{kg/mm}^2$

Gesucht: z, d_r und d_a

Schema

1. $M_t = 3000\,\text{mmkg}$
2. $d_W = 20\,\text{mm}$
3. $d_a = 50\,\text{mm}$
4. $b = 20\,\text{mm}$
5. $\frac{M_t}{b} = 150\,\frac{\text{mmkg}}{\text{mm}}$
6. $z = 4$

   $d_a = 50\,\text{mm}$
7. $d_r = 9\,\text{mm}$

Kontrolle

8. $d_a - d_W = 30\,\text{mm}$

   $4\,d_r = 36\,\text{mm}$

   Aus konstruktiven Gründen also

   $\underline{d_r = 8\,\text{mm}}$.
9. $k = \frac{3000}{4 \cdot 0{,}0612 \cdot 20 \cdot 50 \cdot 4} = 3{,}06\,\text{kg/mm}^2$

Wie die Beispiele zeigen, ist es bei Benutzung dieser Diagramme möglich, in kürzester Zeit für den jeweils vorliegenden Fall die günstigsten Abmessungen zu ermitteln.

4.3 Klemmkörperfreilauf

Wesentliche Punkte, die sowohl für Klemmkörper – als auch für Klemmrollenfreiläufe zutreffen, wurden bereits unter Abschn. 4.2 besprochen.

Jeder der beiden Winkel α und β (s. Abb. 28/1) entspricht einem Klemmwinkel. Um Durchrutschen zu verhindern, muß gelten

$$\boxed{\tan\alpha < \mu \quad \text{und} \quad \tan\beta < \mu}$$

Es ist praktisch nur notwendig, die Beziehung

$$\tan\alpha < \mu$$

zu betrachten, da $\alpha = \varphi + \beta$, also stets $\alpha > \beta$ ist. Die maßgebende Beanspruchung für die Dimensionierung ist die zwischen den Klemmkörpern und den Klemmbahnen auftretende maximale Wälzpressung „k“.

Es besteht aber die Möglichkeit, durch entsprechende Wahl von ϱ_a und ϱ_i die Beanspruchungen für Außen- und Innenteil einander anzupassen.

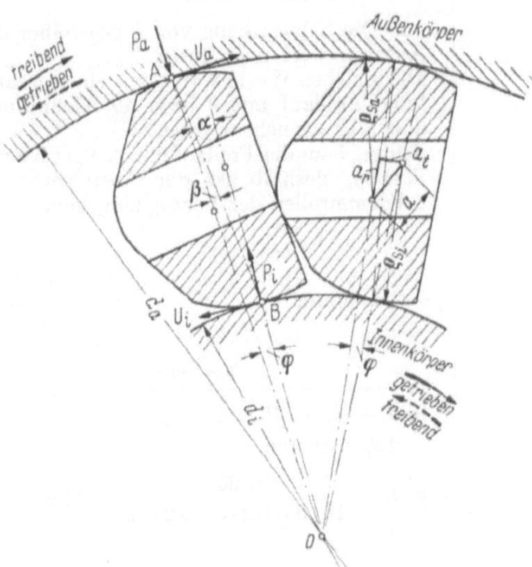

Abb. 28/1. Klemmkörperfreilauf, geometrische Beziehungen und Kraftübertragung

4.3.1 Bemessungsgrößen

Gleichgewicht an den Klemmkörpern (Abb. 28/1) herrscht, wenn die beiden Resultierenden von P_a, U_a und P_i, U_i auf der Verbindungslinie AB liegen. Aus den Gleichgewichtsbedingungen für Kräfte und Momente ergibt sich dann

Σ-Kräfte = 0	Σ-Momente = 0
$P_i = U_i \cot\alpha$ $P_a = U_a \cot\beta$	$U_a = U_i \dfrac{d_i}{d_a}$

Nach dem Sinussatz ist $\dfrac{d_i}{d_a} = \dfrac{\sin\beta}{\sin(180^\circ - \alpha)} = \dfrac{\sin\beta}{\sin\alpha}$

Da für kleine Winkel, um solche handelt es sich bei α, β und φ, annähernd

$$\sin = \tan$$

gesetzt werden kann, so ergibt sich für die Anpreßkräfte

$$\boxed{P_a \approx P_i} \quad [\text{kg}] \qquad (28/1)$$

α wird praktisch nie größer als 6°, deshalb beträgt der Unterschied zwischen Sinus und Tangens weniger als 0,6‰.

Umfangskraft bezogen auf einen Klemmkörper

$$U_i = P_i \tan\alpha \quad [\text{kg}] \qquad (29/1)$$

Anpreßkraft

$$P_i = \frac{2\,M_t}{d_i \tan\alpha\, z} \quad [\text{kg}] \qquad (29/2)$$

Wälzpressung

$$k_i = \frac{M_t}{\varrho_i\, b_K \tan\alpha\, d_i\, z} \leqq k_{\text{zul}} \quad [\text{kg/mm}^2] \qquad (29/3)$$

$$k_a = \frac{M_t}{\varrho_a\, b_K \tan\beta\, d_a\, z} \leqq k_{\text{zul}} \quad [\text{kg/mm}^2] \qquad (29/4)$$

Ersatzkrümmungsradius

$$\varrho_i = \frac{r_i\,\varrho_{si}}{r_i + \varrho_{si}} \qquad \varrho_a = \frac{r_a\,\varrho_{sa}}{r_a - \varrho_{sa}} \quad [\text{mm}] \qquad (29/5)$$

Zulässiges Drehmoment

Auf den Innenring bezogen	Auf den Außenring bezogen		
$M_t \leqq 2z\,\frac{r_i^2\,\varrho_{si}}{r_i + \varrho_{si}}\,b_K \tan\alpha\, k_{\text{zul}}$	$M_t \leqq 2z\,\frac{r_a^2\,\varrho_{sa}}{r_a - \varrho_{sa}}\,b_K \tan\beta\, k_{\text{zul}}$	[mmkg]	(29/6)

Das kleinere von beiden ist das zulässige Drehmoment.

4.3.2 Bestimmungsgrößen

Unter Benutzung der Abb. 28/1 ergibt sich

Klemmwinkel

$$\alpha = \varphi + \beta \quad [°] \qquad (29/7)$$

Der Winkel φ wird mit Hilfe des Kosinussatzes ermittelt.

$$\cos\varphi = \frac{(r_i + \varrho_{si})^2 + (r_a - \varrho_{sa})^2 - a^2}{2\,(r_i + \varrho_{si})\,(r_a - \varrho_{sa})} \rightarrow \varphi \qquad (29/8)$$

Oder unter Anwendung des Tangenssatzes, wenn man

$$\frac{r_a - r_i}{r_a + r_i} = r_c \qquad (29/9)$$

setzt, wird

$$\cot\frac{\alpha + \beta}{2} = r_c \cot\frac{\varphi}{2}$$

Damit

$$\tan\frac{\varphi}{2} = r_c \tan\frac{\alpha + \beta}{2} \qquad (29/10)$$

Nach dem Sinussatz ist

$$\boxed{\sin\beta = \frac{r_i}{r_a}\sin\alpha} \quad \to \beta \tag{30/1}$$

Den Winkel β aus Gl. (30/1) in Gl. (29/10) eingesetzt, ergibt, sofern nur r_a, r_i und α zur Verfügung stehen, den Winkel φ. Direkt kann er aus Gl. (29/8) bzw. aus Gl. (30/2) gewonnen werden.

$$\boxed{\tan\frac{\varphi}{2} = -\frac{1 + r_c}{2\tan\alpha} + \sqrt{\frac{(1 + r_c)^2}{4\tan^2\alpha} + r_c}} \quad \to \varphi \tag{30/2}$$

Der Abstand „a" der Krümmungsmittelpunkte ist Gl. (29/8) nach Umformung zu entnehmen.

Die Größe der Klemmwinkeländerung infolge Maßabweichungen läßt sich in zwei Schritten ermitteln.

Aus Gl. (29/8) ergibt sich φ' durch Einsetzen der gegenüber den Ausgangsgrößen abweichenden Werte und aus Gl. (30/3) wird mit r_a', r_i' und φ' der neue Klemmwinkel α' errechnet.

Der durch die elastischen Verformungen, wie in Abschn. 4.5 behandelt, auftretende Einfluß auf den Klemmwinkel läßt sich ebenfalls durch Gl. (30/3) erfassen. Aus der jeweils linken Darstellung in Abb. 47/1 u. 48/1 sind die Winkeländerungen gut zu erkennen.

$$\boxed{\tan\alpha = \frac{r_a \sin\varphi}{r_a\cos\varphi - r_i}} \tag{30/3}$$

4.3.3 Gang der Berechnung bei Auslegung eines Klemmkörperfreilaufes

1. Klemmwinkel α → Erfahrungswert $\sim 4°$.
2. Wälzpressung k_{zul} → Erfahrungswert entsprechend Wöhlerkurve Abb. 76/1 wählen. Abhängig von Werkstoff, Wärmebehandlung, Bearbeitung, Betriebsart und geforderter Lebensdauer.
3. Einbauhöhe H → Gewählt aus folgender Beziehung

$$\boxed{10\,\text{mm} \leqq H \leqq 30\,\text{mm}}$$

4. Radius r_i → Gewählt aus folgender Beziehung

$$\boxed{H \leqq r_i \leqq 20\,H}$$

Kleinster Wert von r_{Welle} abhängig.

5. Klemmkörperlänge b_K → Gewählt aus folgender Beziehung

$$\boxed{b_K = 0{,}75\,H \div 2\,H}$$

6. Radius r_a → Gewählt aus der Beziehung

$$\boxed{r_a = r_i + H}$$

7. Klemmkörperzahl z → Abhängig vom Ringraum zwischen Außenklemmbahn und Innenklemmbahn, von der Klemmkörperform und von der Anfederung.

8. Krümmungsradius ϱ_{si} → Aus Gln. (29/3) u. (29/5)

$$\boxed{\varrho_i = \frac{M_t}{b_K \tan\alpha \, d_i z \, k_{\text{zul}}}}$$

damit $$\boxed{\varrho_{si} = \frac{\varrho_i r_i}{r_i - \varrho_i}}$$

9. Winkel φ und β → Aus den Gln. (29/8) u. (30/1)
10. Krümmungsradius ϱ_{sa} → Aus Gln. (29/4) u. (29/5)

$$\boxed{\varrho_a = \frac{M_t}{b_K \tan\beta \, d_a z \, k_{\text{zul}}}}$$

damit $$\boxed{\varrho_{sa} = \frac{\varrho_a r_a}{r_a + \varrho_a}}$$

11. Abstand „a" → Aus Gl. (29/8) oder

$$a_r = (r_i + \varrho_{si}) \cos\varphi - (r_a - \varrho_{sa})$$

$$a_t = (r_i + \varrho_{si}) \sin\varphi$$

$$\boxed{a = \sqrt{a_r^2 + a_t^2}}$$

12. Verdrehwinkel „ϑ" → Aus Gl. (49/2).
Mit den Werten für die elastischen Verformungen aus den Abschn. 4.5.2 u. 4.5.3 lassen sich an Hand der Gln. (30/1) u. (30/3) die Klemmwinkel β' und α' im Betriebszustand berechnen.

4.3.4 Berechnungsbeispiel für einen Klemmkörperfreilauf

Als Beispiel wird die Berechnung eines Klemmkörperfreilaufes durchgeführt, bei welchem die Klemmkörper ähnlich den Ringspann-Klemmstücken ausgebildet sind (s. Abb. 32/1).

Gegeben: $M_t = 80\,\text{mkg}$, $k_{\text{zul}} = 3\,\text{kg/mm}^2$, $\tau_{\text{Welle}} = 2{,}5\,\text{kg/mm}^2$

$\varrho_{sa} = 6\,\text{mm}$, $\varrho_{si} = 9\,\text{mm}$

$H = 12\,\text{mm}$, $b_K = 25\,\text{mm}$

Klemmwinkel $\alpha = 3{,}5°$

Klemmkörperdicke $d_K = 3\pi\,\text{mm}$

Gesucht: Abmessungen des Freilaufes. Die tatsächlichen Wälzpressungen k_i und k_a sollen in jedem Falle weniger als 10% von k_{zul} abweichen.

1. *Wellendurchmesser* d_w

Aus Abb. 25/1 folgt für das vorgegebene $M_t = 80$ mkg

$$\underline{\underline{d_w = 55\,\text{mm}}}$$

2. *Freilaufinnenring, Durchmesser* d_i

Wegen Paßfeder wird

$d_i = d_w + 25$

vorläufig $\underline{\underline{d_i = 80\,\text{mm}}}$

3. *Freilaufaußenring, Durchmesser* d_a

$d_a = d_i + 2H$

vorläufig $\underline{\underline{d_a = 104\,\text{mm}}}$

4. *Klemmkörperzahl z*

$$z \sim \frac{d_i + H}{3}$$

$$z \sim \frac{80 + 12}{3} = 30{,}66$$

gewählt $\underline{\underline{z = 30}}$

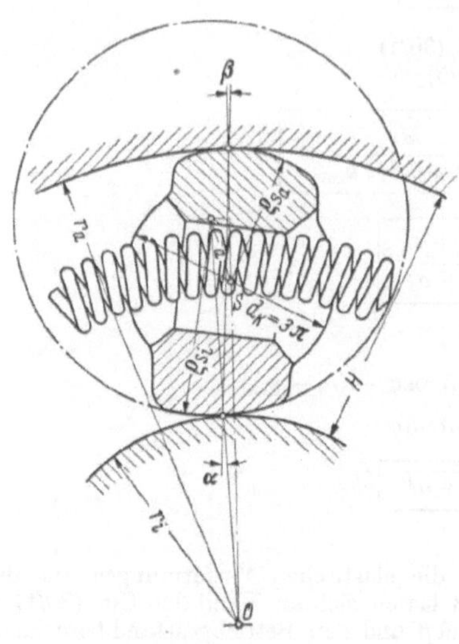

Abb. 32/1. Ringspann-Klemmstück, geometrische Beziehungen (Ringspann [63])

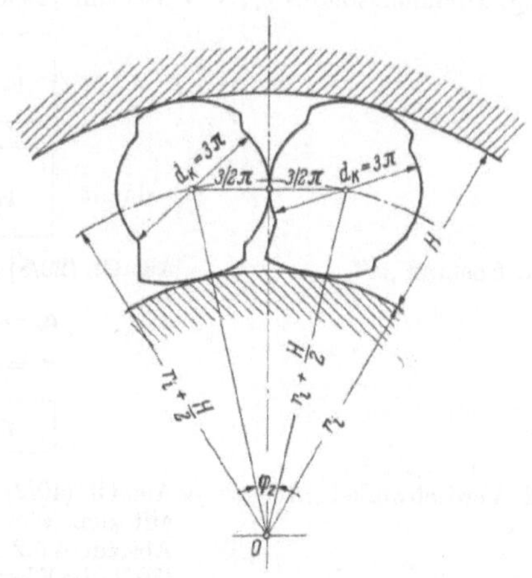

Abb. 32/2. Ringspann-Klemmstückfreilauf Klemmstückzahl in Abhängigkeit von den Klemmbahndurchmessern

5. *Genaue Festlegung von d_i* (s. Abb. 32/2)

$$\varphi_z = \frac{360°}{z} = \frac{360°}{30} = 12°$$

$$r_i + \frac{H}{2} = \frac{\frac{3}{2}\pi}{\sin 6°} = \frac{3\pi}{2 \cdot 0{,}20906} = 45{,}081\ \text{mm}$$

$$\underline{d_i} = 90{,}162 - 12 = \underline{78{,}162\ \text{mm}}$$

ausgeführt $\underline{\underline{d_i = 79\ \text{mm}}}$

Damit ist noch ein Füllungsspiel von $\sim 2{,}6$ mm gegeben.

6. *Genaue Festlegung von d_a*

$$d_a = d_i + 2H$$

$$d_a = 79 + 24$$

$\underline{\underline{d_a = 103\ \text{mm}}}$

7. *Überprüfung der Wälzpressung k_i*

$$k_i = \frac{M_t}{b_K \tan\alpha\, d_i\, \varrho_i\, z} \qquad \varrho_i = \frac{r_i\, \varrho_{si}}{r_i + \varrho_{si}}$$

$$\underline{\varrho_i} = \frac{39{,}5 \cdot 9}{48{,}5} = \underline{7{,}34\ \text{mm}}$$

$$k_i = \frac{80000}{25 \cdot 0{,}06116 \cdot 79 \cdot 7{,}34 \cdot 30}$$

$\underline{\underline{k_i = 3{,}02\ \text{kg/mm}^2}}$

Dieser Wert liegt innerhalb der vorgeschriebenen Grenze, so daß die bis jetzt bestimmten Größen beibehalten werden können.

8. *Überprüfung der Wälzpressung* k_a

$$k_a = \frac{M_t}{b_K \tan\beta \, d_a \varrho_a z} \qquad \varrho_a = \frac{r_a \varrho_{sa}}{r_a - \varrho_{sa}}$$

a) $\tan\beta$

Nach Voraussetzung ist für kleine Winkel

$\tan\beta \approx \sin\beta$

Aus Gl. (30/1) folgt dann

$$\tan\beta = \frac{r_i}{r_a} \sin\alpha$$

$$\tan\beta = \frac{79}{103} 0{,}06116 \rightarrow \tan\beta = 0{,}04691 \qquad \underline{\underline{\beta = 2^\circ 41'}}$$

b) $\underline{\varrho_a}$

$$\varrho_a = \frac{51{,}5 \cdot 6}{45{,}5} = \underline{6{,}8\,\text{mm}}$$

c) $\underline{k_a}$

$$k_a = \frac{80000}{25 \cdot 0{,}04691 \cdot 103 \cdot 6{,}8 \cdot 30} \qquad \underline{\underline{k_a = 3{,}25\,\text{kg/mm}^2}}$$

Auch dieser Wert ist zulässig, da die Abweichung gegenüber k_{zul} innerhalb der Toleranz von 10% liegt.

9. *Abstand „a"*

$$a = \sqrt{a_r^2 + a_t^2}$$

$$a_r = (r_i + \varrho_{si}) \cos\varphi - (r_a - \varrho_{sa})$$

$$a_t = (r_i + \varrho_{si}) \sin\varphi$$

Aus Gl. (29/7) folgt

$$\varphi = \alpha - \beta$$

$$\underline{\varphi} = 3^\circ 30' - 2^\circ 41' = \underline{49'}$$

$$\cos\varphi = 0{,}99989$$

$$\sin\varphi = 0{,}01425$$

$$a_r = 48{,}5 \cdot 0{,}99989 - 45{,}5 \approx 3\,\text{mm}$$

$$a_t = 48{,}5 \cdot 0{,}01425 = 0{,}691\,\text{mm}$$

$$a = \sqrt{9 + 0{,}4774} \qquad \underline{\underline{a = 3{,}08\,\text{mm}}}$$

4.3.5 Berührungsfreier Freilauf

Die Beanspruchungen und geometrischen Größen werden wie unter Abschn. 4.3.1 und 4.3.2 berechnet. Bei dieser Freilaufart ist noch die Kenntnis der für die Berührungsfreiheit notwendigen Bedingungen von wesentlicher Bedeutung. An Hand der in den Abb. 34/1 u. 34/2 gezeigten Freilaufausführungen werden die grundsätzlichen Beziehungen ermittelt.

4.3.5.1 Schwerpunktermittlung. Die Schwerpunktermittlung erfolgt am besten graphisch nach den bekannten Methoden der Statik. Bei schwieriger geformten Klemmkörpern besteht auch die Möglichkeit, die Form aus Karton auszuschneiden und mittels verschiedener Aufhängungen die Schwerlinien und damit den Schwerpunkt zu bestimmen.

4.3.5.2 Bedingungen für die Berührungsfreiheit. Gemäß Abb. 34/1 u. 34/2 ergibt sich, daß der Klemmkörper von der inneren Klemmbahn erst löst, wenn die folgende Bedingung erfüllt ist:

$$\boxed{C l_1 > F l_2} \quad (34/1)$$

Die Zentrifugalkraft C kann nach folgender Gleichung berechnet werden:

$$\boxed{C = \frac{G_K}{g} r_s \omega_a^2} \quad [\mathrm{kg}] \quad (34/2)$$

Mittels der bis jetzt entwickelten Gleichungen kann theoretisch die Drehzahl n_a ermittelt werden, bei welcher Berührungsfreiheit an der Innenbahn eintritt.

Unter der Voraussetzung

$$C l_1 = F l_2$$

ergibt sich

Grenzdrehzahl

$$\boxed{n_a = \frac{30}{\pi} \sqrt{\frac{F l_2 g}{G_K l_1 r_s}}} \quad \left[\frac{1}{\mathrm{min}}\right] \quad (34/3)$$

Eine praktisch genaue Bestimmung der Grenzdrehzahl ist nur durch Messung beim Lauf möglich (s. Abschn. 5.8.3.3), eine Regulierung nur durch Änderung der Klemmkörperform sowie Änderung der Anfederung möglich.

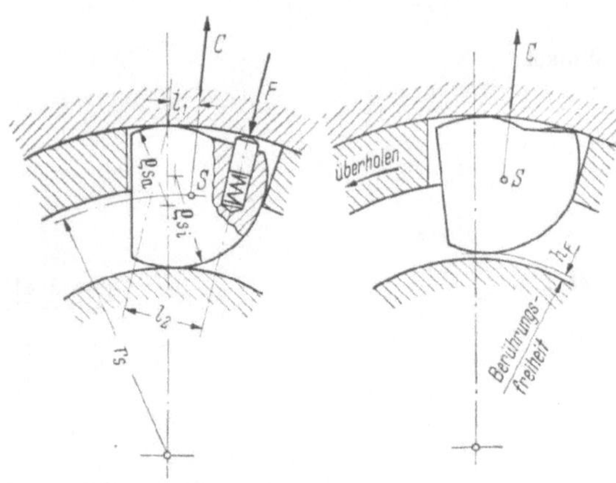

Abb. 34/1. Berührungsfreier STIEBER-Klemmkörperfreilauf. Fliehkraftwirkung am Klemmkörper

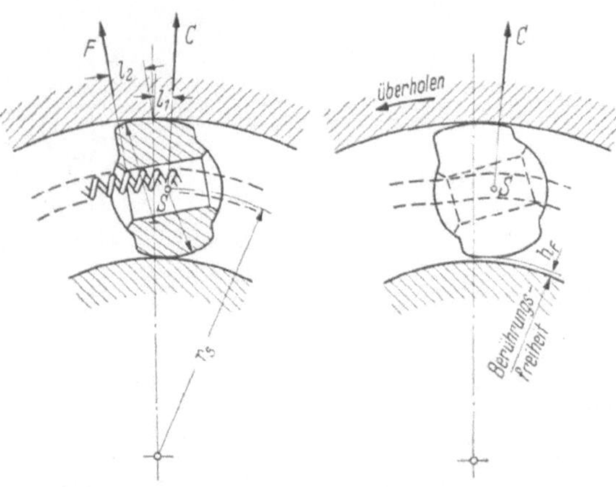

Abb. 34/2. Ringspann-Klemmstückfreilauf, Fliehkraftwirkung am Klemmstück

4.4 Kegelfreilauf

Der Kegelfreilauf entstand aus dem Bestreben heraus, die Übertragung des Drehmomentes elastischer zu gestalten als dies bei anderen bekannten Freilaufbauformen im allgemeinen der Fall ist. Außerdem ist er ausrückbar, d. h. man kann Berührungsfreiheit herstellen (s. a. Abschn. 6.1.25 u. 6.1.26).

Der Kegelfreilauf weist einen erheblichen Verdrehwinkel ϑ auf, der im elastischen Bereich proportional dem übertragenen Drehmoment ist. Dieser Winkel kann durch

Änderung der Wandstärken der beiden Kegelkörper, der Kegelneigung und des Schrägungswinkels ζ weitgehend verändert bzw. beeinflußt und sogar durch entsprechende konstruktive Maßnahmen genau begrenzt werden. Dieser Begrenzung dienen die aus Abb. 2/3 ersichtlichen Flansche an Teil *1* und Teil *2*.

Stöße und Schwingungen werden bei dieser Freilaufart dadurch aufgenommen, daß sie längs des Verschiebeweges w_s in elastische Verformungsarbeit umgesetzt werden. Ist der Verschiebeweg w_s bzw. der Verdrehwinkel ϑ durch axialen Anschlag begrenzt, so wird der Freilauf nach Erreichen dieser Begrenzung starr. Wird das Drehmoment weiter gesteigert, so tritt bei Überschreiten der Überlastgrenze Durchrutschen ein (s. Abb. 35/1). Die Rollen führen dabei unter hoher Anpreßkraft eine Wälz-Gleitbewegung durch. Um Schäden zu vermeiden, ist in jedem Fall das Rutschmoment M_R höher zu legen als das größte zu erwartende Drehmoment M_t. Die Berührungsfreiheit wird durch eine geringe axiale Verschiebung der beiden Kegelkörper gegeneinander erreicht und das Herausfallen der Rollen aus dem Käfig durch ähnliche Maßnahmen wie bei Nadellagerkäfigen verhindert. Da nunmehr kein Verschleiß zwischen Rollen und Freilaufkörper auftreten kann, ist eine entsprechende Erhöhung der Lebensdauer und Betriebssicherheit zu erwarten.

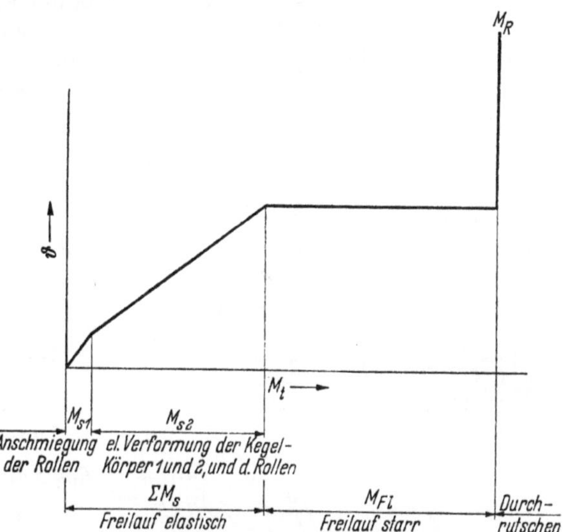

Abb. 35/1. Kegelfreilauf, Zusammenhang zwischen Drehmoment und Verdrehwinkel

Der Kegelfreilauf könnte seiner Funktionsweise nach auch den Axialfreiläufen zugeordnet werden. Da aber bei ihm die Kraftübertragung durch Klemmrollen stattfindet und sein Betriebsverhalten weitgehend dem von Klemmrollenfreiläufen entspricht, wurde er an dieser Stelle behandelt (Axialfreiläufe s. a. Abschn. 4.9 u. 6.5).

4.4.1 Rollendurchbiegung „u" und Schließweg w_{s_1}

Bei den nachstehenden Berechnungen sind verschiedene begründete Näherungen getroffen worden, die noch, wie die Praxis gezeigt hat, hinreichende Genauigkeit gewährleisten, um den Rechnungsgang möglichst einfach und durchsichtig zu gestalten.

Da gleichlange Rollen, je nach ihrer Lage auf dem Kegelmantel in axialer Richtung betrachtet, auf verschiedenen Durchmessern d_i zu liegen kommen (s. Abb. 36/1), ist auch ihre Durchbiegung „u" verschieden groß. Gewöhnlich genügt es mit dem mittleren Kegeldurchmesser d_{i_m} zu rechnen. Bei größerer Kegelneigung und Kegellänge muß der erwähnte Einfluß aber durch entsprechende Abstimmung der Rollenlängen kompensiert werden. In der Durchbiegungsrechnung für die Rollen bleibt noch unberücksichtigt, daß sich infolge der fortschreitenden Anschmiegung unter Last der Hebelarm laufend verkürzt und sich dadurch die Federkonstante entsprechend erhöht. Dies bedeutet, daß die Pressungen an den Rollenenden praktisch unendlich groß werden können, wenn nicht durch eine geeignete Ausbildung der Rollenenden diesem Umstand Rechnung getragen wird.

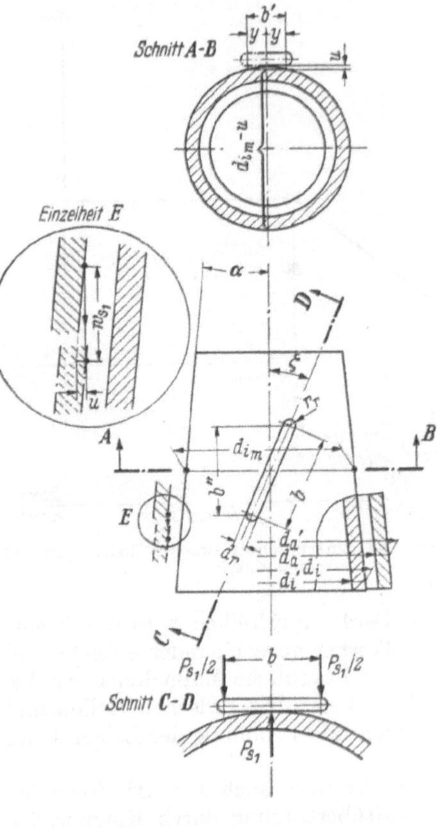

Es wäre noch zu erwähnen, daß die in der Berechnung auftretende Größe u^2 klein von 2. Ordnung, und daher vernachlässigbar ist.

Aus Abb. 36/1 ergibt sich

$$y = \frac{b \sin \zeta}{2} = \frac{b'}{2} \quad \text{[mm]} \qquad (36/1)$$

Die mittlere Durchbiegung u kann unter Anwendung des Höhensatzes ermittelt werden.

$$y^2 = u\,(d_{i_m} - u)$$

Nach Voraussetzung ist dann

$$y^2 = u\, d_{i_m}$$

Unter Benutzung von Gl. (36/1) folgt

Rollendurchbiegung

$$u = \frac{b^2 \sin^2 \zeta}{4\, d_{i_m}} \quad \text{[mm]} \qquad (36/2)$$

Die axiale Verschiebung der beiden Kegelkörper gegeneinander – Schließweg w_{s_1} – infolge der Rollendurchbiegung u, also bis zur vollständigen Anschmiegung der Rollen an die Kegelmantelflächen, beträgt

Schließweg w_{s_1}

$$w_{s_1} = \frac{u}{\tan \alpha} = \frac{b^2 \sin^2 \zeta}{4\, d_{i_m} \tan \alpha} \quad \text{[mm]} \qquad (36/3)$$

Abb. 36/1. Kegelfreilauf nach Dr. W. Stieber, geometrische Beziehungen und Kräfte auf die Klemmrollen

4.4.2 Schließmoment M_{s_1}

Rollen und Kegelkörper sind gehärtet und geschliffen. Die hohe Oberflächengüte und der Härtegrad, entsprechend den Werten bei Wälzlägern, ergeben außerordentlich geringe Reibkräfte beim Einrollvorgang, so daß in den folgenden Betrachtungen der Einfluß dieser Kräfte unberücksichtigt bleiben kann. Unter dem Schließmoment M_{s_1} ist das Drehmoment zu verstehen, das aufgebracht werden muß, um die Rollen zur vollständigen Anschmiegung zu bringen. Das Schließmoment ist proportional der Summe der Biegungsmomente der Einzelrollen.

Für die Durchbiegung u ist die Anpreßkraft P_{s_1} erforderlich (s. Abb. 36/1).

Durchbiegung

$$u = \frac{P_{s_1}}{E I} \frac{b^3}{48} \quad \text{[mm]} \qquad (36/4)$$

Daraus ergibt sich die Anpreßkraft P_{s_1} der Einzelrolle

Anpreßkraft der Einzelrolle

$$P_{s_1} = \frac{3}{16} \frac{d_r^4 \pi E \sin^2 \zeta}{d_{i_m} b} \quad [\text{kg}] \tag{37/1}$$

Die Summe der Anpreßkräfte ist dann

$$\sum P_{s_1} = z P_{s_1} \quad [\text{kg}] \tag{37/2}$$

Die für die Durchbiegung u der Rollen notwendige Axialkraft auf die Kegelkörper ergibt sich aus Gl. (37/3).

Axialkraft

$$P_{a x_1} = z P_{s_1} \tan \alpha \quad [\text{kg}] \tag{37/3}$$

Diese Kraft kann in eine Umfangskraft P_{u_1} und in eine Kraft in Rollenrichtung zerlegt werden (s. Abb. 37/1).

$$P_{u_1} = P_{a x_1} \tan \zeta = z P_{s_1} \tan \alpha \tan \zeta \quad [\text{kg}] \tag{37/4}$$

Nunmehr läßt sich das Schließmoment bestimmen.

$$M_{s_1} = P_{u_1} \frac{d_m}{2} = \frac{z P_{s_1} \tan \alpha \tan \zeta \, d_m}{2}$$

In diesem Gleichungsansatz bedeutet

$$d_m = d_{i_m} + d_r$$

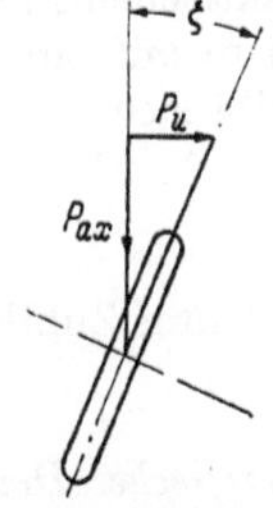

Abb. 37/1. Kraftkomponenten an der Klemmrolle eines Kegelfreilaufes

Schließmoment M_{s_1}

$$M_{s_1} = \frac{3 \pi E}{32} \frac{z d_r^4}{b} \frac{d_m}{d_{i_m}} \tan \alpha \tan \zeta \sin^2 \zeta \quad [\text{mmkg}] \tag{37/5}$$

Für den Fall, daß $E = 2{,}1 \cdot 10^4$ kg/mm² ist, vereinfacht sich die Gl. (37/5) zu

$$M_{s_1} = 6185 \frac{z d_r^4}{b} \frac{d_m}{d_{i_m}} \tan \alpha \tan \zeta \sin^2 \zeta \quad [\text{mmkg}] \tag{37/6}$$

4.4.3 Schließmoment M_{s_2}

Unter dem Schließmoment M_{s_2} ist der Anteil des aufgebrachten Drehmomentes M_t zu verstehen, der nach erfolgter Anschmiegung der Rollen in die elastische Verformungsarbeit der beiden Kegelkörper eingeht. Der Rollenanteil ist bedeutungslos.

Wenn als Belastungsgrenze die Wälzpressung k_{zul} gilt, so wird die Anpreßkraft der Rollen

$$\sum P_{s_2} = 2 z \varrho b k_{zul} \quad [\text{kg}] \tag{37/7}$$

Der Ersatzdurchmesser 2ϱ bestimmt sich zu

$$\boxed{2\varrho = \frac{d_{i_m} d_r}{d_{i_m} + d_r}} \quad [\mathrm{mm}] \tag{38/1}$$

Unter Benutzung der Gl. (37/4) ergibt sich analog für das Schließmoment M_{s_2}

Schließmoment M_{s_2} $$\boxed{M_{s_2} = z\varrho\, b\, d_m\, k_{\mathrm{zul}} \tan\alpha \tan\zeta} \quad [\mathrm{mmkg}] \tag{38/2}$$

Gesamtschließmoment M_s $$\boxed{M_s = M_{s_1} + M_{s_2}} \quad [\mathrm{mmkg}] \tag{38/3}$$

4.4.4 Schließweg w_{s_2} und Verdrehwinkel ϑ

Infolge des Schließmomentes M_{s_2} verschieben sich die beiden Kegelkörper axial um den Weg w_{s_2} gegeneinander.

Die Anpreßkraft $\sum P_{s_2}$ kann wegen dem relativ hohen Rollenfüllungsgrad Φ – in praktischen Fällen 0,6 bis 0,7 – auch als Summe der gleichmäßig verteilten Druckkräfte auf ein Rohr angesehen werden. Wenn p der spezifische Druck ist, dann ergibt sich

$$\boxed{\sum P_{s_2} = p\, d_m \pi L \Phi} \quad [\mathrm{kg}] \tag{38/4}$$

Unter Zuhilfenahme der Gl. (37/7) läßt sich p darstellen.

Spezifischer Druck p $$\boxed{p = \frac{2z\varrho\, b\, k_{\mathrm{zul}}}{\pi\, d_m L \Phi}} \quad [\mathrm{kg/mm^2}] \tag{38/5}$$

In den beiden Gln. (38/4) u. (38/5) bedeuten: L die reduzierte Rollenlänge (s. Abb. 36/1).

$$L = \sum b'' \quad \text{oder} \quad \boxed{L = z' b \cos\zeta} \quad [\mathrm{mm}] \tag{38/6}$$

z' ist die Anzahl der Rollenreihen im Käfig.

Füllungsgrad Φ $$\boxed{\Phi = \frac{z\, d_r\, b}{d_m \pi\, l_K}} \quad [-] \tag{38/7}$$

Käfiglänge l_K $$\boxed{l_K = L + b_z(z' + 1)} \quad [\mathrm{mm}] \tag{38/8}$$

Die elastische Verformung der beiden Kegelkörper, d.h. die Durchmesseränderung, ergibt sich unter Verwendung der Gleichungen für dickwandige Rohre unter Außen- und Innendruck zu

Gesamtverformung $$\boxed{\Delta d = \Delta d_a + \Delta d_i} \quad [\mathrm{mm}] \tag{38/9}$$

Aufweitung des Außenringes

$$\Delta d_a = \frac{d_a p}{E} (\Delta_a^2 + \nu)$$

Zusammendrückung des Innenkörpers

$$\Delta d_i = \frac{d_i p}{E} (\Delta_i^2 - \nu)_i$$

ν ist die POISSONsche Konstante. Für Stahl kann sie gleich 0,3 gesetzt werden. Weiter bedeuten

$$\Delta_a^2 = \frac{(d_a'/d_a)^2 + 1}{(d_a'/d_a)^2 - 1} \quad \text{und} \quad \Delta_i^2 = \frac{(d_i/d_i')^2 + 1}{(d_i/d_i')^2 - 1}$$

Für den Schließweg w_{s_2} kann nunmehr geschrieben werden

Schließweg w_{s_2}

$$w_{s_2} = \frac{\Delta d}{2 \tan \alpha} \quad [\text{mm}] \tag{39/1}$$

Gesamtschließweg w_s

$$w_s = w_{s_1} + w_{s_2} \quad [\text{mm}] \tag{39/2}$$

Gesamt-Verdrehwinkel ϑ

$$\vartheta = \frac{w_s \cdot 360}{d_m \pi \tan \zeta} \quad [^\circ] \tag{39/3}$$

4.4.5 Flanschmoment M_{Fl}

Wie schon einführend erwähnt, kann durch Anbringen eines axialen Anschlages, also eines Flansches, das übertragbare Drehmoment gesteigert werden. Die auf den Flansch ausgeübte Anpreßkraft P_{Fl} errechnet sich zu

Axiale Anpreßkraft P_{Fl}

$$P_{Fl} = \frac{2 M_s}{d_m \tan \zeta} \quad [\text{kg}] \tag{39/4}$$

Daraus ergibt sich ein Reibungsmoment am Flansch zu

Flanschmoment M_{Fl}

$$M_{Fl} = P_{Fl} \mu_{Fl} \frac{d_{Fl}}{2} \quad [\text{mmkg}] \tag{39/5}$$

4.4.6 Gesamt-Drehmoment M_t

Das gesamte übertragbare Drehmoment für den Freilauf ist

$$M_t = M_s + M_{Fl} \quad [\text{mmkg}] \tag{39/6}$$

(s. Abb. 35/1).

Die Gl. (39/6) kann noch umgeformt werden, so daß ihre endgültige Form lautet

$$M_t = M_s \left(1 + \frac{\mu_{Fl}\, d_{Fl}}{d_m \tan \zeta}\right) \quad [\text{mmkg}] \tag{39/7}$$

4.4.7 Beispiel

Im folgenden wird ein ausgeführter Kegelfreilauf, der sich bereits seit mehreren Jahren in Betrieb befindet und sich einwandfrei bewährt hat, durchgerechnet.

Gegeben: $d_{im} = 102$ mm; $d_r = 5$ mm; $d_m = 107$ mm
$b = 23$ mm; $d_a = 112$ mm; $d'_a = 160$ mm
$d_{Fl} = 150$ mm; $k_{zul} = 4$ kg/mm²; $E = 2{,}1 \cdot 10^4$ kg/mm²
$z = 86$; $z' = 2$; $\Phi = 0{,}7$
$\mu_{Fl} = 0{,}1$; $\alpha = 3°$; $\zeta = 9°$

Gesucht: Gesamtes übertragbares Drehmoment.

1. *Funktionswerte der Winkel* α und ζ

$\tan\alpha = 0{,}05241$
$\sin\zeta = 0{,}15643$; $\tan\zeta = 0{,}15838$
$\sin^2\zeta = 0{,}02447$; $\cos\zeta = 0{,}98769$

2. *Schließweg* w_{s_1} (36/3)

$$w_{s_1} = \frac{b^2 \sin^2\zeta}{4\, d_{im} \tan\alpha} = \frac{529 \cdot 0{,}02447}{4 \cdot 102 \cdot 0{,}05241} \qquad \underline{\underline{w_{s_1} = 0{,}605 \text{ mm}}}$$

3. *Schließmoment* M_{s_1} (37/5)

$$M_{s_1} = 6185 \cdot \frac{86 \cdot 625}{23} \cdot \frac{107}{102} \cdot 0{,}05241 \cdot 0{,}15838 \cdot 0{,}02447 \qquad \underline{\underline{M_{s_1} = 3{,}06 \text{ mkg}}}$$

4. *Schließmoment* M_{s_2} (38/2)

Ersatzkrümmungsradius ϱ aus Gl. (38/1)

$$\varrho = \frac{1}{2} \cdot \frac{102 \cdot 5}{107} = \frac{255}{107} = 2{,}383 \text{ mm}$$

$$M_{s_2} = 86 \cdot 2{,}383 \cdot 23 \cdot 107 \cdot 4 \cdot 0{,}05241 \cdot 0{,}15838 \qquad \underline{\underline{M_{s_2} = 16{,}8 \text{ mkg}}}$$

5. *Gesamtverformung* Δd

$$\Delta_a^2 = \frac{\left(\frac{160}{112}\right)^2 + 1}{\left(\frac{160}{112}\right)^2 - 1} = \frac{3{,}05}{1{,}05} = 2{,}9$$

Aus Gl. (38/5)

$$p = \frac{86 \cdot 2 \cdot 2{,}383 \cdot 23 \cdot 4}{\pi \cdot 107 \cdot 2 \cdot 23 \cdot 0{,}98769 \cdot 0{,}7} = \underline{3{,}56 \text{ kg/mm}^2}$$

$$\Delta d_a = \frac{112 \cdot 3{,}56}{2{,}1 \cdot 10^4} \cdot (2{,}9 + 0{,}3) = 0{,}0607$$

$$\underline{\Delta d_a = 0{,}061 \text{ mm}}$$

$$\Delta d_i = 0{,}012 \text{ mm}$$

$$\underline{\underline{\Delta d = \Delta d_a + \Delta d_i = 0{,}073 \text{ mm}}}$$

6. *Schließweg* w_{s_2} *und Gesamtverschiebeweg* w_s

Aus Gl. (39/1) u. (39/2)

$$\underline{w_{s_2}} = \frac{0{,}073}{2 \cdot 0{,}05241} = \underline{\underline{0{,}698 \text{ mm}}}$$

$$\underline{\underline{w_s = 0{,}605 + 0{,}698 = 1{,}303 \text{ mm}}}$$

7. *Verdrehwinkel* ϑ

Aus Gl. (39/3)

$$\vartheta = \frac{1{,}303 \cdot 360}{107 \cdot \pi \cdot 0{,}15838} \qquad \underline{\underline{\vartheta = 8{,}8°}}$$

8. *Gesamtschließmoment* M_s (38/3)

$M_s = 3{,}06 + 16{,}8$ $\underline{\underline{M_s = 19{,}86\,\text{mkg}}}$

9. *Flanschmoment* M_{Fl} (39/5)

$$M_{\text{Fl}} = \frac{19{,}86 \cdot 0{,}1 \cdot 150}{107 \cdot 0{,}15838}$$ $\underline{\underline{M_{\text{Fl}} = 18\,\text{mkg}}}$

10. *Gesamtdrehmoment* M_t (39/6)

$M_t = 19{,}86 + 18 = 37{,}86\,\text{mkg}$ $\underline{\underline{M_t \approx 38\,\text{mkg}}}$

4.5 Elastischer Drehweg eines Freilaufes

Aus den elastischen Aufweitungen und Verformungen der Freilaufteile unter Last kann auf den elastischen Drehweg eines Freilaufes geschlossen werden.

Es sind zu berücksichtigen

f_1 Durchbiegung bzw. Aufweitung des Außenteils,
f_2 Elastische Verformung von Rolle bzw. Klemmkörper und Außenteil,
f_3 Durchbiegung des Innenteils,
f_4 Elastische Verformung von Rolle bzw. Klemmkörper und Innenteil.

Die Drehwege lassen sich unter Berücksichtigung von Gl. (41/1) und (41/2) berechnen.

Für den Klemmrollenfreilauf mit Innenstern wird das Verfahren beschrieben, das sich sinngemäß auch für die anderen Freilaufarten anwenden läßt.

4.5.1 Elastischer Drehweg für Klemmrollenfreilauf mit Innenstern

Ist α' der Klemmwinkel im belasteten Zustand und α der Klemmwinkel im unbelasteten Zustand, dann ergibt sich

Verdrehwinkel $$\boxed{\vartheta = 2(\alpha' - \alpha)} \quad [°] \qquad (41/1)$$

α und α' können nach Gl. (13/4) oder (14/2) u. (14/3) berechnet werden, wobei sich nun für die Ermittlung von α'

$$\boxed{\cos 2\alpha' = \frac{x + r_r - (f_3 + f_4)}{r_a - r_r + (f_1 + f_2)}} \qquad (41/2)$$

ergibt.

Abgesehen von elastischen Freiläufen, ist der Innenstern meist fest auf die Welle aufgebracht, so daß $f_3 = 0$ wird.

4.5.2 Berechnung der Durchbiegung f_1 infolge der Anpreßkraft P

In diesem Zusammenhang kann vorweg erwähnt werden, daß die im folgenden entwickelten Gleichungen sinngemäß auch für den Innenteil Gültigkeit besitzen, sofern anstatt $P = -P$ gesetzt wird. Für die Betrachtung dient der in Abb. 41/1 gezeigte Ringausschnitt. An der Stelle $\varphi = \varphi_1$ herrsche die Normalkraft

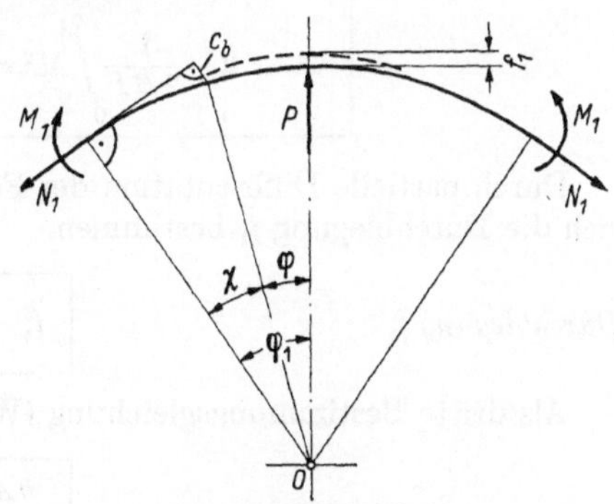

Abb. 41/1. Ausschnitt des Freilaufaußenringes, wirksame Kräfte und Momente

N_1 und ein Biegemoment (Einspannmoment) M_1. P kann aus den entsprechenden Gleichungen für die jeweilige Freilaufart berechnet werden.

Winkel φ_1

$$\boxed{\varphi_1 = \frac{\pi}{z}} \tag{42/1}$$

Die Summe aller Kräfte an dem Ringausschnitt ergibt:

$$N_1 = \frac{P}{2 \sin \varphi_1}$$

An der Stelle φ ist die Normalkraft dann

$$N = N_1 \cos(\varphi_1 - \varphi)$$

Normalkraft

$$\boxed{N = \frac{P}{2} \frac{\cos(\varphi_1 - \varphi)}{\sin \varphi_1}} \quad [\mathrm{kg}] \tag{42/2}$$

Querkraft

$$\boxed{Q = \frac{P}{2} \frac{\sin(\varphi_1 - \varphi)}{\sin \varphi_1}} \quad [\mathrm{kg}] \tag{42/3}$$

Die Summe aller Momente ergibt für die Stelle φ

$$M = M_1 - N_1 c_b$$

Für die weitere Berechnung wird

$$\varphi_1 - \varphi = \chi$$

gesetzt. Der Biegehebelarm c_b der Normalkraft N an der Stelle φ wird

$$c_b = 2 r \sin^2 \frac{\chi}{2}$$

und damit das

Biegemoment

$$\boxed{M = M_1 - N_1 \cdot 2 r \sin^2 \frac{\chi}{2}} \tag{42/4}$$

In der weiteren Rechnung wird zur Ermittlung der Durchbiegung f_1 der Satz von CASTIGLIANO angewandt.

Formänderungsarbeit im Bogenstück

$$\boxed{A_f = 2 \left(\frac{1}{2 E I} \int_0^{\varphi_1} M^2 r \, d\varphi + \frac{1}{2 E F_0} \int_0^{\varphi_1} N^2 r \, d\varphi \right)} \tag{42/5}$$

Durch partielle Differentation der Formänderungsarbeit nach der Kraft P läßt sich die Durchbiegung f_1 bestimmen.

Durchbiegung f_1

$$\boxed{f_1 = \frac{\partial A_f}{\partial P}} \tag{42/6}$$

Als dritte Bestimmungsgleichung (Winkelbedingung) muß erfüllt sein

$$\boxed{\frac{\partial A_f}{\partial M_1} = 0} \tag{42/7}$$

Aus Gl. (42/7)

$$\frac{\partial A_f}{\partial M_1} = \int_0^{\varphi_1} M \frac{\partial M}{\partial M_1} r\, d\varphi = 0$$

$$\int_0^{\varphi_1} \left(M_1 - N_1 \cdot 2r \sin^2 \frac{\chi}{2}\right) r\, d\varphi = 0$$

Integrationsgrenzen:

$$\frac{\chi}{2} = \frac{\varphi_1 - \varphi}{2} \quad \rightarrow \quad d\varphi = -2d\left(\frac{\chi}{2}\right)$$

Für $\varphi = 0 \quad \rightarrow \quad \frac{\chi}{2} = \frac{\varphi_1}{2}$

$$\varphi = \varphi_1 \quad \rightarrow \quad \frac{\chi}{2} = 0$$

$$\frac{\partial A_f}{\partial M_1} = \int_0^{\varphi_1} M_1 r\, d\varphi + N_1 \cdot 4r^2 \int_{\varphi_1/2}^{0} \sin^2\left(\frac{\chi}{2}\right) d\left(\frac{\chi}{2}\right) = 0$$

Die Integration ergibt

$$\boxed{M_1 = \frac{P r}{2}\left(\frac{1}{\sin\varphi_1} - \frac{1}{\varphi_1}\right)} \quad [\text{mmkg}] \qquad (43/1)$$

Durch Einsetzen in Gl. (42/4) folgt das Biegemoment an der Stelle φ.

$$M = \frac{P r}{2}\left(\frac{1}{\sin\varphi_1} - \frac{1}{\varphi_1} - \frac{1}{\sin\varphi_1} + \frac{\cos(\varphi_1 - \varphi)}{\sin\varphi_1}\right)$$

Damit

Biegemoment

$$\boxed{M = \frac{P r}{2}\left(\cot\varphi_1 \cos\varphi + \sin\varphi - \frac{1}{\varphi_1}\right)} \quad [\text{mmkg}] \qquad (43/2)$$

Aus Gl. (42/6) kann jetzt die Durchbiegung f_1 ermittelt werden.

$$f_1 = \frac{\partial A_f}{\partial P} = \frac{2}{EI}\int_0^{\varphi_1} M \frac{\partial M}{\partial P} r\, d\varphi + \frac{2}{EF_0}\int_0^{\varphi_1} N \frac{\partial N}{\partial P} r\, d\varphi$$

$$\frac{\partial M}{\partial P} = \frac{r}{2}\left(\cot\varphi_1 \cos\varphi + \sin\varphi - \frac{1}{\varphi_1}\right)$$

$$\frac{\partial N}{\partial P} = \frac{1}{2}(\cot\varphi_1 \cos\varphi + \sin\varphi)$$

$$f_1 = \frac{P r^3}{2EI}\int_0^{\varphi_1}\left(\cot\varphi_1 \cos\varphi + \sin\varphi - \frac{1}{\varphi_1}\right)^2 d\varphi + \frac{P r}{2EF_0}\int_0^{\varphi_1}(\cot\varphi_1 \cos\varphi + \sin\varphi)^2 d\varphi$$

Durchbiegung

$$\boxed{f_1 = \frac{P r^3}{2EI} J_1 + \frac{P r}{2EF_0} J_2} \quad [\text{mm}] \qquad (43/3)$$

In dieser Gl. (43/3) bedeuten

$$J_1 = \int_0^{\varphi_1} \left(\cot\varphi_1 \cos\varphi + \sin\varphi - \frac{1}{\varphi_1}\right)^2 d\varphi = \frac{1}{2}\left(\cot\varphi_1 + \frac{\varphi_1}{\sin^2\varphi_1}\right) - \frac{1}{\varphi_1}$$

$$J_2 = \int_0^{\varphi_1} (\cot\varphi_1 \cos\varphi + \sin\varphi)^2 d\varphi = \frac{1}{2}\left(\cot\varphi_1 + \frac{\varphi_1}{\sin^2\varphi_1}\right)$$

die ausgewerteten Integrale.

$$\boxed{J_1 = \frac{1}{2}\left(\cot\varphi_1 + \frac{\varphi_1}{\sin^2\varphi_1}\right) - \frac{1}{\varphi_1}} \tag{44/1}$$

$$\boxed{J_2 = \frac{1}{2}\left(\cot\varphi_1 + \frac{\varphi_1}{\sin^2\varphi_1}\right)} \tag{44/2}$$

4.5.2.1 Beispiel

Klemmrollenfreilauf mit Innenstern

$M_t = 80$ mkg

$\alpha = 3{,}5°$ Ausgangsklemmwinkel

$\tan\alpha = 0{,}06116$

$z = 10$

$d_a = 130$ mm

$d_r = 14$ mm

$b = 50$ mm

$s = 14$ mm Ringdicke

$r = \frac{d_a + s}{2} = 72$ mm

$E = 2{,}1 \cdot 10^4$ kg/mm²

$\varphi_1 = \frac{\pi}{10} = 18°$

Anpreßkraft P

$$P = \frac{2\,M_t}{z\,d_a \tan\alpha} = \frac{2 \cdot 8000}{10 \cdot 13 \cdot 0{,}06116} = \underline{2013\,\text{kg}}$$

Ringquerschnitt F_0

$$F_0 = b\,s = 5 \cdot 1{,}4 = \underline{7\,\text{cm}^2}$$

Flächenträgheitsmoment I

$$I = \frac{b\,s^3}{12} = \frac{5 \cdot 1{,}4^3}{12} = \underline{1{,}143\,\text{cm}^4}$$

Durchbiegung f_1 → Gln. (43/3), (44/1), (44/2)

$$\frac{P\,r^3}{2\,E\,I} = \frac{1006 \cdot 7{,}2^3}{2{,}1 \cdot 10^6 \cdot 1{,}143} = 0{,}1565\,\text{cm}$$

$$\frac{P\,r}{2\,E\,F_0} = \frac{1006 \cdot 7{,}2}{2{,}1 \cdot 10^6 \cdot 7} = 4{,}93 \cdot 10^{-4}\,\text{cm}$$

$$J_1 = \frac{1}{2}\left(\cot\varphi_1 + \frac{\varphi_1}{\sin^2\varphi_1}\right) - \frac{1}{\varphi_1} = \frac{1}{2}\left(3{,}07768 + \frac{\pi}{10\cdot 0{,}30902^2}\right) - \frac{10}{\pi}$$

$$J_1 = 0{,}00034$$

$$J_2 = \frac{1}{2}\left(\cot\varphi_1 + \frac{\varphi_1}{\sin^2\varphi_1}\right) = J_1 + \frac{10}{\pi} = 3{,}18334$$

$$f_1 = (0{,}1565\cdot 3{,}4 + 4{,}93\cdot 3{,}18334)\cdot 10^{-4}$$

$$\underline{f_1 = 1{,}62\cdot 10^{-2}\,\text{mm}}$$

Für den fest auf der Welle sitzenden Innenring kann f_3 unberücksichtigt bleiben.

4.5.3 Berechnung der elastischen Verformungen f_2 und f_4 infolge der Anpreßkraft P

Für die Berechnung von f_2 und f_4 kann die empirisch ermittelte Annäherungsgleichung [*4*] bei Linienberührung

Elastische Verformung $$\boxed{f \approx \frac{0{,}462}{10^3\sqrt[2]{d_r}\,b}\,P} \quad [\text{mm}] \qquad (45/1)$$

benutzt werden.

Geringe plastische Verformungen können an den Klemmstellen in Kauf genommen werden, solange keine Beeinträchtigung der Funktionsfähigkeit des Freilaufes durch die Vergrößerung des Klemmwinkels eintritt.

Aus zahlreichen Versuchen mit Rollkörpern wurde die nachstehende Beziehung für die plastische Verformung f_b an der Berührungsstelle gefunden [*4*].

Plastische Verformung $$\boxed{f_b \approx d_r\left(\frac{\sqrt{k}}{19{,}5}\right)^5} \quad [\text{mm}] \qquad (45/2)$$

4.5.3.1 Beispiel. Mit den unter 4.5.2.1 gegebenen Daten ergibt sich für f_2 und f_4 nach Gl. (45/1)

$$\underline{f_2, f_4} \approx \frac{0{,}462\cdot 2013}{10^3\sqrt[2]{14}\cdot 50} = \underline{0{,}8\cdot 10^{-2}\,\text{mm}}$$

f_2 und f_4 sind etwa halb so groß wie f_1.

4.5.4 Methode und Beispiel für genaue Ermittlung des Verdrehwinkels

Gewöhnlich ist es ausreichend, die mit P gefundenen Werte für f_1 bis f_4 in die Gln. (41/1) u. (41/2) einzusetzen und den Verdrehwinkel daraus zu berechnen.

Bei genauerer Betrachtung stellt man jedoch fest, daß sich infolge der Belastung des Freilaufes mit dem Drehmoment M_t bereits elastische Deformationen ergeben haben, sich also ein Gleichgewichtszustand beim Winkel α' eingestellt hat und damit nicht die bei der vereinfachten Betrachtung in Rechnung gesetzte Anpreßkraft P, die mit dem Ausgangsklemmwinkel α errechnet wurde, wirksam ist.

Obwohl die Abweichungen meist in annehmbaren Grenzen liegen, so ist doch je nach Anwendungsfall von der im Beispiel 4.5.4.1 näher erläuterten Methode Gebrauch zu machen.

4.5.4.1 Beispiel. Es liegen dieselben Freilaufdaten wie unter 4.5.2.1 zugrunde.

1. Zunächst wird die Kurve $\alpha_{(P)}$ für $M_t = 80$ mkg, also M_t = const, unter Benutzung der Gleichung

$$\tan\alpha = \frac{2\,M_t}{z\,d_a\,P}$$

ermittelt und in das obere Diagramm von Abb. 46/1 eingetragen.

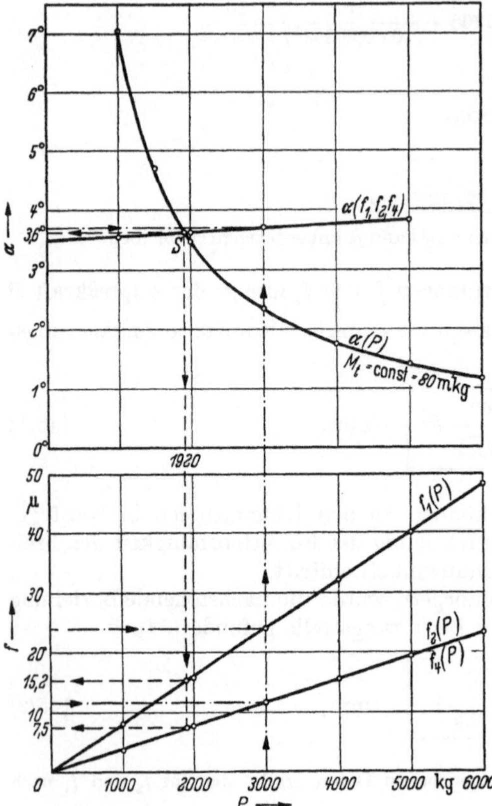

Abb. 46/1. Ermittlung des tatsächlichen Klemmwinkels unter Berücksichtigung der auftretenden Belastung in einem Freilauf mit Innenstern

Tabelle 46/1

M_t [cmkg]	P [kg]	$\tan\alpha$	α [°]
8000	1000	0,12308	7,02
8000	1200	0,10256	5,85
8000	1500	0,08205	4,70
8000	2000	0,06153	3,51
8000	3000	0,04102	2,35
8000	4000	0,03077	1,75
8000	5000	0,02461	1,42

2. Im unteren Diagramm der Abb. 46/1 werden die Durchbiegungen und die elastischen Verformungen in Abhängigkeit von der Anpreßkraft P aufgetragen. Die Kurven f_1, f_2, f_4 sind annähernd Gerade durch den Ursprung.

$$f_1 = 8{,}05 \cdot P \cdot 10^{-6} \quad \text{[mm]}$$

f_2 kann ungefähr gleich f_4 gesetzt werden, wie bereits in Abschn. 4.5.3 beschrieben.

$$f_2, f_4 \approx 3{,}83 \cdot P \cdot 10^{-6} \quad \text{[mm]}$$

Tabelle 46/2

P [kg]	f_1 [μ]	$f_2 \approx f_4$ [μ]	$f_1 + f_2$ [μ]
1000	8,05	3,83	11,88
1500	12,08	5,75	17,83
2000	16,1	7,66	23,76
3000	24,15	11,49	35,64
5000	40,25	19,15	59,40

3. Mit f_1, f_2 und f_4 wird für gegebenes P der entsprechende Klemmwinkel α nach Gl. (41/2) berechnet.

$$\cos 2\alpha = \frac{x + r_r - f_4}{r_a - r_r + (f_1 + f_2)}$$

Die punktweise Ermittlung der Kurve $\alpha\,(f_1, f_2, f_4)$ ist für den Fall $P = 3000$ kg durch einen strichpunktierten Linienzug angezeigt.

Tabelle 46/3

P [kg]	f_1 [μ]	$f_2 \approx f_4$ [μ]	$f_1 + f_2$ [μ]	$x + r_r$ [mm]	$r_a - r_r$ [mm]	$\alpha(f_1, f_2, f_4)$ [°]
0	—	—	—	57,57	58	3,5
1000	8,05	3,83	11,88	57,57	58	3,55
2000	16,1	7,66	23,76	57,57	58	3,60
5000	40,25	19,15	59,40	57,57	58	3,80

4. Schnittpunkt S der Kurvenzüge $\alpha\,(P)$ und $\alpha\,(f_1, f_2, f_4)$ ist der tatsächliche „*Betriebspunkt*". Er ergibt den unter Einwirkung des Drehmomentes $M_t = 80$ mkg sich einstellenden Klemmwinkel α' und die tatsächliche Anpreßkraft P'. Aus Abb. 46/1 ist zu entnehmen

$$\alpha' \approx 3{,}6° \qquad P' \approx 1920\,\text{kg}$$

Nach Gl. (41/1) folgt der Verdrehwinkel zu

$$\vartheta = 2(3{,}6^\circ - 3{,}5^\circ) = 0{,}2^\circ$$

$$\boxed{\vartheta \approx 12'}$$

5. Die Gegenüberstellung der ohne Berücksichtigung der Veränderlichkeit von P ermittelten Werte ergibt

$$\cos 2\alpha' = \frac{57{,}57 - 0{,}0077}{58 + 0{,}024} = 0{,}99203$$

$$2\alpha' = 7^\circ\,14'$$

$$\boxed{\vartheta \approx 14'}$$

6. Die beschriebenen Verfahren lassen sich analog auch auf die Klemmkörperfreiläufe anwenden.

4.5.5 Elastischer Drehweg für Klemmkörperfreilauf

Für die Ermittlung des Verdrehwinkels „ϑ" bei Klemmkörperfreiläufen sind einige weitere Überlegungen anzustellen. Die Drehvorgänge sind annähernd dieselben, wie sie bei Planetengetrieben auftreten, d.h. das Abrollen der Klemmkörper auf der Außen- und Innenklemmbahn kann mit dem Abrollen der Planetenräder auf Sonnen- und Zentralrad verglichen werden. Demzufolge kann für die Verdrehwinkel geschrieben werden

$$\boxed{\vartheta_i = -\frac{r_a}{r_i}\vartheta_a + \left(1 + \frac{r_a}{r_i}\right)\vartheta_m} \quad [^\circ] \qquad (47/1)$$

Es werden zwei Vorgänge unterschieden, einmal das Einwälzen des Klemmkörpers in die aufgeweitete Außenbahn gemäß Abb. 47/1 und das andere Mal das Einwälzen in die Innenbahn nach Abb. 48/1. Beide Vorgänge können überlagert werden. Daraus ergibt sich schließlich der Gesamtdrehwinkel „ϑ".

$$\boxed{\vartheta = \vartheta_i + \vartheta_a} \quad [^\circ] \qquad (47/2)$$

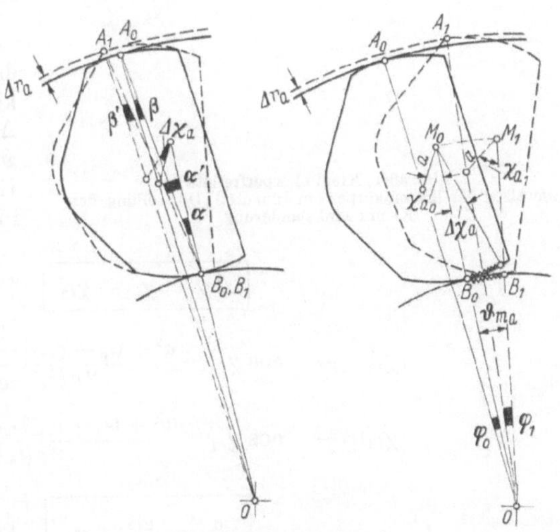

Abb. 47/1. Klemmkörperfreilauf
Einwälzen der Klemmkörper am Außenteil, Darstellung der Klemmwinkeländerung

4.5.5.1 Bestimmung des Verdrehwinkels „ϑ_a" des Außenkörpers. Hierzu wird Abb. 47/1 benutzt. Δr_a sei die Aufweitung des Außenringes infolge der Anpreßkraft P_a. Da $\Delta r_a \ll r_a$, kann sein Einfluß in Gl. (47/1) unberücksichtigt bleiben.

Es ist $\underline{\vartheta_i = 0}$, d.h. der Innenkörper feststehend gedacht.

Aus Gl. (47/1) folgt somit

$$\boxed{\vartheta_a \approx \left(1 + \frac{r_i}{r_a}\right) \vartheta_{m_a}} \quad [°] \qquad (48/1)$$

ϑ_m läßt sich noch durch $\Delta\chi$ ausdrücken, welches durch Ermittlung von χ_0 und χ_1 bestimmt werden kann.

$$\chi_{a0} \quad \rightarrow \quad \cos\chi_{a0} = \frac{a^2 + (r_i + \varrho_{si})^2 - (r_a - \varrho_{sa})^2}{2a(r_i + \varrho_{si})}$$

$$\chi_{a1} \quad \rightarrow \quad \cos\chi_{a1} = \frac{a^2 + (r_i + \varrho_{si})^2 - (r_a + \Delta r_a - \varrho_{sa})^2}{2a(r_i + \varrho_{si})}$$

$$\boxed{\Delta\chi_a = \chi_{a1} - \chi_{a0}} \quad [°] \qquad (48/2)$$

$$\boxed{\vartheta_{m_a} = \frac{\varrho_{si}}{r_i} \Delta\chi_a} \quad [°] \qquad (48/3)$$

Nunmehr sind alle Bestimmungsstücke bekannt und es kann geschrieben werden:

Verdrehwinkel des Außenkörpers

$$\boxed{\vartheta_a \approx \varrho_{si} \frac{r_a + r_i}{r_a r_i} \Delta\chi_a} \quad [°] \qquad (48/4)$$

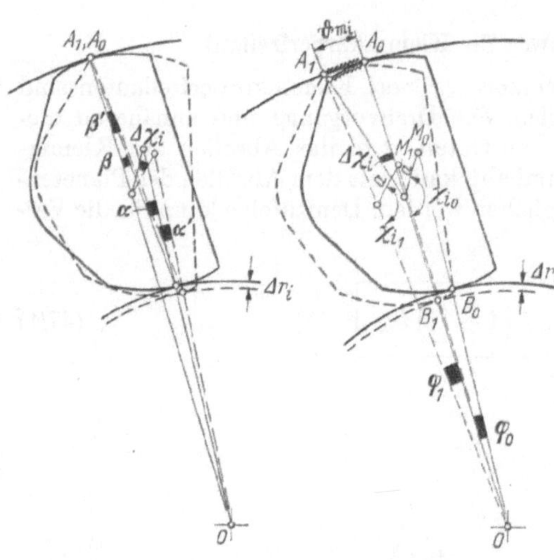

Abb. 48/1. Klemmkörperfreilauf
Einwälzen der Klemmkörper am Innenteil, Darstellung der Klemmwinkeländerung

4.5.5.2 Bestimmnng des Verdrehwinkels „ϑ_i" des Innenkörpers. Unter Benutzung der Abb. 48/1 kann ϑ_i ähnlich wie ϑ_a berechnet werden. Δr_i ist die Eindrückung des Innenkörpers infolge P_i.

$$\boxed{\Delta\chi_i = \chi_{i0} - \chi_{i1}} \quad [°[\qquad (48/5)$$

$$\chi_{i0} \quad \rightarrow \quad \cos\chi_{i0} = \frac{a^2 + (r_a - \varrho_{sa})^2 - (r_i + \varrho_{si})^2}{2a(r_a - \varrho_{sa})}$$

$$\chi_{i1} \quad \rightarrow \quad \cos\chi_{i1} = \frac{a^2 + (r_a - \varrho_{sa})^2 - (r_i - \Delta r_i + \varrho_{si})^2}{2a(r_a - \varrho_{sa})}$$

$$\boxed{\vartheta_{m_i} = \frac{\varrho_{sa}}{r_a} \Delta\chi_i} \quad [°] \qquad (48/6)$$

Für diesen Fall ist der Außenkörper feststehend gedacht.

$$\underline{\vartheta_a = 0}$$

Unter Benutzung der Gln. (47/1) u. (48/6) ergibt sich für den

Verdrehwinkel des Innenkörpers

$$\boxed{\vartheta_i \approx \varrho_{sa} \frac{r_a + r_i}{r_a r_i} \Delta \chi_i} \quad [°] \tag{49/1}$$

4.5.5.3 Gesamtverdrehwinkel „ϑ". Die Überlagerung der beiden Teildrehwinkel, wie sie in Gl. (48/4) u. (49/1) bestimmt wurden, führt zu der folgenden Endgleichung

$$\boxed{\vartheta \approx \frac{r_a + r_i}{r_a r_i} (\varrho_{si} \Delta \chi_a + \varrho_{sa} \Delta \chi_i)} \quad [°] \tag{49/2}$$

4.5.5.4 Vergleich. Die in den beiden Abb. 47/1 u. 48/1 jeweils auf der linken Seite gezeichneten Darstellungen dienen vor allem dazu, die beim Einrollvorgang auftretenden Klemmwinkeländerungen hervorzuheben.

$$\alpha' > \alpha$$
$$\beta' > \beta$$

4.6 Normal- und Schubspannungen im Freilaufaußen- und Freilaufinnenteil

Neben dem Hauptnachweis der Wälzpressung sind noch je nach Konstruktion die Normal- und Schubspannungen im Außen- bzw. Innenring aus der Normalkraft, der Querkraft und dem Biegemoment zu berechnen. Voraussetzung für die Berechnung ist die Bedingung, daß es sich angenähert um in ihrer Ebene belastete Kreisringe handelt und die Anordnung der Anpreßkräfte P und Tangentialkräfte T so getroffen ist, daß jede Kräftegruppe für sich ein Gleichgewichtssystem bildet.

Da schon aus konstruktiven Gründen ein symmetrischer Aufbau angestrebt wird, ist das praktisch stets der Fall. In vielen Fällen wird die Berechnung wohl nur für den Außenring in Frage kommen, da der Innenring (Innenstern) meistens fest auf der Welle sitzt und nur die Wälzpressung (Hertzsche Pressung) an den Klemmflächen von Interesse ist (s. Abb. 51/1).

Bei Sonderkonstruktionen, z. B. bei elastischen Freiläufen für große Drehwege, wird auch der Innenteil entsprechend elastisch gestaltet, so daß er als Ring unter Einwirkung tangentialer und radialer Außenkräfte betrachtet werden kann.

Die Kräfte sind in der Ringmittellinie angreifend gedacht. Ringdicke s sei verhältnismäßig klein gegenüber

$$r = \frac{d_a + s}{2}$$

4.6.1 Berechnung ohne Berücksichtigung der Tangentialkräfte

Für viele Fälle ist der Einfluß der Tangentialkräfte $T = P \tan \alpha$ und der äußeren Abstützkräfte T_K, da sie klein gegenüber den Radialkräften P sind, vernachlässigbar, so daß es genügt, mit den aus Abschn. 4.5 gewonnenen Gln. (42/2), (42/3) u. (43/2) zu arbeiten.

Für den Beanspruchungsnachweis wird die Vergleichsspannung Gl. (50/1) herangezogen.

Vergleichsspannung $\boxed{\sigma_{\text{Res}} = \sqrt{(\sigma + \sigma_b)^2 + (1{,}5\,\tau)^2}}$ [kg/mm²] (50/1)

Radial nach außen gerichtete Kräfte P werden positiv, nach innen gerichtete negativ eingesetzt (s. Pfeilrichtungen Abb. 41/1).

Mit $\sigma = \frac{N}{F_0}$, $\tau = \frac{Q}{F_0}$ und $\sigma_b = \frac{M}{W_b}$ wird

Zug- bzw. Druckspannung $\boxed{\sigma = \frac{P}{2\,b\,s}\,\frac{\cos(\varphi_1 - \varphi)}{\sin\varphi_1}}$ [kg/mm²] (50/2)

Schubspannung $\boxed{\tau = \frac{P}{2\,b\,s}\,\frac{\sin(\varphi_1 - \varphi)}{\sin\varphi_1}}$ [kg/mm²] (50/3)

Biegespannung $\boxed{\sigma_b = \frac{3\,P\,r}{b\,s^2}\left(\cot\varphi_1\cos\varphi + \sin\varphi - \frac{1}{\varphi_1}\right)}$ [kg/mm²] (50/4)

In diesen Gleichungen bedeutet $\varphi_1 = \frac{\pi}{z}$ [s. Abschn. 4.5, Gl. (42/1)].

Die beiden wichtigsten Stellen für die Nachrechnung liegen bei

a) $\varphi = 0$

b) $\varphi = \pi/z \quad \rightarrow \quad Q = 0$

Für $\varphi = \frac{\pi}{z}$ liegt ein Symmetrieschnitt vor, außerdem ist ein lastfreier Rand vorhanden. (S. a. Schnitt I-I Abb. 51/1)

4.6.1.1 Beispiel. Es werden die in 4.5.2.1 angegebenen Daten für den Klemmrollenfreilauf benutzt.

Stelle $\varphi = 0$:

$$\sigma = \frac{P\cot\varphi_1}{2\,b\,s} = \frac{2013 \cdot 3{,}0777}{2 \cdot 50 \cdot 14} = \underline{4{,}41\ \text{kg/mm}^2}$$

$$\tau = \frac{P}{2\,b\,s} = \frac{2013}{2 \cdot 50 \cdot 14} = \underline{1{,}44\ \text{kg/mm}^2}$$

$$\sigma_b = \frac{3\,P\,r}{b\,s^2}\cdot\left(\cot\varphi_1 - \frac{1}{\varphi_1}\right) = \frac{3 \cdot 2013 \cdot 72}{50 \cdot 196}\cdot\left(3{,}078 - \frac{10}{\pi}\right) = \frac{3 \cdot 2013 \cdot 72 \cdot 0{,}1053}{50 \cdot 196}$$

$$\underline{\sigma_b = -4{,}65\,\text{kg/mm}^2}$$

Das Minuszeichen bedeutet, daß die Zugspannung am Außenrand und die Druckspannung am Innenrand liegt, da M linksdrehend ist.

$$\sigma_{\text{Res}} = \sqrt{(4{,}41 + 4{,}65)^2 + 2{,}25 \cdot 1{,}44^2}$$

Maximalspannung am Außenrand

$$\underline{\underline{\sigma_{\text{Res}} = 9{,}30\,\text{kg/mm}^2}}$$

Stelle $\varphi = \frac{\pi}{10}$:

$$\sigma = \frac{P}{2\,b\,s\sin\varphi_1} = \frac{2013}{2 \cdot 50 \cdot 14 \cdot 0{,}30902} = \underline{4{,}64\,\text{kg/mm}^2}$$

$\underline{\tau = 0}$ da Symmetrieschnitt

$$\sigma_b = \frac{3\,P\,r}{b\,s^2} \cdot \left(\frac{1}{\sin\varphi_1} - \frac{1}{\varphi_1}\right) = \frac{3 \cdot 2013 \cdot 72}{50 \cdot 196} \cdot \left(\frac{1}{0{,}30902} - \frac{10}{\pi}\right)$$

$\underline{\sigma_b = 2{,}36\,\mathrm{kg/mm^2}}$

Zugspannung am Innenrand!

$\underline{\sigma_{Res}} = \sigma + \sigma_b = \underline{\underline{7\,\mathrm{kg/mm^2}}}$

4.6.2 Berechnung unter Berücksichtigung der Tangentialkräfte

Wird die Wirkung der Tangentialkräfte T_i (s. Abb. 51/1), herrührend von den Anpreßkräften P, und der Abstützkräfte T_K des Ringes, z.B. gegen ein Gehäuse, berücksichtigt, so können unter Beachtung der eingangs erwähnten Voraussetzung die folgenden Gln. (51/1), (51/2) u. (51/3) benutzt werden [2].

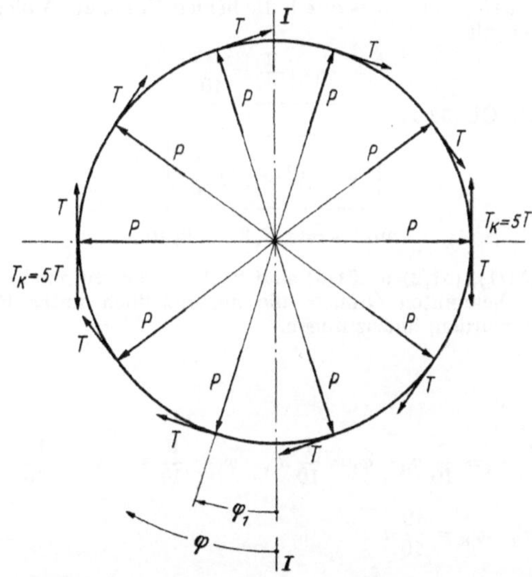

Abb. 51/1. Freilaufaußenring unter Einwirkung von Radial- und Tangentialkräften

Normalkraft
$$N = -\frac{P}{2\pi}\sum_{i=1}^{i=z}\varphi_i\sin\varphi_i - \frac{1}{2\pi}\sum_{i=1}^{i=z}T_i\,\varphi_i\cos\varphi_i \quad [\mathrm{kg}] \qquad (51/1)$$

Querkraft
$$Q = -\frac{P}{2\pi}\sum_{i=1}^{i=z}\varphi_i\cos\varphi_i + \frac{1}{2\pi}\sum_{i=1}^{i=z}T_i\,\varphi_i\sin\varphi_i \quad [\mathrm{kg}] \qquad (51/2)$$

Biegemoment
$$M = N\,r - \frac{r}{2\pi}\left(z\,P - \sum_{i=1}^{i=z}\varphi_i\,T_i\right) \quad [\mathrm{mmkg}] \qquad (51/3)$$

oder
$$M = r\left(N - \frac{z\,P}{2\pi}\right) + \frac{r}{2\pi}\sum_{i=1}^{i=z}\varphi_i\,T_i \quad [\mathrm{mmkg}]$$

In diesen Ausdrücken sind jeweils die ersten Glieder gleich den in den Gln. (42/2), (42/3) u. (43/2) angegebenen Werten.

Ferner ist

$$\boxed{i = 1, 2, 3 \ldots z-1, z}$$

$$\boxed{\varphi_i = \varphi_1 + (2i - 2)\frac{\pi}{z}} \tag{52/1}$$

Die nach außen gerichteten Radialkräfte werden positiv eingesetzt. Als positive Drehrichtung ist die Meßrichtung des Winkels φ festgelegt.

4.6.2.1 Beispiel. An dem in Beispiel 4.5.2.1 behandelten Freilauf wird für den Schnitt I–I, Abb. 51/1, die Anwendung der Gln. (51/1), (51/2) u. (51/3) gezeigt. Das Drehmoment werde durch ein Kräftepaar eingeleitet. Die Kraftkomponenten $T_K = 5\,T$ sollen an den Stellen $\varphi = 90°$ und $\varphi = 270°$ in der Ringmittellinie angreifend gedacht sein. Bei dem spannungsoptischen Modell, Abb. 54/1, wurde dies durch die beiden Nasen am Außenring bewirkt.

Für den Schnitt I–I gilt

$$\underline{\varphi_1 = \frac{\pi}{z} = \frac{\pi}{10}}$$

damit ergibt sich nach Gl. (52/1)

$$\boxed{\varphi_i = (2i - 1)\frac{\pi}{10}}$$

$$\text{mit}\quad i = 1, 2, 3 \ldots 9, 10$$

Gemäß den Gln. (51/1), (51/2) u. (51/3) sind noch jeweils die zweiten Glieder zu bestimmen und den bereits bekannten Größen, die ausschließlich unter Berücksichtigung der Radialkräfte gewonnen wurden, hinzuzufügen.

$$\underline{\sum_1^{10} T_i \varphi_i \cos\varphi_i}$$

$$\varphi_1 = \frac{\pi}{10},\quad \varphi_2 = \frac{3}{10}\pi,\quad \varphi_3 = \frac{5}{10}\pi,\quad \varphi_4 = \frac{7}{10}\pi,\quad \varphi_5 = \frac{9}{10}\pi,\quad \varphi_6 = \frac{11}{10}\pi,\quad \varphi_7 = \frac{13}{10}\pi,$$

$$\varphi_8 = \frac{15}{10}\pi,\quad \varphi_9 = \frac{17}{10}\pi,\quad \varphi_{10} = \frac{19}{10}\pi$$

$$\begin{aligned}\sum_1^{10} T_i \varphi_i \cos\varphi_i = T\frac{\pi}{10}(&\cos 18° + 3\cos 54° + 5\cos 90° - 25\cos 90° + 7\cos 126° + 9\cos 162° +\\ &+ 11\cos 198° + 13\cos 234° + 15\cos 270° - 75\cos 270° + 17\cos 306° +\\ &+ 19\cos 342°)\\ = T\frac{\pi}{10}&[\cos 18°(1 - 9 - 11 + 19) + \cos 54°(3 - 7 - 13 + 17)]\end{aligned}$$

$$\underline{\underline{\sum_1^{10} T_i \varphi_i \cos\varphi_i = 0}}$$

$$\begin{aligned}\sum_1^{10} T_i \varphi_i \sin\varphi_i = T\frac{\pi}{10}(&\sin 18° + 3\sin 54° + 5\sin 90° - 25\sin 90° + 7\sin 126° + 9\sin 162° +\\ &+ 11\sin 198° + 13\sin 234° + 15\sin 270° - 75\sin 270° + 17\sin 306° +\\ &+ 19\sin 342°)\\ = T\frac{\pi}{10}&[\sin 18°(1 + 9 - 11 - 19) + \sin 54°(3 + 7 - 13 - 17) + 5 - 25 - 15 + 75]\\ = T\frac{\pi}{10}&(40 - 20\sin 18° - 20\sin 54°)\end{aligned}$$

$$\frac{1}{2\pi}\sum_1^{10} T_i \varphi_i \sin\varphi_i = T\,(2 - \sin 18^\circ - \sin 54^\circ) = \underline{\underline{0{,}88\,P \tan\alpha}}$$

$$\sum_1^{10} \varphi_i T_i = T\,\frac{\pi}{10}(1 + 3 + 5 - 25 + 7 + 9 + 11 + 13 + 15 - 75 + 17 + 19)$$

$$\underline{\underline{\sum_1^{10} \varphi_i T_i = 0}}$$

Die Werte für N und M_b bzw. σ und σ_b ändern sich nicht, wogegen Q und damit τ für diesen Schnitt I–I folgende Werte annehmen:

$$\boxed{Q = P \tan\alpha\,(2 - \sin 18^\circ - \sin 54^\circ)} \quad [\mathrm{kg}]$$

$$\underline{\tau} = \frac{Q}{b\,s} = \frac{2013 \cdot 0{,}06116}{50 \cdot 14} \cdot 0{,}88 = \underline{\underline{0{,}16\ \mathrm{kg/mm^2}}}$$

Analog hierzu kann die Rechnung für andere Querschnitte durchgeführt werden.

4.7 Spannungsoptisches Modell eines Klemmrollenfreilaufes

Um näheren Aufschluß über die Spannungsverteilung im Innenstern und Außenring eines Klemmrollenfreilaufes zu erhalten, wurde vor einigen Jahren von den Verfassern in Zusammenarbeit mit dem spannungsoptischen Laboratorium der TH München ein spannungsoptischer Versuch mit einem aus Kunstharz gefertigten Modell durchgeführt.

4.7.1 Modellabmessungen und Belastungsdaten

$d_a = 175\,\mathrm{mm}$; $s = 20\,\mathrm{mm}$; $b = 10{,}2\,\mathrm{mm}$; $d_r = 20\,\mathrm{mm}$

$\alpha = 5^\circ$, $z = 10$

$M_t = 4500\,\mathrm{mm\,kg}$

4.7.2 Versuchsprinzip

Das Modell, in welches man über die beiden seitlichen Nasen mittels der in Abb. 54/2 gezeigten Belastungsvorrichtung ein reines Drehmoment einleitet, wird in der spannungsoptischen Apparatur mit weißem oder einfarbigem zirkularpolarisiertem Licht durchstrahlt. Bei Verwendung von weißem Licht erhält man das Bild gemäß Tafel I (gegenüber S. 54). An Hand der Farben können der Spannungsverlauf und vor allem die Richtung des Spannungsanstieges nach der Farbenfolge gelb, rot, blau, grün, gelb, rot usw. ermittelt werden, wobei man die Linien gleicher Farbe mit Isochromaten bezeichnet. Die dunklen Stellen sind die Isochromaten nullter Ordnung. Dort ist das Modell spannungsfrei.

Für die quantitative Auswertung wird nun die Abb. 54/1 herangezogen. Sie entsteht, wenn das belastete Modell mit einfarbigem Licht – z.B. Natriumdampflicht – durchstrahlt wird. Die Isochromaten [5], die Linien gleicher Hauptspannungsdifferenz $(\sigma_1 - \sigma_2)$, bzw. gleicher Hauptschubspannung $\tau_H = \frac{\sigma_1 - \sigma_2}{2}$ erscheinen nun als dunkle Verbindungslinien, deren Ordnung – weiße Zahlen – durch Abzählen, beginnend bei der Isochromate nullter Ordnung, festgelegt wird. Durch die Hauptgleichung der Spannungsoptik ist der Zusammenhang zwischen Hauptspannungsdifferenz und Ordnungszahl gegeben.

Hauptgleichung

$$\boxed{\sigma_1 - \sigma_2 = \frac{S}{b}\delta} \quad [\mathrm{kg/cm^2}] \qquad (54/1)$$

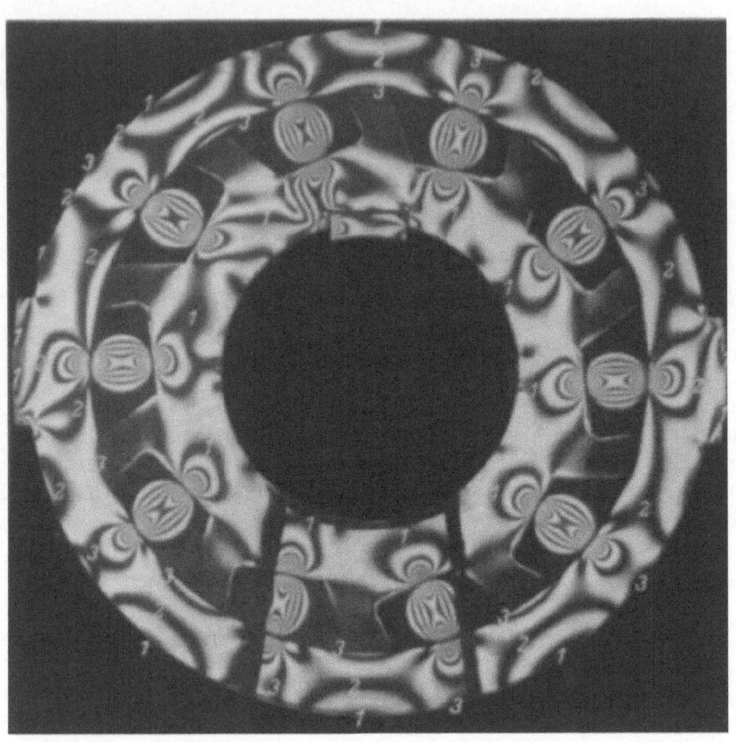

Abb. 54/1. Spannungsoptische Aufnahme des mit einem Drehmoment belasteten Kunstharzmodelles eines Klemmrollenfreilaufes mit Innenstern. Durchstrahlung des Modells mit einfarbigem Licht. Ordnung der Isochromaten – Linien gleicher Hauptschubspannung – mittels weißer Ziffern gekennzeichnet. An den Klemmstellen infolge der Wälzpressungen eine in ihrer Form charakteristische Anhäufung von Isochromaten erkennbar (HERTZsche Pressung). Besonders deutlich tritt der Kerbwirkungseinfluß der Paßfeder hervor

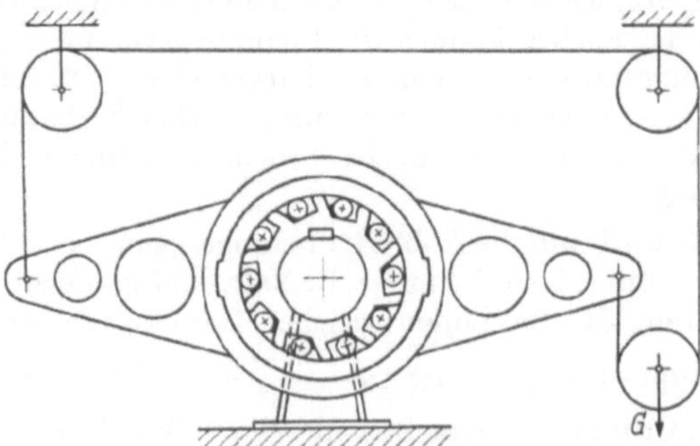

Abb. 54/2. Belastungsvorrichtung für das spannungsoptische Freilaufmodell. In dieser Anordnung wurden Abb. 54/1 und Tafel I aufgenommen

Hierin bedeuten σ_1 und σ_2 die Hauptspannungen, b die Dicke des Modells, δ die Isochromatenordnung und S die „Spannungsoptische Konstante". S ist eine Materialkonstante mit der Dimension

$$\left[\frac{\mathrm{kg/cm^2}}{\mathrm{Ordnung}}\,\mathrm{cm}\right]$$

und abhängig von der verwendeten Lichtwellenlänge. Um S bestimmen zu können,

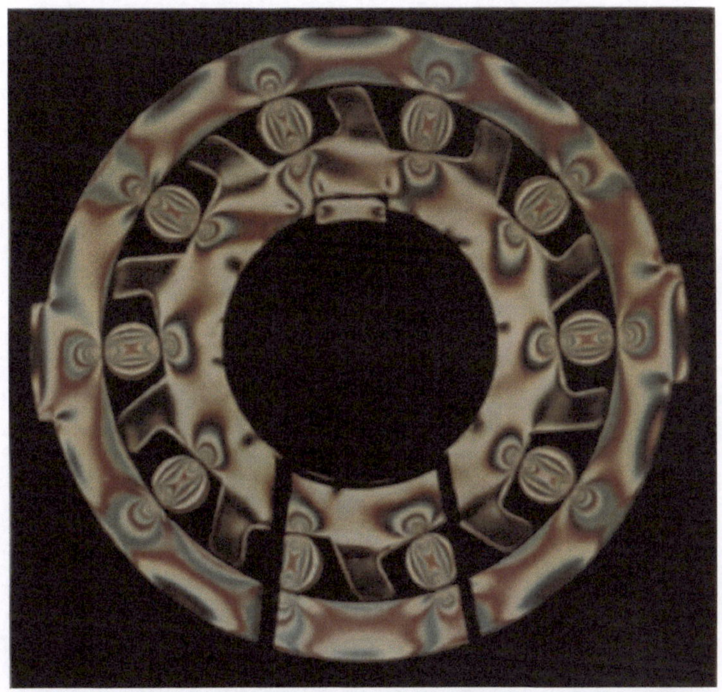

Spannungsoptische Farbaufnahme des durch ein Drehmoment belasteten Kunstharzmodells eines Klemmrollenfreilaufes

wird ein Eichversuch mit einem auf reine Biegung beanspruchten Stab desselben Modellwerkstoffes durchgeführt.

4.7.3 Auswertung

4.7.3.1 Eichversuch. Mit einem Eichstab und der Meßanordnung gemäß Abb. 55/1 wurde die „Spannungsoptische Konstante“ ermittelt. In dem mittleren Bereich des Eichstabes herrscht reine Biegung, so daß die Randspannung bestimmt werden kann. Ferner ist $\sigma_2 = 0$.

Aus Gl. (54/1) folgt dann

$$S = \frac{\sigma}{\delta} b$$

Aus Abb. 55/1

$$\sigma = \frac{\frac{P_0}{2} \cdot l}{b \cdot \frac{s^2}{6}}$$

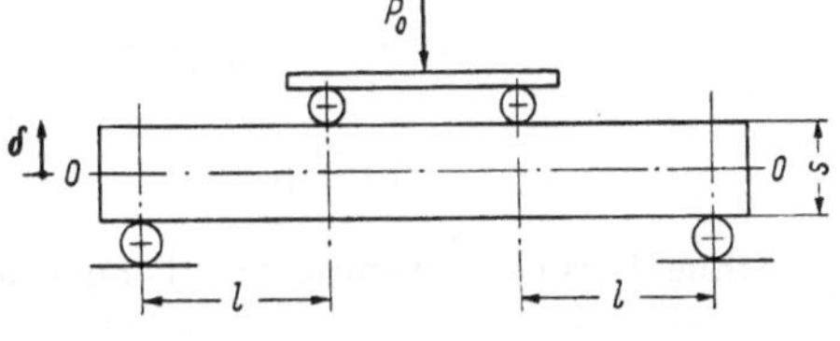

Abb. 55/1. Belastungsanordnung für spannungsoptischen Eichversuch

Damit ist der Zusammenhang gegeben

$$\boxed{S = \frac{3 P_0 l}{s^2 \delta}} \quad \left[\frac{\text{kg/cm}^2}{\text{Ordnung}} \text{cm}\right] \tag{55/1}$$

Mit den Werten

$P_0 = 14{,}5$ kg		$P_0 = 18{,}5$	
$l = 7{,}7$ cm		$l = 7{,}85$ cm	
$s = 1{,}5$ cm		$s = 1{,}5$ cm	
$b = 1{,}02$ cm		$b = 1{,}02$ cm	
$\delta_{max} = 7$		$\delta_{max} = 9$	

wurde folgender Mittelwert gewonnen

$$\underline{S = 21{,}4 \frac{\text{kg/cm}^2}{\text{Ordnung}} \text{cm}}$$

4.7.3.2 Spannungsermittlung am Freilaufmodell. In Abb. 54/1 sind die Beanspruchungen der einzelnen Teile gut zu erkennen. Hinzuweisen ist besonders auf die an den einzelnen Berührstellen der Klemmrollen gut erkennbare Wälzpressung, die Kerbwirkung am Innenstern durch die Paßfedernut und die Krafteinleitung an den Nasen des Außenringes. Es ist zu empfehlen, die Paßfeder so zu legen, daß die tragende Kante in eine Nullstelle fällt.

Für den Konstrukteur ergibt sich so rein qualitativ gesehen ein wertvoller Einblick in die Spannungsverteilung eines Klemmrollenfreilaufes. Die Spannungsermittlung wird für einen Symmetrieschnitt des Außenringes gemäß Schema Abb. 51/1 durchgeführt. Da am lastfreien Rand eine der beiden Hauptspannungen Null ist, läßt sich aus der Gl. (54/1) die Randspannung sofort ermitteln. Am Innenrand ist

$$\underline{\delta_{max} \approx 3{,}2\text{te Ordnung}}$$

Somit ergibt sich

$$\boxed{\sigma_{\max} = \frac{S}{b}\,\delta_{\max}}$$

$$\sigma_{\max} = \frac{21{,}4}{1{,}02} \cdot 3{,}2 \qquad \underline{\underline{\sigma_{\max} \approx 67\,\mathrm{kg/cm^2}}}$$

Eine Berechnung nach Abschn. 4.6.1 ergibt eine ausgezeichnete Übereinstimmung mit dem aus dem spannungsoptischen Versuch gewonnenen Ergebnis.

Anpreßkraft

$$P = \frac{2\,M_t}{z\,d_a \tan\alpha} = \frac{9000}{10 \cdot 175 \cdot 0{,}0875} = 58{,}9\,\mathrm{kg}$$

$$\varphi_1 = \frac{\pi}{10}$$

Ohne Berücksichtigung der Tangentialkräfte folgt:

Zugspannung

$$\sigma = \frac{P}{2 \sin\varphi_1}\,\frac{1}{b\,s} = \frac{58{,}9}{2 \cdot 0{,}30902 \cdot 10{,}2 \cdot 20} = 0{,}465\,\mathrm{kg/mm^2}$$

$$\sigma_b = \frac{3\,P\,r}{b\,s^2}\left(\frac{1}{\sin\varphi_1} - \frac{1}{\varphi_1}\right) = \frac{3 \cdot 58{,}9 \cdot 97{,}5}{10{,}2 \cdot 400}\left(\frac{1}{0{,}30902} - \frac{10}{\pi}\right) = 0{,}215\,\mathrm{kg/mm^2}$$

$$\underline{\underline{\sigma_{\max} = \sigma + \sigma_b \approx 68\,\mathrm{kg/cm^2}}}$$

4.8 Massenwirkung

Im allgemeinen kann der Freilauf, angeordnet zwischen An- und Abtrieb, einem Zweimassensystem zugehörig betrachtet werden (s. Abb. 56/1). Die nachfolgenden Überlegungen und Berechnungen basieren auf dieser Festlegung.

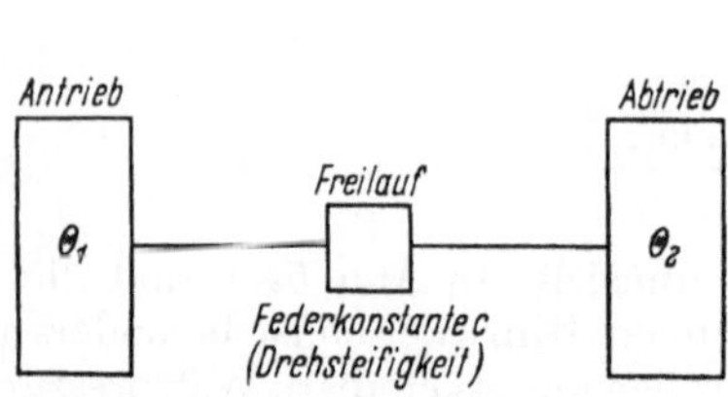

Abb. 56/1. Freilauf im Zweimassensystem

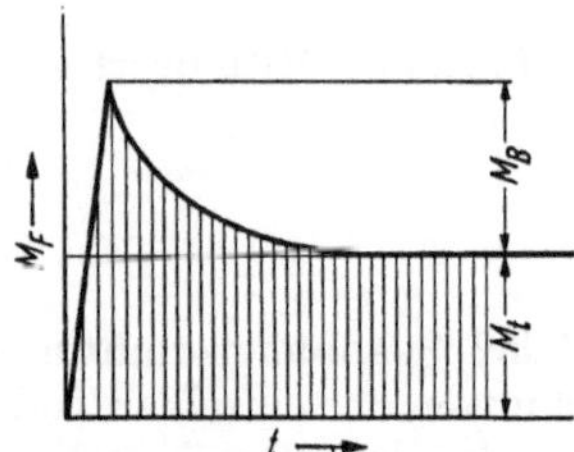

Abb. 56/2. Schema des Momentenverlaufes in Freilaufkupplungen beim Anfahren

4.8.1 Beanspruchung beim Kuppeln

Beim Anfahren treten ein Beschleunigungsmoment M_B und das zur Übertragung der Leistung notwendige Drehmoment M_t auf (s. Abb. 56/2).

Für M_F, gemäß Gl. (57/2), ist der Freilauf in jedem Falle nachzurechnen.

Beschleunigungsmoment $\boxed{M_B = \Theta_2\,\varepsilon_2}$ [mmkg] (56/1)

Winkelbeschleunigung $\varepsilon = \frac{dw}{dt} = \frac{\pi}{30}\frac{dn}{dt}$ [1/sek²] (57/1)

Kupplungsmoment $M_F = \Theta_2 \varepsilon_2 + M_t$ [mmkg] (57/2)

4.8.2 Kupplungsstoß

Bei jedem Kuppeln tritt ein mehr oder minder großer Stoß im Freilauf auf. Hierbei handelt es sich um einen *Drehmoment-* bzw. *Beschleunigungsstoß*. Voraussetzung ist allerdings, daß der Übergang von „Freilauf" auf „Kuppeln" genau bei Synchron-Drehzahl stattfindet.

Unter einem Drehmomentstoß ist zu verstehen, wenn das an der Drehmasse Θ_1 angreifende Drehmoment plötzlich auf eine bestimmte Höhe ansteigt und nach einer gewissen Zeit „t" wieder abfällt (s. Abb. 57/1).

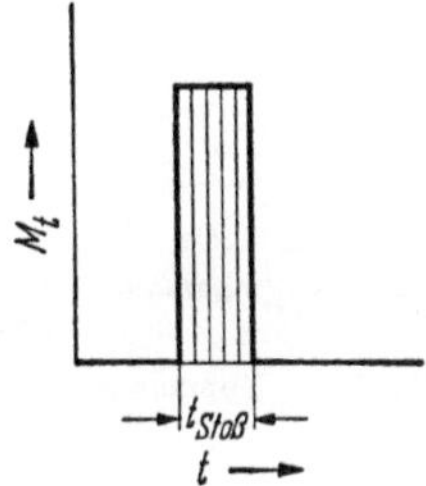

Abb. 57/1. Stoßdiagramm

Zur Bestimmung des Momentes M_F in der Kupplung ist eine Schwingungsrechnung durchzuführen. Θ_1 und Θ_2 sind die Massenträgheitsmomente der reduzierten Massen und c ist die Federkonstante (Drehsteifigkeit) des Freilaufes einschließlich der Verbindungsstücke. φ_1 und φ_2 sind die Verdrehwinkel von der Ruhelage aus.

$$\varphi = \varphi_1 - \varphi_2 \qquad \omega_E^2 = c\,\frac{\Theta_1 + \Theta_2}{\Theta_1\,\Theta_2}$$

Für die Summe aller Momente ergibt sich

1) $\Theta_1 \ddot{\varphi}_1 = -c\,\varphi + M_{\text{Stoß}}$

2) $\Theta_2 \ddot{\varphi}_2 = +c\,\varphi$

Differentialgleichung für den Kupplungsstoß

$$\ddot{\varphi} + \omega_E^2 \varphi = \frac{M_{\text{Stoß}}}{\Theta_1} \qquad (57/3)$$

Allgemeine Lösung der Differentialgleichung

$$\varphi = A_0 \cos \omega_E t + B_0 \sin \omega_E t + \frac{M_{\text{Stoß}}}{\omega_E^2 \Theta_1} \qquad (57/4)$$

Nach geeigneter Konstantenbestimmung folgt aus Gl. (57/4) schließlich das Kupplungsmoment beim Stoß.

$$M_F = M_{\text{Stoß}} \frac{\Theta_2}{\Theta_1 + \Theta_2}(1 - \cos \omega_E t) \quad \text{[mmkg]} \qquad (57/5)$$

Der Klammerausdruck $(1 - \cos \omega_E t)$ kann folgende Werte annehmen:

$$0 \leqq (1 - \cos \omega_E t) \leqq 2 \qquad (57/6)$$

Der Wert ist abhängig vom Produkt aus Eigenfrequenz und Stoßzeit. Ist $\omega_E t < \pi/2$, also $(1 - \cos \omega_E t) < 1$, so wirkt der Freilauf stoßdämpfend.

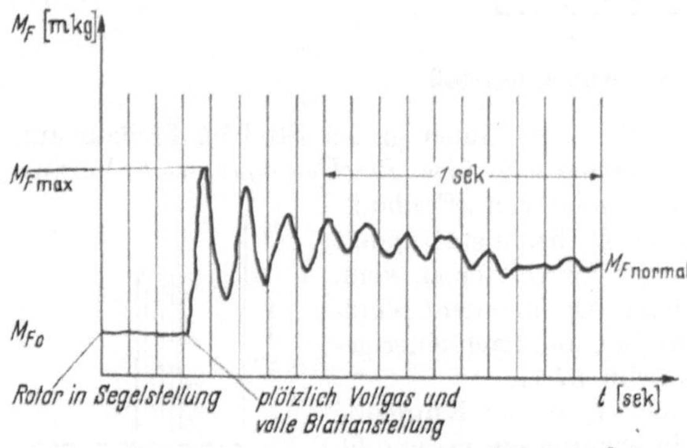

Abb. 58/1. Kupplungsvorgang in einem Doppelkäfigfreilauf eines Hubschrauberantriebes nach [37]

Aus Gl. (57/6) geht weiter hervor, daß man durch elastische Gestaltung zu kleinen Stoßgrößen kommt.

In diesem Zusammenhang sei auf die Oszillogramme über Kupplungsvorgänge in Klemmkörperfreiläufen hingewiesen [37].

Abb. 58/1 zeigt das Oszillogramm für einen Hubschrauberantrieb. Innerhalb eines Zeitraumes von $^1/_{20}$ Sekunde wird ein Stoßdrehmoment, das einem Kupplungsmoment $M_{F\,max}$ von etwa 700 mkg entspricht, aufgebracht.

In Abb. 58/2 ist das Oszillogramm des Einschaltvorganges eines in ein Schaltgetriebe mit Drehmomentwandler eingebauten Klemmkörperfreilaufes dargestellt. M_F ist der Verlauf des Kupplungsmomentes.

Zum Vergleich sind die Oszillogramme Abb. 59/1a (mit Dämpfung) und Abb. 59/1b (ohne Dämpfung) der in Abschn. 6.5.5.2 erläuterten Klauen-Freilaufkupplung, Abb. 158/1, gegenüber angeordnet. Der Maßstab für das Drehmoment ist in Abb. 58/2 u. 59/1a gleich. Er verhält sich zum Drehmoment-Maßstab in Abb. 59/1b wie 1:2,2. Dies bedeutet, daß bei sonst gleichen Bedingungen das Drehmoment während des Einkuppelns bei der Freilaufkupplung ohne Dämpfung etwa den 2,3 fachen Wert von $M_{F\,max}$ nach Abb. 59/1a annimmt.

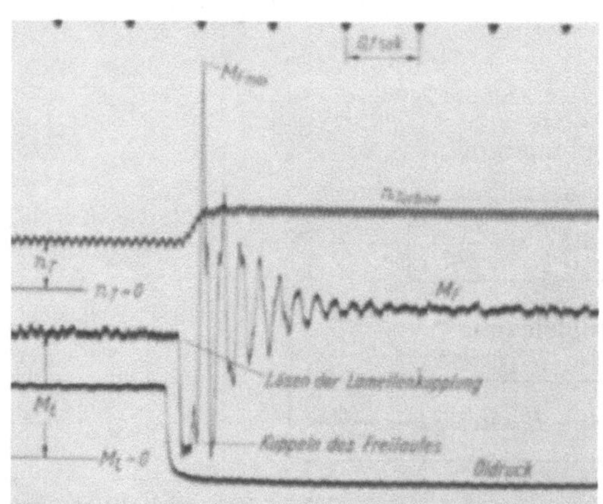

Abb. 58/2. Oszillogramm des Einschaltvorganges eines in ein Schaltgetriebe mit Drehmomentwandler eingebauten Klemmkörperfreilaufes (RENK [69])

Abschließend sei noch die Abb. 60/1 besprochen. Aus diesem Oszillogramm, das bei einem Road-Test aufgenommen wurde, ist der Verlauf des Kupplungsvorganges des Leitradfreilaufes in einem Borg-Warner Fahrzeuggetriebe (Automatic Automotive Transmission) ersichtlich (s.a. Abb. 139/1). Es wurde von „Langsam" auf „Rückwärts" unter Last geschaltet. Das Drehmoment, zunächst Null, steigt plötzlich sehr stark an, wenn der Übergang von Betriebszustand „Flüssigkeitskupplung" auf „Drehmomentwandler" – s. S. 137 – stattfindet. Innerhalb von 0,005 Sekunden erreicht es 60 mkg. Das Stoßmoment klingt aber rasch auf einen relativ niederen konstanten Wert ab.

Bei unsachgemäßer Auslegung und ungewöhnlichen Betriebszuständen – besondere Vorsicht ist bei der Anwendung von berührungsfreien Freiläufen geboten – kann auch ein *Geschwindigkeitsstoß* auftreten, d.h. Kuppeln bei nichtsynchroner Drehzahl.

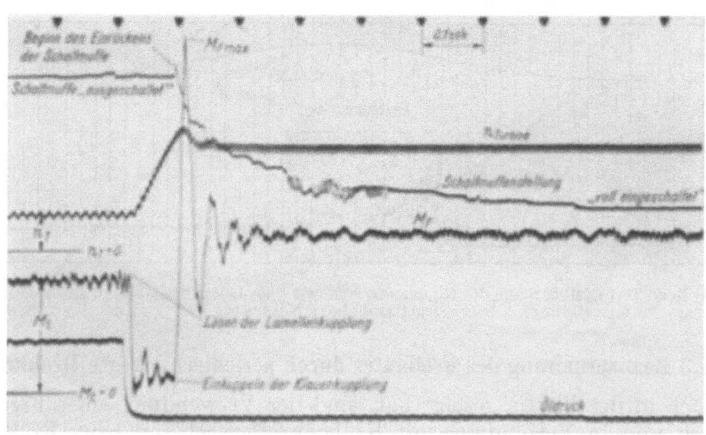

a

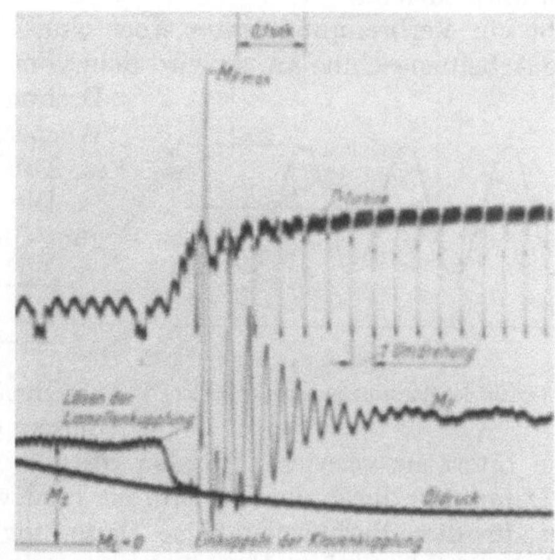

b

Abb. 59/1 a u. b. Oszillogramme von Einschaltvorgängen, die bei gleicher Getriebeanordnung vergleichsweise zu den Untersuchungen gem. Abb. 58/2 mit Klauenfreilaufkupplungen durchgeführt wurden (Renk [*69*])
a) Kupplung mit Dämpfung;
b) Kupplung ohne Dämpfung

Aus dem Ansatz der Differentialgleichung (57/3) ohne Störglied, ergibt sich hierfür unter Benutzung von

$$\Theta = \frac{\Theta_1 \Theta_2}{\Theta_1 + \Theta_2} \quad \text{und} \quad \Delta\omega = \omega_1 - \omega_2$$

$$M_t = M_{F\,\max} \sin \omega_E t$$

$$\int M_t dt = \Theta \Delta \omega$$

$$M_{F\,\max} = \omega_E \Theta \Delta\omega = \sqrt{c \frac{\Theta_1 + \Theta_2}{\Theta_1 \Theta_2}}\, \Theta \Delta \omega$$

Maximales Kupplungsmoment beim Geschwindigkeitsstoß

$$M_{F\max} = \Delta\omega \sqrt{c \frac{\Theta_1 \Theta_2}{\Theta_1 + \Theta_2}} \quad \text{[mmkg]} \qquad (60/1)$$

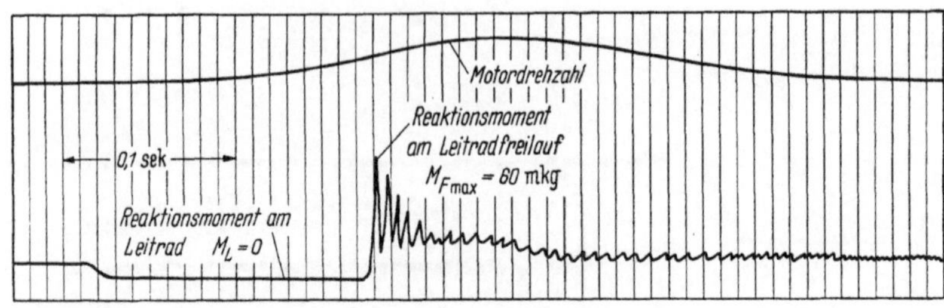

Abb. 60/1. Road Test Oszillogramm des Kupplungsvorganges eines Leitradfreilaufes in einem Borg-Warner-Fahrzeuggetriebe (Borg-Warner [54])

4.8.3 Beanspruchung des Freilaufes durch periodisch erregte Drehkräfte

Wie sich in der Praxis gezeigt hat, sind der Verwendung eines Freilaufes als Schaltwerk und in Verbindung mit Kolbenkraftmaschinen bzw. Kolbenarbeitsmaschinen durch sein Schwingungsverhalten Grenzen gesetzt. In jedem Falle ist dieses zu untersuchen.

Treibt ein Verbrennungsmotor über eine Freilaufkupplung eine gleichförmig laufende Arbeitsmaschine an, so wird dem vom Abtrieb aufgenommenen mittleren Drehmoment M_{t_0} vom Motor her ein Wechseldrehmoment $M_i \sin \Omega_i t$ überlagert (s. Abb. 60/2).

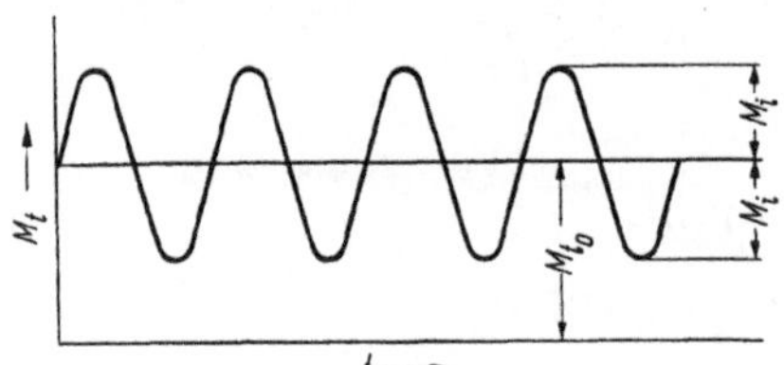

Abb. 60/2. Verlauf des Motordrehmomentes nach [15]

Der allgemeine Ansatz der Schwingungsgleichung läßt sich schreiben

$$\ddot{\varphi} + \varkappa_i \dot{\varphi} + \omega_E^2 \varphi = A \sin \Omega_i t \qquad (60/2)$$

Bezüglich der Lösung und Diskussion dieser Gleichungsart kann auf die einschlägige Literatur verwiesen werden [6].

Die Dämpfung durch den Freilauf ist relativ gering. Deshalb kann, wie in [6] erläutert, für die „Verhältnismäßige Dämpfung" ψ_i – dem Verhältnis der Dämpfungsarbeit zur elastischen Formänderungsarbeit – etwa gleich $2\,\delta_i$, das doppelte logarithmische Dekrement, gesetzt werden (s. a. [15]).

Unter Benutzung des aus der Darstellung der Resonanzkurven, Abb. 61/1, folgenden Vergrößerungs- bzw. Resonanzfaktors V_i ergibt sich das Kupplungsmoment zu

$$M_F = M_{t_0} + M_i \frac{\Theta_2}{\Theta_1 + \Theta_2} V_i \sin \Omega_i t \quad \text{[mmkg]} \qquad (60/3)$$

Von Interesse ist in diesem Zusammenhang nur das 2. Glied der Gl. (60/3). Das über den Freilauf geführte Wechseldrehmoment beträgt also

$$M_w = \pm M_i \frac{\Theta_2}{\Theta_1 + \Theta_2} V_i \quad \text{[mmkg]} \qquad (60/4)$$

Ein vollkommen starrer Freilauf ergibt $V_i = 1$ und damit

$$\boxed{M_w = \pm M_i \frac{\Theta_2}{\Theta_1 + \Theta_2}} \quad \text{[mmkg]} \tag{61/1}$$

Gestaltet man den Freilauf elastisch, so nimmt V_i links der Resonanzspitze zu. Der Wert ist stets > 1. Dies bedeutet, daß auch die Wechseldrehmomente stets größer sind als bei vollkommen drehsteifem Freilauf. Ein elastischer Freilauf bringt also, mit $\Omega_i/\omega_E < 1{,}5$ keine Vorteile. Im Gebiet $\Omega_i/\omega_E > 1{,}5$ wird $V_i < 1$. Dies bedingt, vorausgesetzt unverändertes Ω_i, eine sehr kleine Eigenschwingungszahl ω_E des Freilaufes bzw. des elastischen Systems. Es muß deshalb eine große Drehelastizität vorhanden sein. Ist letztere Maßnahme nicht durchführbar, so ist eine geeignete elastische Kupplung (s. Abschn. 6.3.7) – gegebenenfalls auch ein Drehstab ähnlich Teil 6 Abb. 130/1 – vorzusehen. Es darf nicht übersehen werden, daß bei den zuletzt genannten Fällen die Resonanzspitze durchfahren werden muß.

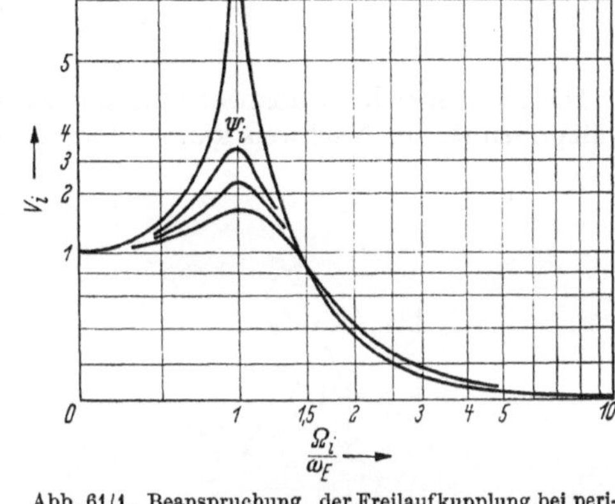

Abb. 61/1. Beanspruchung der Freilaufkupplung bei periodischer Erregung und verschiedenen „Verhältnismäßigen Dämpfungen" nach [15]

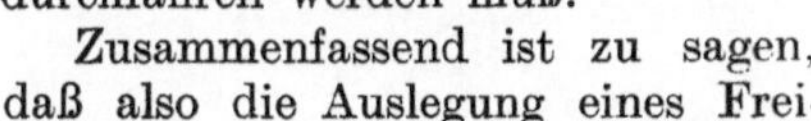

Zusammenfassend ist zu sagen, daß also die Auslegung eines Freilaufes, der Drehschwingungen unterworfen wird, nach dem Grundsatz erfolgen muß:

a) *Äußerst starr*

oder

b) *Äußerst elastisch.*

Auf jeden Fall ist zu beachten, daß $|M_w|$ nach Gl. (60/4) kleiner als M_{t_0} wird. Zu empfehlen ist

$$\boxed{|M_w| < \frac{M_{t_0}}{2}} \tag{61/2}$$

4.9. Reibgesperre, Bandgesperre und Axialfreiläufe

4.9.1 Reibgesperre

Zu den Freilaufkupplungen mit radialem Kraftschluß gehören auch die nach dem Prinzip des Reibgesperres (Abb. 62/1) arbeitenden Ausführungsarten.

Die Klinke in Abb. 62/1 hat die Wirkung eines Keiles, d.h. bei Rechtsdrehung der zylindrischen glatten Scheibe wird sie infolge der Reibkraft gesperrt und bei Linksdrehung gelöst.

Maßgebend für die Funktionsfähigkeit und Bemessung ist der Reibwert μ. Die tangential wirkende Reibkraft ergibt sich zu

$$\boxed{R \leq \mu P} \tag{61/3}$$

Erforderliche Selbsthemmungsbedingung

$$P c_1 \leqq \mu P c_2$$

Daraus

$$\boxed{\frac{c_1}{c_2} = \tan\alpha \leqq \mu} \tag{62/1}$$

Kommt für die Klemmbahn eine Keilrille zur Anwendung mit dem Rillenwinkel $2\gamma_0$, so folgt für den Klemmwinkel

$$\boxed{\tan\alpha \leqq \frac{\mu}{\sin\gamma_0}} \tag{62/2}$$

Die maßgebende Beanspruchung an der Klemmstelle ist die dort auftretende Wälzpressung. Ihr Nachweis kann entsprechend der Gl. (11/4) erfolgen.

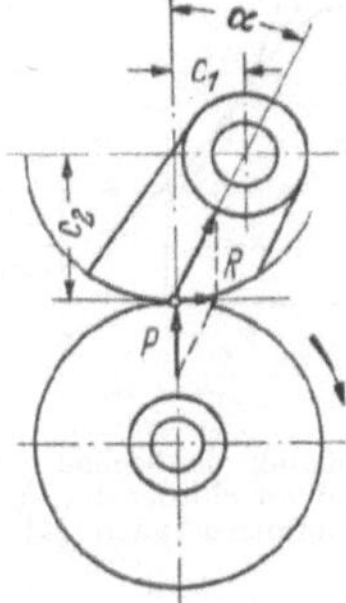

Abb. 62/1. Reibgesperre, Kraftwirkung in der Sperrstellung

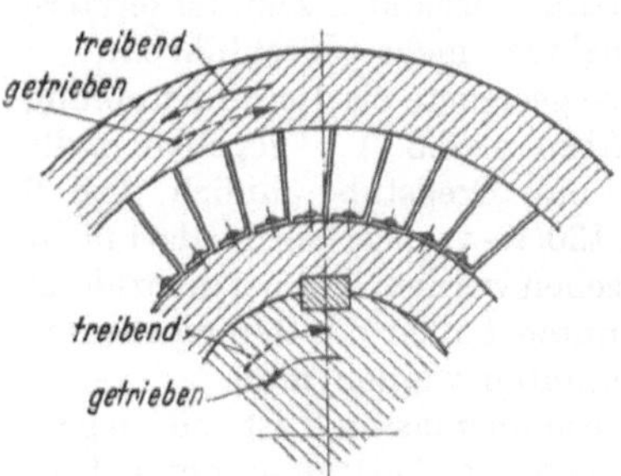

Abb. 62/2. Bürstenkupplung nach HARTLEY

Ein Anwendungsfall, die Klemmbacken-Überholkupplung nach Abb. 152/3, wird in Abschn. 6.5.1 besprochen (s.a. [*10*] u. [*47*]).

Aus der Patentliteratur ist noch ein hier erwähnenswerter Fall bekannt, die nämlich unter DRP 187002 am 5. 5. 1906 patentierte „Bürstenkupplung" von JOHN WILLIAM HARTLEY, Stone, England (s. Abb. 62/2).

4.9.2 Bandgesperre

In die beiden konzentrischen, gegeneinander drehbaren Naben 1 und 2 des SCHÜRMANN-Freilaufes Abb. 63/1 mit gleich großen Bohrungen ist eine zylindrisch geschliffene Schraubenfeder *3* (Federband) quadratischen Querschnittes eingesetzt. Die Feder ist mit dem einen Ende durch einen Mitnehmerbolzen *4* an der kürzeren Nabe *2* fixiert, am anderen Ende mit einem zweiteiligen Gleitring *5*, dem Erregerring, verbunden. Eine Spreizfeder *6* drückt den Gleitring gegen die Bohrungswandung.

Das zwischen der Nabe und dem Gleitring erzeugte Reibmoment wirkt auf das Ende der Schaltfeder. Bei Relativdrehung der Naben in der einen Richtung legt sich das Federband fest an die Wand an und kuppelt, bei Relativdrehung in der anderen Richtung wird der Durchmesser des Federbandes kleiner, es erfolgt Freigabe und somit „Freilauf". Die Schraubenfeder ist stets mit der langsamer laufenden oder stillstehenden Nabe zu verbinden. Bei der Federband-Überholkupplung Abb. 153/1 ist kein Erregerring verwendet.

Es gibt auch Ausführungsformen, bei welchen sich das Federband nach innen anlegt [*56*]. Bei der Rücklaufsperre Abb. 154/1 wurde dieses Prinzip angewandt (s. Abschn. 6.5.3).

Für den SCHÜRMANN-Freilauf wird die Umfangskraft an der Trennstelle der beiden Naben berechnet und damit die Übertragungsfähigkeit bestimmt.

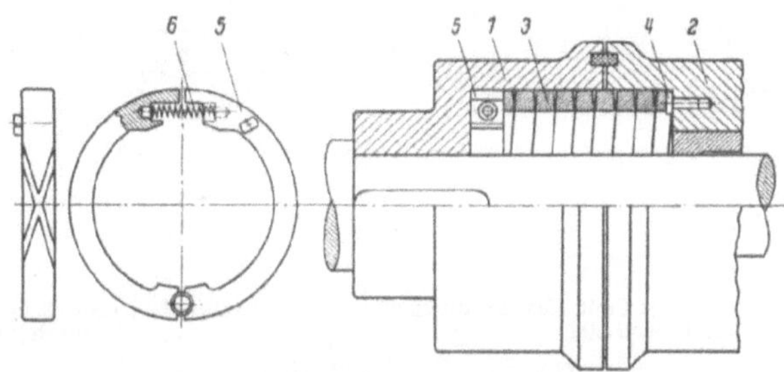

Abb. 63/1. SCHÜRMANN-Federbandkupplung

Ist U_0 die Umfangskraft am Gleitring bzw. am 1. Federgang und U die Umfangskraft an der Übertragungsstelle, so folgt nach dem Seilreibungsgesetz ganz allgemein

$$\boxed{U = U_0 e^{\mu \alpha_s}} \quad [\text{kg}] \tag{63/1}$$

μ ist der zwischen Feder und Nabenwandung vorhandene Reibwert, α_s ist der Umschlingungswinkel.

Das übertragbare Drehmoment wird dann

$$\boxed{M_t = r_a U} \quad [\text{mmkg}] \tag{63/2}$$

$$\boxed{\alpha_s = 2 \pi z_s} \tag{63/3}$$

z_s ist die Windungszahl bis zur Trennstelle.

Die Schraubenfeder wird bei Außenanlage auf Druck, bei Innenanlage auf Zug beansprucht. Dementsprechend kann sie dimensioniert werden.

4.9.3 Axialfreiläufe

Freilaufkupplungen mit axialem Kraftschluß werden fast ausschließlich nach dem aus Abb. 64/1 u. 64/2 ersichtlichen Prinzip gebaut. Über ein steilgängiges Flachgewinde wird, herrührend vom Antriebsdrehmoment, eine Umfangskraft an der Konus- oder Planreibfläche übertragen. Wird die Drehzahl des Sekundärteiles *2* höher als die der treibenden Welle *1*, so drückt das Gewinde den Konus Teil *3* außer Eingriff und es herrscht „Freilauf". (Ausführungsbeispiele s. Abschn. 6.5 und [*28*]).

Ferner sei hier auf den Kegelfreilauf Abschn. 4.4 verwiesen.

4.9.3.1 Axialfreilauf mit Reibkonus. Unter Benutzung des Schemas Abb. 64/1 und des Kräfteplanes Abb. 64/3a können die Kenngrößen berechnet werden [*28*].

Am Reibkonus ist zur Übertragung des Drehmomentes ein Reibwert μ_K erforderlich, der abhängig ist von den Abmessungen der Kupplung, dem Schrägungs-

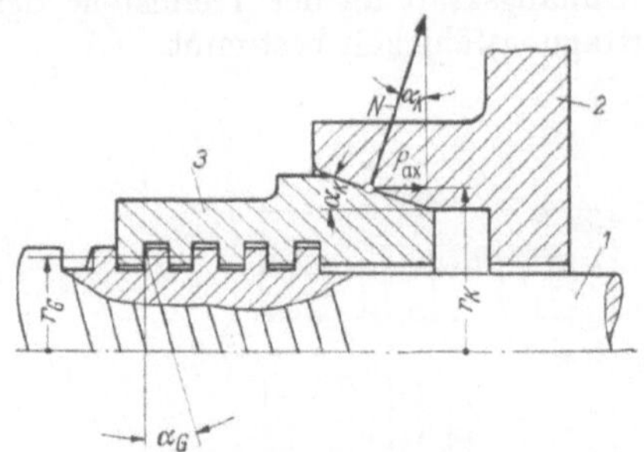

Abb. 64/1. Schema des Komet-Freilaufes, Axialfreilauf mit Konus nach [28]

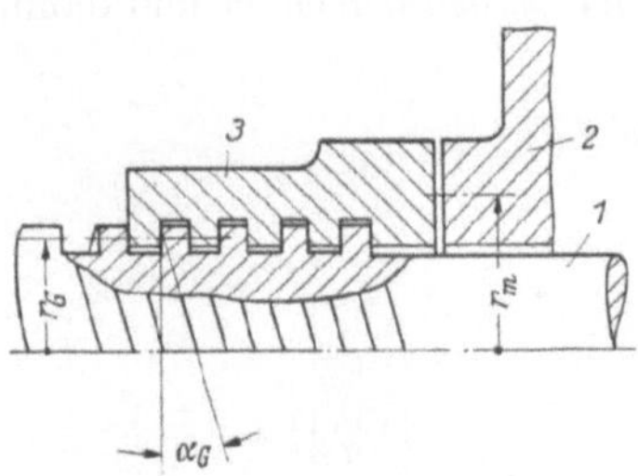

Abb. 64/2. Axialfreilauf mit Planreibfläche nach [28]

winkel α_G des Gewindes, dem dort auftretenden Reibwert μ_G und dem Kegelwinkel α_K.

Für das Drehmoment M_t gilt

$$M_t = P_{ax} r_G \tan(\alpha_G + \varrho_G)$$

$$M_t = N \mu_K r_K$$

und für die Normalkraft N

$$N = \frac{P_{ax} - N \mu_K \cos \alpha_K}{\sin \alpha_K}$$

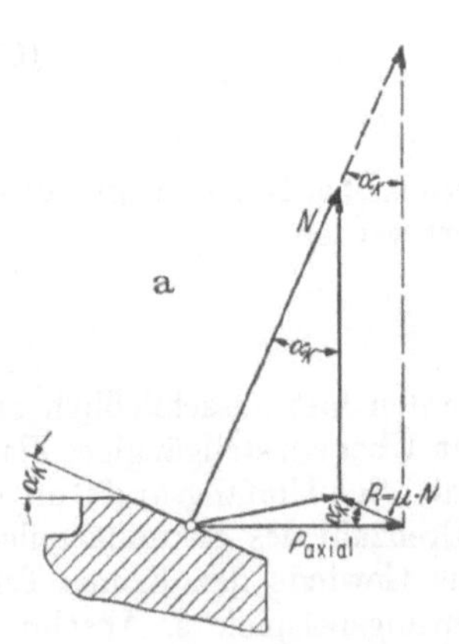

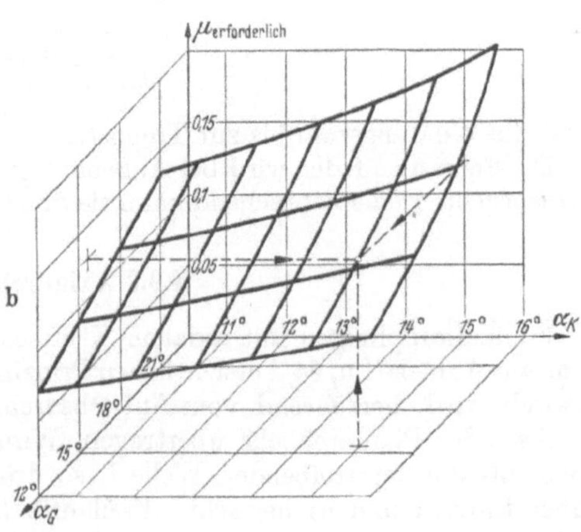

Abb. 64/3 a u. b. Kräfte am Reibkonus eines Axialfreilaufes nach [28]

a) Kräfteplan; b) Abhängigkeit des erforderlichen Reibwertes $\mu_{erford.}$ von Gewindesteigungswinkel α_G und Kegelwinkel α_K unter Berücksichtigung der Reibung im Gewinde

Eingezeichnetes Beispiel: F-&-S-Komet-Super mit $\alpha_G = 15°16'$, $\alpha_K = 15°$ und Reibwert im Gewinde $\mu_G = 0,1$ ergibt $\mu_{erford.} = 0,13$

Daraus folgt die allgemeine Beziehung für den Reibwert μ_K

$$\boxed{\mu_K = \frac{r_G}{r_K} \frac{\sin\alpha_K \tan(\alpha_G + \varrho_G)}{1 - \frac{r_G}{r_K}\cos\alpha_K \tan(\alpha_G + \varrho_G)}} \tag{65/1}$$

Der Reibwert μ_K ist nur von geometrischen Größen abhängig. Die Winkel α_G und α_K sind größer als die zugehörigen Reibwinkel zu wählen, um Selbsthemmung zu vermeiden.

Ferner ist zu beachten, daß beim Einschalten der Konuskupplung Reibkräfte auftreten, die senkrecht zur Umfangskraft wirken. Bei Annahme, daß der Reibwert in Axialrichtung gleich dem in Umfangsrichtung ist, folgt unter Benutzung von Abb. 65/1.

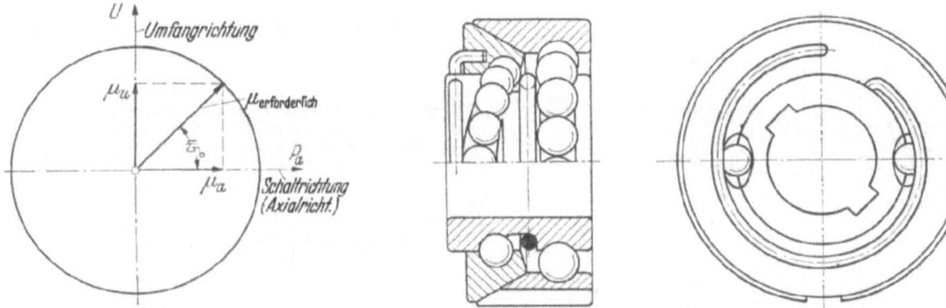

Abb. 65/1. Reibungskreis nach [28]

Abb. 65/2. Klemmwälzlager nach [28]

$$\mu_{\text{erforderlich}} = \sqrt{2}\,\mu_{\text{axial}}$$

oder mit Gl. (65/1)

$$\boxed{\mu_{\text{erforderlich}} = \sqrt{2}\,\mu_K} \tag{65/2}$$

In Abb. 64/3b ist ein räumliches Schaubild für $\mu_{\text{erforderlich}}$ in Abhängigkeit von α_K und α_G dargestellt und folgendes Beispiel eingezeichnet:

$$\alpha_G = 15^\circ\,16' \qquad \alpha_K = 15^\circ \qquad \mu_G = 0{,}1$$

Es ergibt sich ein

$$\underline{\underline{\mu_{\text{erforderlich}} = 0{,}13}}$$

Der Freilauf kann nunmehr auf seine Beanspruchung hin nachgerechnet werden.

Abb. 66/1 zeigt eine Gegenüberstellung der Werte für die Ausführungsformen gemäß den Abb. 64/1 und den Abb. 65/2 u. 65/3.

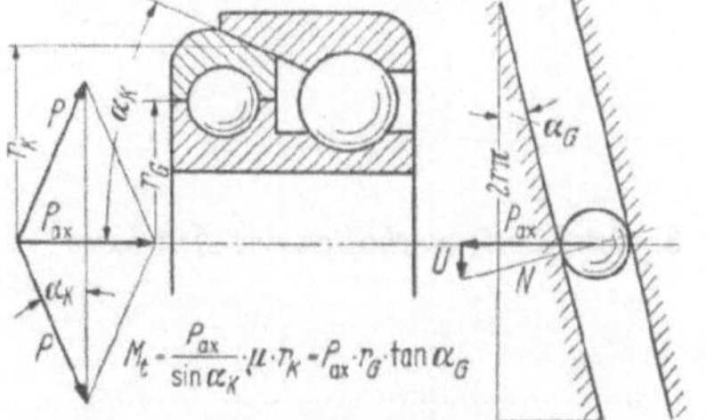

Abb. 65/3. Kräfte am Klemmwälzlager gem. Abb. 65/2 nach [28]

4.9.3.2 Axialfreilauf mit Planreibflächen. Werden an Stelle des Konus nach 4.9.3.1 Planreibflächen, z. B. Lamellen, Abb. 159/1 verwendet, so vereinfacht sich die Gl. (65/1) wesentlich. Es wird $\alpha_K = 90^0$ gesetzt (s. Abb. 64/2).

Anstatt r_K wird r_m eingeführt. z_i ist die Anzahl der Planreibflächen.

$$\boxed{\mu_K = \frac{r_G}{z_i\, r_m} \tan(\alpha_G + \varrho_G)} \qquad (66/1)$$

Zu günstigen Konstruktionen gelangt man, wenn die Reibung im Gewinde möglichst klein gehalten wird (Ausführungsbeispiele s. Abschn. 6.5 und [32]).

Als Anhaltswerte können gelten

$$\varrho_G \approx 5^\circ\, 40' \qquad \mu_K \approx 0{,}05$$

Flächenpressung zwischen Konus- bzw. Planreibflächen siehe [8] und [10].

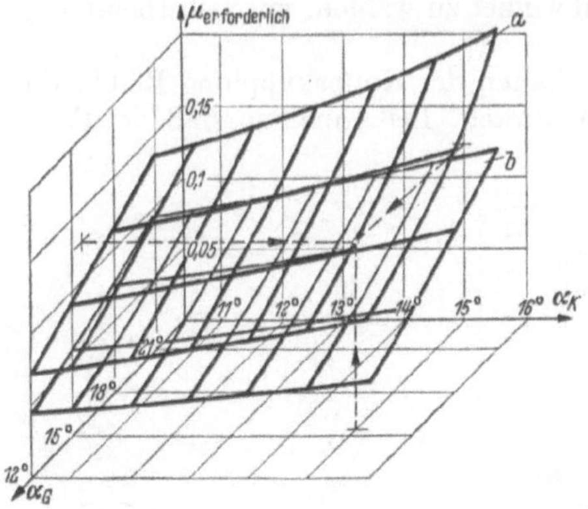

Abb. 66/1. Kräfte am Reibkonus eines Axialfreilaufes nach [28]. Abhängigkeit des erforderlichen Reibwertes $\mu_{\text{erford.}}$ von Gewindesteigungswinkel α_G und Kegelwinkel α_K unter Berücksichtigung der Reibung im Gewinde. Fläche *a*) bezieht sich auf den F-&-S-Komet-Super unter Berücksichtigung der Reibung im Gewinde, Fläche *b*) auf das Klemmwälzlager nach Abb. 65/3, Reibung im Gewinde vernachlässigt. Das eingezeichnete Beispiel entspricht dem in Abb. 64/3 b

5 Konstruktive Gestaltung und Anhaltswerte

5.1 Betriebsdaten

Vorbedingung für eine einwandfreie Auslegung und Konstruktion ist die Kenntnis der Betriebsdaten des Freilaufes. Im folgenden sei ein Schema für deren Erfassung aufgeführt.

1. *Verwendung des Freilaufes*

   Überholkupplung
   Rücklaufsperre
   Schaltelement

2. *Antrieb*

   ....

   ....

3. *Betriebseigenschaften des Antriebes*

   ....

   ....

4. *Abtrieb*

   ....

   ....

5. *Betriebseigenschaften des Abtriebes*

....

....

6. *Benutzungsdauer*

(Zu empfehlen Arbeitsdiagramm in Verbindung mit 8.) D = ... Std./Tag

7. *Erforderliche Lebensdauer* L_h = ... Std.

8. *Leistung, Drehmoment*

Leistung normal N = ... PS bei n = ... U/min

maximal N = ... PS bei n = ... U/min

Drehmoment normal M_t = ... cmkg; Anteil: .... % von D
Lastwechsel pro Std. ....

maximal M_t = ... cmkg; Anteil: .... % von D
Lastwechsel pro Std. ....

stoßweise M_t = ... cmkg; Anteil: .... % von D
Lastwechsel pro Std. ....

9. *Verwendung als Überholkupplung oder Rücklaufsperre*

Bei maximaler Relativdrehzahl:

Drehzahl des Außenteils n = ... U/min

Drehzahl des Innenteils n = ... U/min

Wenn Außen- und Innenteil beim Überholen drehen Drehrichtung $\frac{\text{gleich}}{\text{entgegengesetzt}}$

Überholdauer (Leerlaufdauer) Anteil: .... % von D

Bei mittlerer Relativdrehzahl:

Drehzahl des Außenteils n = ... U/min

Drehzahl des Innenteils n = ... U/min

Wenn Außen- und Innenteil beim Überholen drehen Drehrichtung $\frac{\text{gleich}}{\text{entgegengesetzt}}$

Überholdauer (Leerlaufdauer) Anteil: .... % von D

Bei minimaler Relativdrehzahl:

Drehzahl des Außenteils n = ... U/min

Drehzahl des Innenteils n = ... U/min

Wenn Außen- und Innenteil beim Überholen drehen Drehrichtung $\frac{\text{gleich}}{\text{entgegengesetzt}}$

Überholdauer (Leerlaufdauer) Anteil: .... % von D

10. *Verwendung als Schaltwerk*

Schaltzahl $n_{s\,max}$ = ... Schaltungen/min

Schaltweg w = ... °/Schaltung

Welcher Freilaufteil oszilliert (schaltet) $\frac{\text{Außenteil}}{\text{Innenteil}}$

11. Drehrichtung

Bei Ansicht auf den Freilauf in Pfeilrichtung (in Anordnungsskizze angeben)

überholt $\frac{\text{Innen-}}{\text{Außen-}}$ Teil $\frac{\text{im}}{\text{entgegen}}$ Uhrzeigersinn

12. *Freilaufanordnung*

Anordnungs-Skizze

13. *Anschlußmaße und Bauraum*

....

....

14. *Lagerung*

Freilauf in sich gelagert ....

Freilauf durch Anschlußteile gelagert ....

Lagerart ....

15. *Schmierung*

Vorgesehen: Fettschmierung ....

Tauchölschmierung ....

Druckölschmierung ....

Schmierstoffdaten: Sorte ....

Konsistenz, Viskosität ....

Zusätze ....

Bei Druckölschmierung:

Zur Verfügung stehende Ölmenge .... Liter/min

Öldruck .... atü

Öltemperatur .... °C

16. *Abdichtung*

Abdichtung gegen ....

17. *Bemerkungen*

....

....

5.2 Gestaltung des Freilaufes

Der endgültigen Berechnung und Auslegung unter Benutzung der Grundlagen aus Abschn. 4 muß die Bestimmung des inneren Aufbaues auf Grund der gegebenen Betriebsdaten vorausgehen.

Welcher Aufbau am zweckmäßigsten ist, hängt bei Verwendung des Freilaufes als Überholkupplung oder Rücklaufsperre vor allem von der Relativgeschwindigkeit v_{rel} zwischen Klemmrolle bzw. Klemmkörper und Klemmbahn ab. Die nachstehenden Anhaltswerte gelten für Tauchölschmierung und Überholperioden, die länger als 15 Minuten andauern. Für Fettschmierung darf v_{rel} nur etwa 50% der angegebenen Werte betragen. Für Schaltwerke und berührungsfreie Freiläufe gelten andere Beziehungen.

5.2.1 Klemmrollenfreilauf

Klemmrollen	Stern	Beim Überholen soll umlaufen	v_{rel} [m/sek]
Einzelanfederung	innen[1]	Stern oder Stern und Außenteil	5
	außen[2]	Innenteil	2
Durch Käfig geführt und angefedert	innen	beliebig	12
	außen	Innenteil	12[3]

[1] Maßgebend ist die Führung der Rollen. Bei umlaufendem Stern werden diese durch die Zentrifugalkräfte stabilisiert, so daß sie weniger Eigenbewegungen ausführen können als bei allein umlaufendem Außenring.

[2] Die Ausführung von Klemmrollenfreiläufen mit Außenstern bringt im allgemeinen keine Vorteile.

Bei diesen Freiläufen besteht die Gefahr, daß die Klemmrollen unter der Einwirkung der Fliehkraft außer Eingriff gehen, wodurch bei bestimmten Betriebszuständen Versagen und daher Schäden auftreten. Derartige Schwierigkeiten sind z. B. bei der Entwicklung des Chevrolet-Turboglide-Getriebes in Erscheinung getreten [*39*].

Eine Ausnahme stellt der sogenannte „berührungsfreie Freilauf" (s. Abschn. 5.2.3) dar.

[3] Spezialausführungen, bei denen Druckölschmierung zur Anwendung kommt, wurden schon für ein $v_{rel} \sim 70$ m/sek gebaut (s. Abb. 126/2). Bei Verwendung des Klemmrollenfreilaufes als Schaltwerk ist zu beachten, daß stets der Stern (Außen- oder Innenstern) der abtreibende Teil ist, da sich andernfalls Schaltungenauigkeiten ergeben bzw. Versagen des Schaltwerkes eintritt. Die Ursache ist in der ungünstigen Einwirkung der Klemmrollen-Massenkräfte auf die Anfederung zu suchen.

5.2.2 Klemmkörperfreilauf

Bei Klemmkörperfreiläufen unterscheidet man je nach der Art der Kraftübertragung im Freilauf die zwei voneinander grundsätzlich verschiedenen Ausführungen:

1. Freiläufe, bei denen die Kraftübertragung durch die Klemmkörper an einem Freilaufring formschlüssig, am anderen Freilaufring kraftschlüssig erfolgt (Abb. 7/7).

2. Freiläufe, bei denen die Kraftübertragung durch die Klemmkörper an beiden Freilaufringen kraftschlüssig erfolgt (Abb. 7/6 u. 7/8).

Die Kraftübertragung durch Formschluß bedeutet einen Verzicht auf einen wesentlichen Vorteil des Klemmkörperfreilaufes, nämlich Außen- und Innenring mit je einer durchgehend zylindrischen Klemmbahn versehen zu können. Vielmehr ist es erforderlich, zusätzlich zu der besonderen Ausbildung der Klemmkörper auch noch einen Ring mit Einzelklemmflächen, die hohe Anforderungen an Form- und Maßgenauigkeit stellen, auszustatten. Freiläufe dieser Bauart unterliegen außerdem einer Einschränkung hinsichtlich ihrer Verwendbarkeit, denn Außen- und Innenring können nicht beliebig als überholender Teil bei „Freilauf" eingesetzt werden. Der in Abb. 7/7 u. 119/3 dargestellte Freilauf kann z. B. bei mittleren und höheren Überholdrehzahlen nur so eingebaut werden, daß der Außenring überholt, da andernfalls der Verschleiß an den durch die Zentrifugalkräfte nach außen gedrückten Klemmkörpern zu groß wird.

Bei Klemmkörperfreiläufen, bei denen die Kräfteübertragung an beiden Freilaufringen kraftschlüssig erfolgt, werden die Klemmkörper in den Raum zwischen den beiden Ringen entweder mit geringem Füllungsspiel, also dicht aneinander liegend (s. Abb. 4/2, 7/6 u. 119/2) bzw. mit zwischen den Klemmkörpern eingesetzten Distanzrollen (s. Abb. 119/1) oder aber unter Verwendung eines Käfigs (s. Abb. 4/1, 7/8, 8/1 u. 138/2) eingebaut.

Die zulässige Relativgeschwindigkeit zwischen den Klemmkörpern und Klemmbahnen wird unter Voraussetzung ständiger und übergangsloser Eingriffsbereitschaft vor allem durch die Form der Klemmkörper, die Art der Führung derselben und die Stärke der Anfederung bestimmt. Anhaltswerte für Überholperioden, die länger als 15 Minuten andauern, können nachfolgender Tabelle entnommen werden.

Führung und Anfederung	Schmierung	Bei „Freilauf" soll umlaufen	v_{rel} [m/sek]
Führung durch Seitenborde oder Führungsscheiben	Fett	Innenring[1]	2
Anfederung durch gemeinsame Schrauben-Ringfedern (s. Abb. 4/2, 7/6, 119/1 u. 119/2)	Tauchöl	Innenring (oder Außenring) oder *beide*	6
Führung durch Doppelkäfig	Tauchöl	Innenring (oder Außenring) oder *beide*	6
Anfederung durch gemeinsame Bandspreizfeder (s. Abb. 4/1, 7/8, 8/1 u. 138/1)	Drucköl bei ausreichender Durchflußmenge und Ölrückkühlung		20

[1] Bei umlaufendem Außenring gleiten die Klemmkörper mit der größeren Relativgeschwindigkeit am Innenring, wobei eine einwandfreie Schmierung infolge des Zentrifugalkrafteinflusses nicht mehr gewährleistet ist.

5.2.3 Berührungsfreier Freilauf

Durch Einwirkung der Zentrifugalkräfte auf die Klemmrollen bzw. Klemmkörper (s. Abb. 24/1, 34/1, 34/2 u. 142/2) wird die Berührung zwischen diesen und der Innenklemmbahn aufgehoben. Die Überholdrehzahl ist nunmehr nach oben nur noch durch die Festigkeit der Freilaufteile und die Wuchtgenauigkeit begrenzt.

Die Verwendung berührungsfreier Freiläufe ist im wesentlichen auf Rücklaufsperren beschränkt, da diese nur bei der Drehzahl Null, also beim Übergang aus dem Betriebszustand in den Stillstand, z.B. beim Abschalten oder bei Ausfall des Antriebes, sperren müssen, um eine rückläufige Bewegung unter dem Einfluß der weiter wirkenden Betriebslast zu verhindern (s. Abschn. 6.3.10 u. Abb.128/1). Rücklaufsperren finden auch dort Verwendung, wo eine Inbetriebnahme in einer unerwünschten Drehrichtung verhindert werden soll. Während des Betriebes ist Berührungsfreiheit vorhanden, so daß Verschleiß nicht auftreten kann.

Im Gegensatz dazu müssen Überholkupplungen ständig eingriffsbereit sein, d.h. es muß im Freilaufzustand Berührung bestehen, damit ein sofortiger und stoßfreier Übergang von Überholen auf Antrieb möglich ist. Die Verwendung eines berührungsfreien Freilaufes als Überholkupplung ist nur unter der Voraussetzung möglich, daß dieser bis zu einer bestimmten Drehzahlgrenze eingriffsbereit ist und nach Überschreiten dieser Grenze keine Kraftübertragung mehr über den Freilauf erfolgen muß. Ein ausreichender Spielraum für Abweichungen von der Grenzdrehzahl

ist vorzusehen, da es sonst vorkommen kann, daß der Freilauf bei nichtsynchroner Drehzahl von An- und Abtrieb kuppelt und durch den dabei auftretenden Geschwindigkeitsstoß Schäden entstehen.

5.3 Klemmwinkel

Die Größe des Klemmwinkels α unterliegt der bekannten Bedingung

$$\mu > \tan \alpha$$

Die obere Grenze für α liegt bei 6°.
Sowohl für Klemmrollen- als auch Klemmkörperfreiläufe gilt:

Bei Beginn der Belastung	$\alpha = 3° \div 4°$
Unter Maximallast	$\alpha = 5°$

Bei Klemmrollen- und Klemmkörperfreiläufen tritt mit zunehmender Belastung M_t eine elastische Verformung aller am Klemmvorgang beteiligten Freilaufteile ein. Dabei findet Einwälzen der Klemmrollen bzw. Klemmkörper unter gleichzeitiger Verdrehung der beiden Freilaufringe gegeneinander um einen bestimmten Verdrehwinkel ϑ statt. Entsprechend verändert sich der Klemmwinkel α bzw. α und β (s. Abschn. 4.5).

Bei Klemmrollenfreiläufen mit Innenstern und ebenen Klemmflächen erreicht man durch elastische Gestaltung stets, daß die Wälzpressung k mit wachsender Belastung M_t nicht mehr proportional zunimmt.

5.3.1 Klemmrollenfreilauf

Mit Hilfe des für den Belastungsbeginn ($M_t = 0$) gewählten Klemmwinkels α und der gegebenen Betriebsdaten werden zunächst die noch fehlenden Abmessungen errechnet. Anschließend müssen für alle Maße die zulässigen Fertigungstoleranzen festgelegt und unter Berücksichtigung derselben der mögliche Größt- und Kleinstwert von α nachgerechnet werden. Dabei kann es sich herausstellen, daß die Toleranzen geändert werden müssen, damit α innerhalb des gewünschten Wertes bleibt.

5.3.1.1 Klemmrollen einzeln angefedert. Aus Abschn. 4.2.1 und 4.2.2 geht hervor, daß durch Maßabweichungen sich der Klemmwinkel α bei Klemmrollenfreiläufen mit Klemmkurven, die gleich – oder wenigstens im Klemmbereich annähernd gleich – logarithmischen Spiralen sind, nur geringfügig, bei Freiläufen mit ebenen Klemmflächen dagegen erheblich ändern kann.

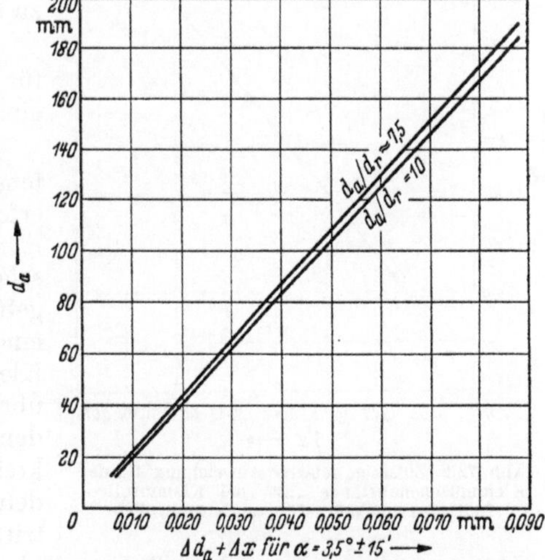

Abb. 71/1. Fertigungstoleranzen für Klemmrollenfreilauf mit Innenstern und einzeln angefederten Klemmrollen in Abhängigkeit vom Durchmesser d_a, für konstanten Klemmwinkel $\alpha = 3{,}5° \pm 15'$

Bei Freiläufen mit ebenen Klemmflächen bestimmt der Abstand x der Klemmflächen von der Achse des Sternes ($x = \text{const}$), der Klemmrollendurchmesser d_r und der Innendurchmesser des Außenringes d_a den Klemmwinkel α. Setzt man voraus, daß die Toleranz von d_r vernachlässigt werden kann – der Durchmesser von Rollen und Walzen läßt sich ohne besondere Schwierigkeiten, z. B. durch Sortieren in automatischen Meßanlagen, innerhalb $\pm$ 0,001 mm halten – und soll der Klemmwinkel vom vorgesehenen Wert 3,5° höchstens um $\pm$ 15′ abweichen, dann darf sowohl die Summe der den Klemmwinkelvergrößernden als auch verkleinernden Toleranzen ($\Delta\, d_a + \Delta\, x$) bezogen auf ein Verhältnis $d_a/d_r = 7{,}5$ bis 10 jeweils nur einen Höchstwert erreichen, der aus dem Diagramm Abb. 71/1 entnommen werden kann (s. a. Abb. 14/1 u. 15/1). Dabei ist es für die Fertigung nicht ohne Bedeutung, daß sich das Maß x bei ebenen Klemmflächen wesentlich einfacher und sicherer messen läßt als bei gekrümmten Klemmflächen.

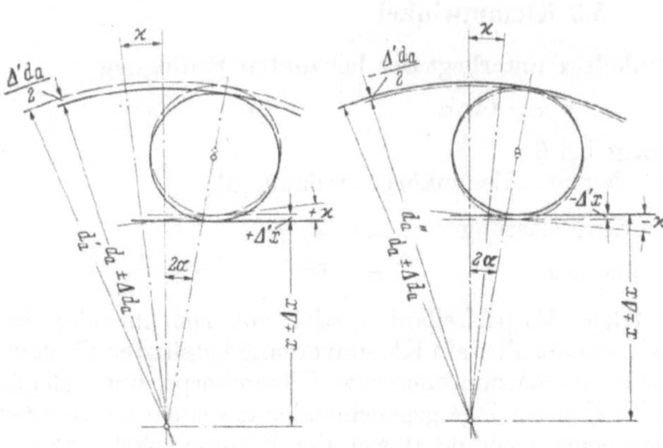

Abb. 72/1. Klemmrollenfreilauf mit Innenstern und käfiggeführten Klemmrollen, Zusammenhang zwischen Teilungsfehler und Toleranz

Die Festlegung der zulässigen Toleranzen für die Abmessungen d_a, x und d_r kann für Freiläufe mit einzeln angefederten Rollen in der gezeigten Weise ohne Einschränkungen erfolgen.

5.3.1.2 Klemmrollen in Käfig geführt. Für Freiläufe (s. Abb. 83/2) mit käfiggeführten Rollen sind zwei weitere Bedingungen zu erfüllen:

1. Die gemessenen Werte des Maßes x für die einzelnen Klemmflächen dürfen voneinander nur geringfügig abweichen.

2. Für die Klemmflächen und Käfigfenster ist eine hohe Teilungsgenauigkeit erforderlich.

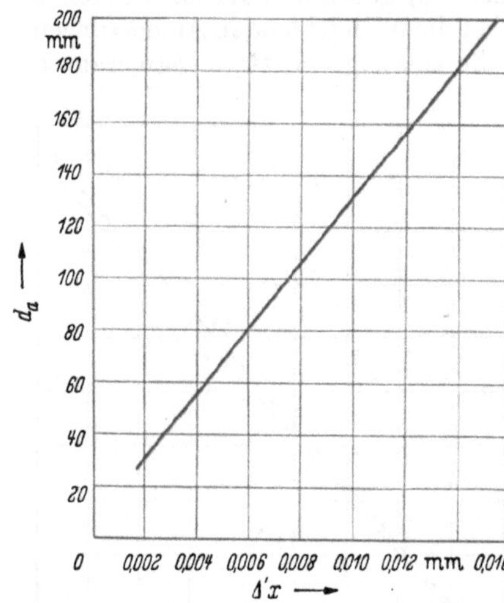

Abb. 72/2. Zulässige relative Abweichung $\Delta' x$ der Klemmflächenabstände „x" bei Klemmrollenfreiläufen mit käfiggeführten Klemmrollen

Abb. 72/1 zeigt den Zusammenhang zwischen den beiden Bedingungen. Eine käfiggeführte Rolle berührt unter dem Einfluß einer Abweichung $\pm\, \Delta' x$ einer einzelnen Klemmfläche vom *Ist*maß ($x \pm \Delta\, x$) der übrigen Klemmflächen einen Hüllkreis mit dem Durchmesser d_a' bzw. d_a'', der vom Hüllkreis mit dem *Ist*durchmesser ($d_a \pm \Delta\, d_a$) um den Wert $\pm\, \Delta' d_a$ abweicht. Genau dasselbe tritt ein, wenn die Klemmfläche gegenüber der vorgesehenen Lage einen Teilungsfehler $\pm\, \varkappa$ aufweist. Die Folge der Abweichungen $\Delta' x$ bzw. $\varkappa$ ist, daß einzelne Rollen nur in geringem Umfang oder gar nicht zur Kraftübertragung herangezogen werden, bzw. eine mehr oder weniger starke

Überlastung erfahren. — Da beide Abweichungen gleichzeitig auftreten und sich addieren können, sind $\Delta' x_{zul}$ und $\varkappa_{zul}$ so klein wie möglich zu halten. Für Freiläufe, die höheren Anforderungen genügen müssen, können angenäherte Werte für $\Delta' x_{zul}$ in Abhängigkeit von d_a Abb. 72/2 entnommen werden, wobei $\Delta' x_{zul}$ einem $\varkappa_{zul}$ von 5′ entspricht, damit noch eine erträgliche Belastungsverteilung gewährleistet ist.

Um $\Delta' x$ möglichst klein zu halten, muß der Stern bei der Fertigbearbeitung – fast immer ein Schleifvorgang – mit einem Radialschlag $< \Delta' x$ aufgenommen werden. Durch Aufteilung des Bearbeitungsvorganges in Vor- und Fertigschleifen ist dafür Sorge zu tragen, daß die letzte Spanabnahme so gering ist, daß der Zentrierfehler und die Schleifscheibenabnutzung zusammen keine größere Maßabweichung als $\Delta' x_{zul}$ verursachen können.

Die Einhaltung von $\varkappa_{zul}$ macht die Anwendung des Direktteilverfahrens mit sehr genauen Teilscheiben und absolut spielfreiem Index erforderlich, da die Teilgenauigkeit üblicher Teilköpfe im günstigsten Fall nur bei ± 5′ liegt.

Durch die Elastizität des Freilaufaußenteiles können $\Delta' x$ und $\varkappa$ teilweise ausgeglichen werden. Das dürfte der Grund sein, daß Freiläufe funktionstüchtig sind, obwohl fertigungstechnisch die theoretisch erforderlichen Toleranzen nicht eingehalten werden konnten. Erst eingehende praktische Untersuchungen könnten genauen Aufschluß über die tatsächlichen Einflüsse der einzelnen Maßabweichungen auf die Belastungsfähigkeit des Freilaufes geben.

5.3.1.3 Einfluß der elastischen Verformungen auf den Klemmwinkel α. Das Verhalten des Klemmwinkels α unter dem Einfluß der elastischen Verformungen bei zunehmender Belastung M_t ist aus nachfolgender Aufstellung ersichtlich.

Stern	Form der Klemmkurve	Klemmwinkel α bei zunehmendem M_t
innen	Gerade[1]	nimmt zu
	logarithmische Spirale	bleibt annähernd gleich (geringfügige Zunahme) vgl. Abschn. 4.2.1.2
außen	Gerade[2]	nimmt ab bis $\alpha = 0$ dann Durchkippen der Rollen
	logarithmische Spirale	bleibt annähernd gleich (geringfügige Abnahme) vgl. Abschn. 4.2.2.2

Eine Nachrechnung von α ist ratsam für (s. Abschn. 4.5):

[1] $z < 8, \quad s < d_r, \quad \frac{d_a}{d_r} > 10$

[2] $z < 8, \quad s < d_r, \quad \frac{d_i}{d_r} > 10$

5.3.2 Klemmkörperfreilauf

Ebenso wie bei einem Klemmrollenfreilauf wird zuerst der Klemmwinkel α, $\alpha > \beta$ (s. Abschn. 4.3), für den Belastungsbeginn ($M_t = 0$) gewählt. Dann werden mit Hilfe von α und den gegebenen Abmessungen und Betriebsdaten die fehlenden Maße für den Freilauf errechnet und für alle Maße die Fertigungstoleranzen bestimmt. Als Anhaltswerte für die einzuhaltenden Toleranzen der Klemmbahndurchmesser von Außen- und Innenteil gelten J 6 bzw. j 6.

Amerikanische Hinweise, die sich auf eine Klemmkörpereinbauhöhe von H = 8,4 mm und einen Durchmesserbereich der äußeren Klemmbahn von d_a = 44,5 mm bis 136 mm beziehen, nennen eine Toleranz für die Klemmbahndurchmesser von Außen- und Innenteil von $\pm$ 0,006 mm; ferner darf die Konizität der Klemmbahnen 0,0002 mm/mm Klemmbahnbreite nicht überschreiten [*53, 54*]. Für die Klemmkörper soll das Außenmaß, gemessen über die Verbindungslinie der beiden Klemmkurvenmittelpunkte, innerhalb der Toleranz j 6 liegen. Weiterhin sind noch die Angaben in Abschn. 5.9 in Betracht zu ziehen.

Es ist empfehlenswert nunmehr $\alpha_{\min}$ und $\alpha_{\max}$ nachzurechnen und gegebenenfalls die Toleranzen so zu ändern, daß α innerhalb der vorgesehenen Grenzen bleibt. Außerdem ist zu beachten, daß nicht nur die Größe von α, sondern auch der unter dem Einfluß eines zunehmenden Klemmwinkels α auftretende Drehwinkel $\Delta\chi$ der Klemmkörper (s. Abb. 47/1 u. 48/1) für die Funktion des Freilaufes von Bedeutung ist. Dieser Winkel $\Delta\chi$ darf nicht größer werden als es die Bogenlänge der Klemmflächen an den Klemmkörpern zuläßt. Wird der zulässige Höchstwert von $\Delta\chi$ überschritten, dann kippen die Klemmkörper durch und der Freilauf löst nicht mehr. Dasselbe tritt ein, wenn bei zunehmender Belastung die Winkel α und $\Delta\chi$ unter dem Einfluß einer entsprechenden Elastizität des Freilaufes über das zulässige Maß hinaus anwachsen (s.a. Abschn. 4.5.5). Aus diesem Grund sind elastisch gestaltete Klemmkörperfreiläufe empfindlicher als Klemmrollenfreiläufe.

Die Ringdicken werden deshalb größer gewählt als bei Klemmrollenfreiläufen. Das Verhältnis von Klemmbahndurchmesser d_a zur Ringdicke s sollte 9 nicht überschreiten, zu bevorzugen ist 6 bis 7. Kreisringe gleichbleibenden Querschnitts sind zu empfehlen [*54*]. Für den Innenkörper gelten annähernd die gleichen Verhältnisse.

5.4 Wälzpressung

Die Festsetzung der zulässigen Pressungen zwischen Klemmrollen bzw. Klemmkörpern und den Klemmflächen bzw. Klemmbahnen soll unter der Voraussetzung erfolgen, daß sowohl antriebs- wie abtriebsseitig mit Belastungsspitzen gerechnet werden muß.

Um mit einer ausreichenden Lebensdauer rechnen zu können, ist es empfehlenswert, die zulässigen Pressungen so festzusetzen, daß kurzzeitige, d.h. in bezug auf die Gesamtbetriebszeit nicht ins Gewicht fallende Überschreitungen bis 200% und eine dauernde Überschreitung um 50% eintreten dürfen (s. Abschn. 5.5 u. Abb. 76/1).

Die nachfolgend genannten Anhaltswerte gelten für gehärtete und geschliffene Ausführung (s. Abschn. 5.6 und 5.7). Als günstiger Wert für die Wälzpressung bei normalen Belastungsfällen gilt auf Grund langjähriger Erfahrungen

$$\boxed{k = 4\,\mathrm{kg/mm^2}}$$

entsprechend

$$p_{\mathrm{Hertz}} \approx 170\,\mathrm{kg/mm^2}$$

Unter gewissen Voraussetzungen, z.B. bei besonders großer Gleichförmigkeit von An- und Abtrieb oder bei hydraulischer Kraftübertragung, können die Werte wie folgt erhöht werden:

$$k = 8\,\mathrm{kg/mm^2}$$

entsprechend

$$p_{\mathrm{Hertz}} \approx 245\,\mathrm{kg/mm^2}$$

Amerikanische Hinweise nennen als zulässige Hertzsche Pressungen für eine maximal mögliche Überbelastung

$$p_{\mathrm{Hertz}} = 420\,\mathrm{kg/mm^2}$$

entsprechend

$$k \approx 24\,\mathrm{kg/mm^2}$$

und für die größte kontinuierliche Belastung

$$p_{\mathrm{Hertz}} = 245\,\mathrm{kg/mm^2}$$

entsprechend

$$k \approx 8\,\mathrm{kg/mm^2}$$

Zur Vermeidung übermäßig hoher Pressungen im Bereich der Rollenenden bzw. Klemmkörperenden ist es erforderlich, die zulässige Neigung der Klemmflächen gegen die Achse und die zulässige Konizität der Klemmbahnen sehr eng zu begrenzen. Die Neigung einer Klemmfläche zur Achse soll nicht größer sein als

0,015 mm auf 100 mm Länge,

die Konizität der Klemmbahn von Außen- bzw. Innenring nicht größer als

0,030 mm auf 100 mm Länge.

Ein günstiger Verlauf der Wälzpressung über die Klemmrollenlänge läßt sich dadurch erzielen, daß man leicht ballige Klemmrollen, z.B. handelsübliche B-Lagerrollen, oder Rollen mit leicht konischen bzw. entsprechend abgerundeten Enden verwendet.

Derselbe Effekt läßt sich bei Klemmkörperfreiläufen durch Balligschleifen der Klemmbahnen erzielen.

5.5 Lebensdauer

Die Lebensdauer eines Freilaufes ist nicht nur von der für die Nennbelastung ermittelten Wälzpressung abhängig, sondern auch von den Betriebsbedingungen. Da in bezug auf diese Betriebsbedingungen zwei Anwendungsfälle selten absolut gleich sind, ist es auch schwierig, verbindliche Regeln für ihre Berücksichtigung bei der Auslegung eines Freilaufes aufzustellen [*54*]. Es wird daher auch vielfach nicht zu vermeiden sein, daß die Konstruktion eines Freilaufes zunächst durch Versuche auf ihre Brauchbarkeit geprüft und gegebenenfalls korrigiert werden muß.

Betriebsbedingungen, die die Lebensdauer wesentlich beeinflussen, sind:

1. Die Geschwindigkeit, mit der die Belastung einsetzt
2. Die Geschwindigkeit, mit der die Belastung zurückgeht
3. Die Anzahl der Lastwechsel und Höhe der Belastung
4. Die Bedingungen, unter denen der Freilauf überholt

Zu 1. Bei einer langsam, d.h. weich einsetzenden Belastung ergibt sich eine erheblich höhere Lebensdauer als bei einer rasch und damit hart einsetzenden Belastung.

Neben der Herabsetzung der Wälzpressung durch entsprechende Vergrößerung des Freilaufes kann einer hart einsetzenden Belastung durch entsprechend elastische Gestaltung des Freilaufes begegnet werden. Allerdings ist diese Maßnahme fast ausschließlich auf Klemmrollenfreiläufe beschränkt, da bei Klemmkörperfreiläufen große Elastizität u.a. die Gefahr des Durchkippens der Klemmkörper mit sich bringt. Auch auf das Schwingungsverhalten ist hierbei Rücksicht zu nehmen.

Zu 2. Bei langsam zurückgehender Belastung werden alle im Freilauf infolge der elastischen Verformung bestehenden Spannungen langsam und ohne schädliche Auswirkungen wieder abgebaut. Setzt dagegen die Belastung plötzlich aus, so führt die Entspannung im Freilauf zu ruckartigen, sehr schnellen Eigenbewegungen – Hämmern – der Klemmrollen bzw. Klemmkörper, die sich auf die Anfederung bzw. den Käfig übertragen und zu Beschädigungen führen können. Klemmkörperfreiläufe sind in dieser Beziehung wesentlich anfälliger als Klemmrollenfreiläufe.

Die ungünstigen Auswirkungen einer plötzlich aussetzenden Belastung können durch genaue und spielfreie Führung der Klemmrollen bzw. Klemmkörper eingeschränkt werden. Um sie auszuschalten, muß aber in erster Linie die Anfederung der Klemmrollen bzw. Klemmkörper soweit verstärkt werden, daß diese infolge der plötzlichen Entspannung im Freilauf keine nennenswerten Eigenbewegungen ausführen können. Allerdings wird durch eine derartige Verstärkung der Anfederung das Verhalten des Freilaufes beim Überholvorgang erheblich schlechter, da der Verschleiß und die Erwärmung im Freilauf erhöht werden.

Zu 3. Für die Bestimmung der Lastwechselzahl in Abhängigkeit von der Belastung findet die WÖHLERkurve (Lebensdauerschaubild) Verwendung. Anhaltswerte können aus der in Abb. 76/1 für 16 Mn Cr 5 (EC 80), einsatzgehärtet, dargestellten WÖHLERkurve entnommen werden.

Im Lebensdauerschaubild Abb. 76/1 ist über der Lastwechselzahl W die Wälzfestigkeit K aufgetragen. Es läßt sich, wie allgemein bei Wälzpaarungen, auch für Freiläufe anwenden. Bei Schaltfreiläufen ist die Schaltzahl ein Maßstab für die Lastwechsel, bei Überholkupplungen und Rücklaufsperren die Häufigkeit der Einrollvorgänge, hervorgerufen durch das Anfahren und durch die Belastungsschwankungen während des Betriebes. Die WÖHLERkurve zeigt, daß es ratsam ist, bei Freiläufen, die eine relativ hohe Lebensdauer erfordern und bei Freiläufen, welche häufigen Schwellbeanspruchungen, z.B. durch Schwingungen, ausgesetzt sind, mit der Wälzfestigkeit in den Dauerfestigkeitsbereich, also rechts des Knickes der Kurve, zu gehen.

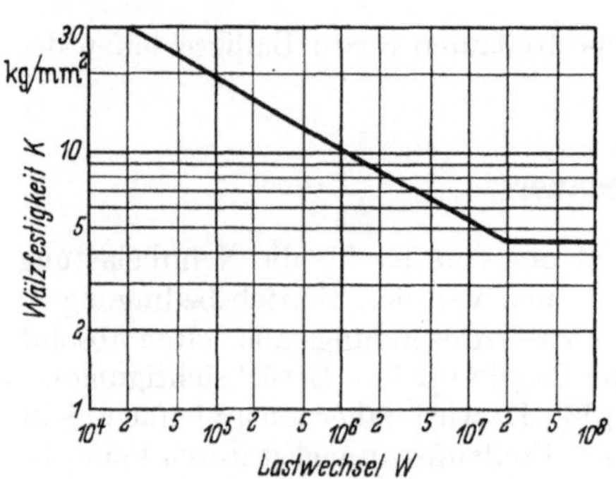

Abb. 76/1. WÖHLERkurve für Wälzfestigkeit K Anhaltswerte für Werkstoff 16 Mn Cr 5 einsatzgehärtet

Werden mehrere sich wiederholende Belastungszustände durchlaufen, so kann ähnlich wie bei der Wälzlagerberechnung verfahren werden.

$k_1\, k_2 \ldots\ldots k_n$ sind die Wälzpressungen für die einzelnen Belastungszustände. Diese Werte beinhalten bereits den Einfluß des Betriebsfaktors und des Traganteils.

$q_1, q_2 \ldots\ldots q_n$ sind die prozentualen Anteile der einzelnen Belastungszustände an der Gesamt-Lebensdauer $L_{h\,\text{ges}}$.

Mittels $k_1, k_2 \ldots k_n$ kann aus der WÖHLERkurve die für die jeweilige Belastung zutreffende Lebensdauer bzw. Lastwechselzahl W entnommen werden.

Unter Beachtung, daß

$$\boxed{L_h = \frac{W}{n_s\,60}} \quad [\text{h}] \qquad (76/1)$$

ist, kann die Gesamt-Lebensdauer $L_{h\,\mathrm{ges}}$ geschrieben werden

$$L_{h\,\mathrm{ges}} = \frac{100}{\frac{q_1}{L_{h1}} + \frac{q_2}{L_{h2}} + \cdots + \frac{q_n}{L_{hn}}} \quad [\mathrm{h}] \qquad (77/1)$$

Beispiele

1. Gegeben:

$k_1 = 15\ \mathrm{kg/mm^2}$ $q_1 = 2\%$ $n_{s1} = 20\ 1/\mathrm{min}$

$k_2 = 10\ \mathrm{kg/mm^2}$ $q_2 = 8\%$ $n_{s2} = 50\ 1/\mathrm{min}$

$k_3 = 5\ \mathrm{kg/mm^2}$ $q_3 = 90\%$ $n_{s3} = 1000\ 1/\mathrm{min}$

Gesucht: $L_{h\,\mathrm{ges}}$

Aus der Wöhlerkurve Abb. 76/1 ergibt sich für k_1 bis k_3

$$W_1 = 2 \cdot 10^5 \rightarrow L_{h1} = \frac{2 \cdot 10^5}{60 \cdot 20} = 167\ \mathrm{h}$$

$$W_2 = 10^6 \rightarrow L_{h2} = \frac{10^6}{60 \cdot 50} = 333\ \mathrm{h}$$

$$W_3 = 1{,}5 \cdot 10^7 \rightarrow L_{h3} = \frac{1{,}5 \cdot 10^7}{60 \cdot 1000} = 250\ \mathrm{h}$$

$$L_{h\,\mathrm{ges}} = \frac{100}{\frac{2}{167} + \frac{8}{333} + \frac{90}{250}}$$

$$\underline{\underline{L_{h\,\mathrm{ges}} \approx 250\ \mathrm{h}}}$$

2. Ein Schaltfreilauf soll je Minute 3000 Schaltungen ausführen. Die erforderliche Lebensdauer ist 2000 Betriebsstunden. Als Material wird 16 MnCr 5, einsatzgehärtet, verwendet. Härte der Klemmflächen, Klemmrollen und der Klemmbahn ist 62 ± 1 Rc. Der Einflußwert q_E für den Traganteil und den Betriebsfaktor wird für diesen Fall mit 2 angesetzt. Zu ermitteln ist die Wälzpressung k_{zul}.

Gegeben: $n_s = 3000\ 1/\mathrm{min}$ $L_{h\,\mathrm{ges}} = 2000\ \mathrm{h}$ $q_E = 2$

Wöhlerkurve Abb. 76/1

Gesucht: Wälzpressung k_{zul}

Lastwechselzahl $W = L_{h\,\mathrm{ges}}\, n_s\, 60$

$$W = 2 \cdot 3 \cdot 6 \cdot 10^7 = 3{,}6 \cdot 10^8$$

Aus der Wöhlerkurve ergibt sich hierfür eine Wälzfestigkeit von $K = 4{,}5\ \mathrm{kg/mm^2}$. Es muß also die Dauerwälzfestigkeit in Anspruch genommen werden.

Zulässige Wälzpressung

$$k_{\mathrm{zul}} = \frac{K}{q_E}\ [\mathrm{kg/mm^2}]$$

$$\underline{k_{\mathrm{zul}} = 2{,}25\ \mathrm{kg/mm^2}}$$

Mit diesem Wert kann nun die Auslegung des Freilaufes gemäß Abschn. 4 u. 5 durchgeführt werden.

Geeignete Maßnahmen zur Erhöhung der Lebensdauer eines Freilaufes sind der Einbau einer auf die Anlage abgestimmten elastischen Kupplung bzw. die entsprechende elastische Gestaltung des Freilaufes selbst, soweit es sich um einen Klemmrollenfreilauf handelt.

Durch elastische Gestaltung – Berechnung s. Abschn. 4.5 – ist es möglich, einer vorzeitigen Materialermüdung, vor allem an den Klemmflächen, entgegenzuwirken. Infolge der Elastizität wälzen sich die Klemmrollen unter dem Einfluß des ansteigenden Drehmomentes ein, wobei die Berührungslinien ihre Lage im Bereich des Wälzweges wechseln. Dadurch tritt die Wälzpressung nicht ständig an ein und derselben Stelle auf. Da außerdem bei entsprechender Konstruktion des Freilaufes, – z.B. Innenstern mit geraden Klemmflächen – der Klemmwinkel α entlang des Wälzweges steigt, kann über die Elastizität auch die Wälzpressung günstig beeinflußt werden. Die Wälzpressung steigt bei einem starren Freilauf etwa proportional zur Belastung an, bei einem elastischen Freilauf zeigt sie eine degressive Charakteristik.

Es ist noch zu beachten, daß Freiläufe keine negativen Momente übertragen können!

Zu 4. Die nachfolgenden Hinweise gelten nicht für berührungsfreie Freiläufe.

Einen wesentlichen Einfluß besitzt das Verhältnis der Überholzeiten zur gesamten Betriebszeit. Verschleiß und Erwärmung bilden das Kriterium für den jeweiligen Überholvorgang.

Es ist zunächst bei der Konstruktion zu beachten, daß die im Freilauf auftretende Relativgeschwindigkeit in Grenzen bleibt und ein innerer Aufbau gewählt wird, der die günstigsten Bewegungsverhältnisse im Freilauf ergibt.

Bei mittleren bis hohen Überholdrehzahlen muß für eine genaue und spielfreie Führung der Klemmrollen bzw. Klemmkörper Sorge getragen werden.

Die Anfederung soll so weich wie möglich sein, ohne die stete Eingriffsbereitschaft des Freilaufes in Frage zu stellen. Auch die zu 2. genannten Anforderungen an die Anfederung müssen in diesem Zusammenhang beachtet werden.

Die Oberflächengüte der aufeinander teils gleitenden, teils wälzenden Freilaufteile soll den in Abschn. 5.7 angegebenen Werten entsprechen.

Die Schmierung muß hinsichtlich der Art des Schmiermittels, dessen Eigenschaften, Dosierung und Rückkühlung geeignet sein, Verschleiß und Erwärmung in Grenzen zu halten (s. Abschn. 5.10).

5.6 Werkstoff, Wärmebehandlung und Härte

Die Wahl des Werkstoffes, der Wärmebehandlung, der Härte und der Festigkeit für die einzelnen Freilaufteile ist unter Berücksichtigung folgender Gesichtspunkte vorzunehmen:

1. Hohe Härte und Verschleißfestigkeit der Randschichten aller am Klemmvorgang beteiligten Flächen
2. Ausreichende Kernfestigkeit
3. Möglichst große Elastizität.

Da an Freiläufe im wesentlichen dieselben Anforderungen gestellt werden wie an die Wälzpaarungen im Wälzlager- und Zahnradgetriebebau, können die jahrzehntelangen praktischen Erfahrungen und die aus umfangreichen Versuchen gewonnenen Erkenntnisse auf diesen Gebieten auch auf Freiläufe sinngemäß übertragen werden.

Als Werkstoffe kommen in Frage:

Vergütungsstähle	100 Cr 6	Wälzlagerstahl
	50 CrMo 4	geeignet für Brenn- und Induktionshärtung
Einsatzstähle	16 MnCr 5	
	(ECMo 80)	

Eine amerikanische und eine englische Firmenschrift [*54*, *53*] nennen folgende Werkstoffe:

SAE	C%	Mn%	Cr%	Ni%	Mo%	P_{max}%	S_{max}%	
Vergütungsstähle								
52100	0,95 1,10	0,25 0,45	1,30 1,60	–	–	0,025	0,025	Wälzlagerstahl
1060	0,55 0,65	0,60 0,90	–	–	–	0,04	0,05	Federstahl
1062	0,54 0,65	0,85 1,15	–	–	–	0,04	0,05	Federstahl
Einsatzstähle								
1018	0,15 0,20	0,60 0,90	–	–	–	0,04	0,05	
4620	0,17 0,22	0,45 0,65	–	1,65 2,00	0,20 0,30	0,04	0,04	Spezialstahl für Klemmkörper
8620	0,18 0,23	0,70 0,90	0,40 0,60	0,40 0,70	0,15 0,25	0,04	0,04	Hochverschleißfester Spezialstahl

Die Wärmebehandlung nach der Weichbearbeitung der Freilaufteile muß gemäß den Vorschriften der Stahlhersteller durchgeführt werden.

Für Einsatzstähle ergibt sich im allgemeinen die Notwendigkeit einer Doppelhärtung. Nach dem Einsetzen erfolgt bei einer Temperatur von 840–870 °C die erste Abhärtung (Kernzähhärtung), die ein feinkörniges Gefüge hoher Festigkeit im Werkstückkern ergibt. Daran schließt sich ein Zwischenglühvorgang und dann eine nochmalige Erhitzung auf 810–830 °C an, bei der die zweite Abhärtung (Endhärtung) erfolgt, welche erst die Bildung eines günstigen Gefüges im Bereich der aufgekohlten Randschicht herbeiführt.

Bei Anwendung des Brenn- oder Induktionshärte-Verfahrens müssen die Werkstücke zuerst auf die gewünschte Festigkeit vergütet und anschließend die Klemmflächen bzw. Klemmbahnen gehärtet werden.

Die Einsatztiefe bzw. die Härtetiefe bei Brenn- oder Induktionshärtung soll mindestens 1 mm, wenn es die Wandstärken der Werkstücke gestatten jedoch 1,5–2 mm betragen.

Härte im Bereich der auf Wälzpressung und Verschleiß beanspruchten Randschichten:

1. Klemmrollen und Klemmkörper 61–64 Rc
2. Einzelklemmflächen von Klemmrollenfreiläufen 61–64 Rc
3. Klemmbahnen 60–64 Rc

Die Härteangaben gelten für die fertigbearbeiteten Flächen!

Kernfestigkeit bei Einsatz-, Brenn- und Induktionshärtung:

Eine Kernfestigkeit von 100–120 kg/mm² ist praktisch ausreichend.

Zu beachten ist, daß alle Werkstücke zum Schluß der Wärmebehandlung vollkommen entspannt werden müssen!

Klemmrollenfreiläufe, die als Schaltwerke mit hoher Schaltfrequenz Verwendung finden und eine große, gleichbleibende Schaltgenauigkeit aufweisen sollen, können durch Bestückung mit Hartmetallplatten eine Steigerung der Lebensdauer erfahren (s. Abb. 122/2). Da eine derartige Ausführung sehr kostspielig wird, ist besonders bei größeren Freiläufen zu prüfen, ob nicht derselbe Erfolg durch Senken der Wälzpressung, d. h. Vergrößerung der Rollenzahl oder der Freilaufabmessungen, mit geringeren Kosten erzielt werden kann.

5.7 Oberflächengüte

Die Oberflächengüte der beim Überholvorgang aufeinander gleitenden Flächen ist mitbestimmend für die Lebensdauer eines Freilaufes. Durch die beim Klemmvorgang auftretenden Wälzpressungen bedingt müssen die Oberflächen gehärtet werden (s. Abschn. 5.6) und anschließend eine Feinbearbeitung auf Fertigmaß durch Schleifen, Läppen oder Honen erfahren. Die maximal zulässige Oberflächenrauhigkeit kann für Flächen, an denen Relativgeschwindigkeiten $v_{rel} < 6$ m/s auftreten, bis zu 1 μm betragen, für $v_{rel} > 6$ m/s soll sie 0,6 μm nicht überschreiten.

5.8 Abmessungen, Führung und Anfederung der Klemmrollen und Klemmkörper

5.8.1 Abmessungen

Das Verhältnis der Klemmrollenlänge b zum Durchmesser d_r soll etwa

$$b/d_r = 1 \div 4$$

betragen.

Bei Klemmkörpern hat sich ein Verhältnis von Klemmkörperlänge b_K zur Einbauhöhe H von

$$b_K/H = 1 \div 2$$

bewährt. $H = r_a - r_i$ ist der radiale Abstand zwischen Innen- und Außenklemmbahn.

Klemmrollen werden nach den im Wälzlagerbau üblichen Verfahren hergestellt. Klemmkörper bis zu mittleren Abmessungen – etwa bis zu H = 15 mm – werden formgezogen, kalibriert und abgelängt. Klemmkörper größerer Abmessungen für Freiläufe zur Übertragung hoher Drehmomente – bereits ausgeführt bis 20000 mkg –

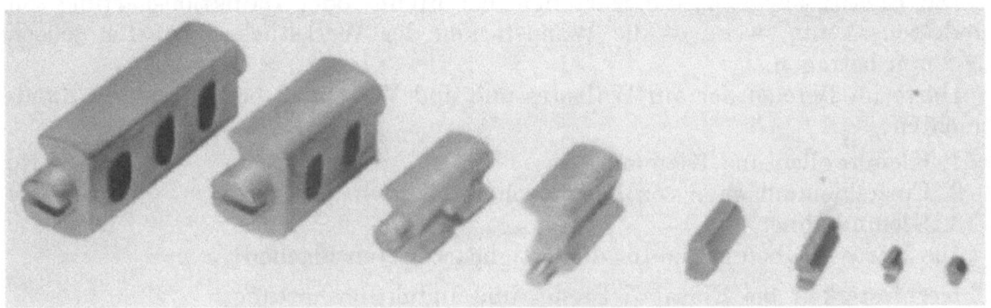

Abb. 80/1. Verschiedene Klemmkörperformen (Formsprag [58])

werden einzeln in Sonderfertigung hergestellt. Abb. 80/1 zeigt verschiedene ausgeführte Klemmkörperformen gemäß [20]. In diesem Zusammenhang s. a. Abb. 4/3, 28/1, 32/1, 119/3 und 138/1.

5.8.2 Führung

Die achsparallele Führung der Klemmrollen und Klemmkörper erfolgt bei *Einzelanfederung* durch die Anfederung und durch Führungsscheiben oder Führungsborde an den Stirnseiten der Klemmrollen bzw. Klemmkörper. Je kleiner das Verhältnis von b/d_r bzw. b_k/H ist, um so besser wird die Führung.

Wird ein *Käfig* zur Führung verwendet, so müssen die Käfigfenster achsparallel hergestellt sein. Die zulässige Abweichung Δu von der Achsparallelität hängt von d_a, d_r und b ab. Das Verhältnis b/d_r bzw. b_k/H soll hier möglichst groß sein. Abb. 81/1 gibt Anhaltswerte für die zulässige Abweichung Δu_0 der achsparallelen Führungsflächen der Käfigfenster von der Achsparallelität in Abhängigkeit von d_a an. Die Kurve ist für eine Rollen- bzw. Klemmkörperlänge von $b = 10$ mm aufgestellt.

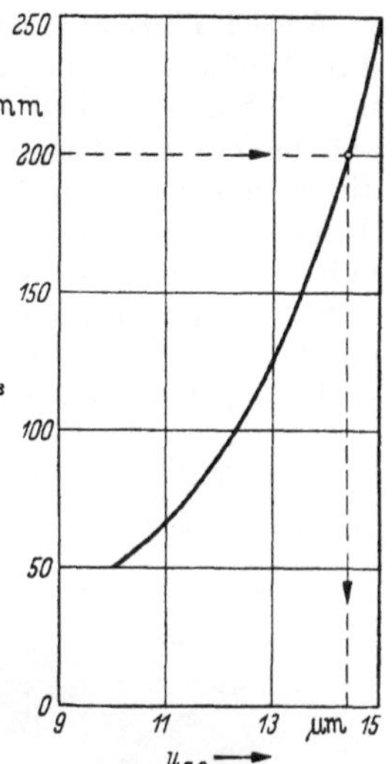

Abb. 81/1. Zulässige Abweichung u_{ao} der Käfigfenster von der Achsparallelität in Abhängigkeit von d_a, bezogen auf eine Klemmrollen- bzw. Klemmkörperbreite $b = 10$ mm

Für beliebige Rollenlängen b ist die zulässige Abweichung

$$u_a = \frac{u_{ao}}{10} b \quad [\mu\text{m}]$$

Beispiel

Gegeben: $d_a = 200$ mm, $b = 50$ mm

Gesucht: u_a

Aus Diagramm Abb. 81/1 folgt $\Delta u_o = 14{,}4\,\mu$m

$$u_a = \frac{14{,}4}{10} 50 = \underline{72\,\mu\text{m}}$$

Weiter ist wichtig, daß der Käfig eines Klemmrollenfreilaufes eine große Teilgenauigkeit aufweist. Es gilt hier das schon unter Abschn. 5.3.1.2 Gesagte. Dabei ist noch zu berücksichtigen, daß das Lagerspiel des Käfigs auf dem Stern klein gehalten werden muß, da eine außermittige Verlagerung des Käfigs gegenüber dem Stern einen zusätzlichen Teilungsfehler hervorruft. Außerdem ist zu beachten, daß die Abstützung des Käfigs auf dem Stern beiderseits der Fenster und auf einer solchen Breite erfolgen muß, daß kein Schränken bzw. Kippen auftreten kann.

Beim Klemmkörperfreilauf spielt nicht die Teilgenauigkeit, sondern die gleichmäßige Anstellung der Klemmkörper auf den beiden Klemmbahnen die entscheidende Rolle. Die Klemmkörper weisen bekanntlich eine vom Kreisquerschnitt abweichende Form auf, so daß jede Abweichung von der vorgesehenen Anstellung eine entsprechende Änderung des Klemmwinkels herbeiführt. Da aber die Klemmkörper unter dynamischer Belastung dazu neigen sich zu verdrehen und dabei unterschiedliche Klemmwinkel entstehen, hat der Käfig die Aufgabe, eine gleichmäßige Anstellung der Klemmkörper herbeizuführen. Da ein einfacher Käfig dieser Anforderung nicht gerecht wird, wurde die in Abb. 7/8 gezeigte Doppelkäfig-Anordnung entwickelt [*37*, *38*].

Abschließend ist zu sagen, daß erst durch die Anwendung eines Käfigs hohe Relativdrehzahlen im Freilauf sicher beherrscht werden können (s. Abschn. 5.2.1 u. 5.2.2).

5.8.3 Anfederung

Die Art der Anfederung und die Größe der Federkraft sind entscheidend für die Funktionstüchtigkeit und das Betriebsverhalten eines Freilaufes. Die Federkraft muß so groß sein, daß die Rollen bzw. Klemmkörper beim Kuppeln den Schmierfilm an der Klemmbahn und den Klemmflächen sofort durchdrücken und damit eine stoßfreie kraftschlüssige Verbindung von Freilauf-Außen- und -Innenteil herstellen können. Dabei ist zu beachten, daß das Kuppeln unter Umständen bei tiefen Temperaturen – z.B. im Winter – und damit bei entsprechend erhöhter Zähigkeit des Schmiermittels erfolgen muß. Andererseits soll die Federkraft nicht zu groß sein, da sonst beim Überholen Wärme und Verschleiß im Freilauf zu groß werden.

5.8.3.1 Einzelanfederung. Bei Klemmrollenfreiläufen wird vorzugsweise wegen ihrer Einfachheit und Zuverlässigkeit die Einzelanfederung verwendet (s. Abb. 7/1 u. 7/2). Sie ergibt eine weitgehend gleichmäßige Lastverteilung im Freilauf, da unabhängig von Maßabweichungen sämtliche Klemmrollen bzw. Klemmkörper durch die einzeln angeordneten Federn ständig in den Keilspalt gedrückt werden. Die Anfederung wird im allgemeinen durch Druckfedern und Druckbolzen bzw. Druckhülsen, die meistens paarweise nebeneinander angeordnet sind, bewirkt (Abb. 82/1 u. 82/2). Schraubenfedern ergeben verhältnismäßig flache Federkennlinien, die nicht unerhebliche Abweichungen in bezug auf die Einbaulänge ohne nennenswerte Änderung der vorbestimmten Federkraft zulassen.

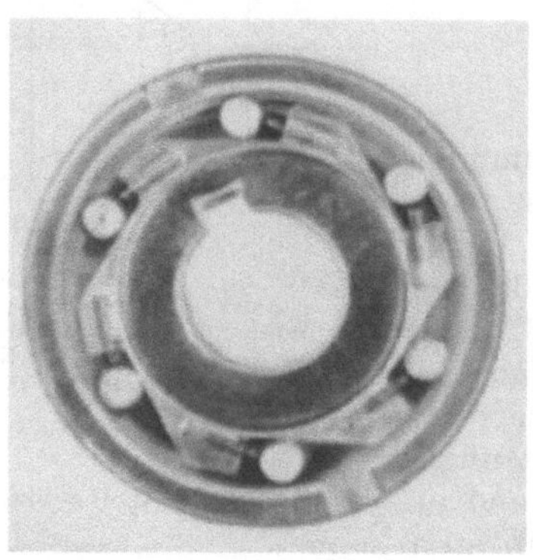

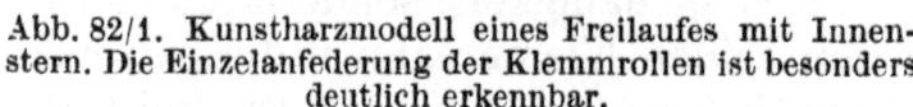

Abb. 82/1. Kunstharzmodell eines Freilaufes mit Innenstern. Die Einzelanfederung der Klemmrollen ist besonders deutlich erkennbar.

Abb. 82/2. Kunstharzmodell eines Freilaufes mit Innenstern, Seitenansicht von Abb. 82/1

Beachtet muß werden, daß die Druckbolzen bzw. Druckhülsen ausreichend lang geführt sind und genügend Spiel in den Führungsbohrungen haben, da andernfalls Klemmen und damit Versagen der Anfederung eintritt. Anhaltswerte für das Verhältnis von Führungslänge zu Bolzen- bzw. Hülsendurchmesser sind für mittlere Sterndrehzahlen $> 1{,}5$ und für hohe Drehzahlen – große Zentrifugalkräfte – > 2.

Die erforderliche Federkraft pro Klemmrolle liegt je nach Größe und Verwendungszweck des Freilaufes sowie nach der Art der Schmierung und den Eigenschaften des Schmiermittels zwischen dem 10- bis 50fachen des Rollengewichtes. Bei Freiläufen kleinerer bis mittlerer Größe ergibt eine Federkraft, die dem 30fachen Rollengewicht entspricht, eine ziemlich universelle Verwendbarkeit.

Von der Verwendung kurzer Biegefedern (Flachfedern) muß im allgemeinen abgeraten werden, da bei diesen einerseits die Begrenzung der verhältnismäßig kleinen Federkraft schwierig ist, anderseits derartige Biegefedern bei rasch aufeinander folgenden Pendelbewegungen der Rollen bzw. Klemmkörper, wie sie z.B. bei Schaltwerken oder bei Überholkupplungen als Folge vom An- oder Abtrieb her periodisch erregter Drehkräfte auftreten, zu Ermüdungsbrüchen neigen. Eine Ausführungsart der Einzelanfederung mittels Biegefedern für Freiläufe größerer Abmessungen zeigt Abb. 83/1. Die hier verwendeten Federn sind günstig gestaltet.

Angaben über die Relativgeschwindigkeiten im Freilauf bei Einzelanfederung s. Abschn. 5.2.1 u. 5.2.2.

5.8.3.2 Gemeinsame Anfederung. Die gemeinsame Anfederung erfolgt bei Klemmrollenfreiläufen über einen Käfig (s. Abschn. 5.3.1.2). Im Gegensatz zu der Einzelanfederung (s. Abschn. 5.8.3.1) ist bei Käfigführung infolge der unvermeidlichen Maßabweichungen eine gleichmäßige Lastverteilung nicht gewährleistet. Der Käfig wird durch beidseitig angeordnete Ringfedern (s. Abb. 7/5, 83/2 u. 106/1) oder durch Druckfedern und Druckbolzen bzw. Druckhülsen (s. Abb. 126/2) gegenüber dem Stern bis zur Anlage der Rollen an den Klemmflächen und der Klemmbahn in Eingriffsrichtung verdreht.

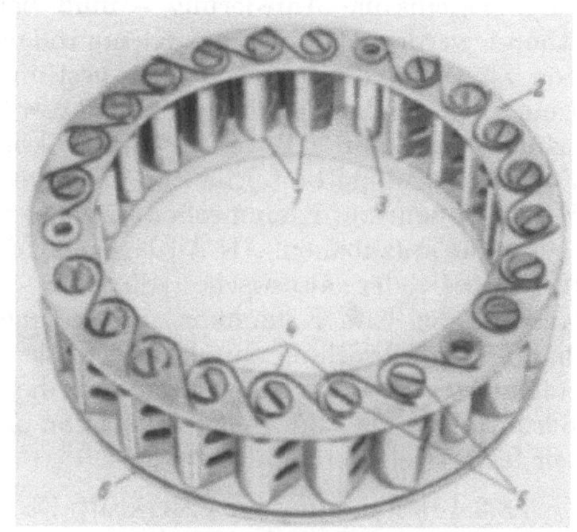

Abb. 83/1. Käfiggeführte Klemmkörper mit Einzelanfederung durch seitlich angeordnete Biegefedern (Formsprag [58])

1 Klemmkörper; *2* Käfig; *3* Käfig-Haltebolzen; *4* Biegefedern; *5* Federschlitze in Klemmkörperführungszapfen (s. Abb. 80/1); *6* Seitlicher Führungsring

Die Anfederungskraft soll etwa das 20- bis 30fache des Gesamtrollengewichtes betragen.

Bei elastisch gestalteten Freiläufen – Elastizität ist praktisch immer vorhanden – ist im gekuppelten Zustand stets erhebliche Formänderungsarbeit gespeichert, die beim Entkuppeln frei wird. Erfolgt das Entkuppeln plötzlich – z.B. bei Freiläufen in Kraftfahrzeug-, Hubschrauberantrieben usw. durch schnelles Wegnehmen des Gases –, so wird infolge der gespeicherten Formänderungsarbeit (s. Abschn. 4.5) der Käfig samt Rollen mit großer Wucht bis zum Anschlag zurückgeworfen. Es ist in extremen Fällen zu untersuchen, ob nicht eine Dämpfung für den Käfig eingebaut werden muß.

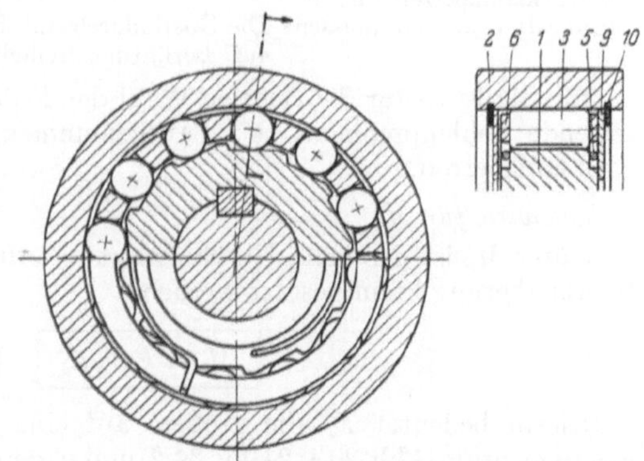

Abb. 83/2. Klemmrollenfreilauf mit Innenstern, Klemmrollen käfiggeführt und mittels Ringfedern gemeinsam angefedert

Für Klemmkörperfreiläufe finden entweder Schraubenringfedern (s. Abb. 3/2, 7/6, 119/1, 119/2, 120/1, u. 120/2) oder Bandspreizfedern in Verbindung mit einem Doppelkäfig (s. Abb. 4/1, 7/8, 8/1 u. 138/2) Verwendung. Beide Anfederungsarten werden mit Rücksicht auf die Funktionssicherheit ziemlich hart und erlauben infolge ihrer Eigenart nur eine verhältnismäßig grobe Abstimmung. Das über die Auswirkung der gespeicherten Formänderungsenergie im vorhergehenden Absatz Gesagte gilt hier sinngemäß. Schraubenringfedern sind gegenüber solchen Beanspruchungen sehr anfällig.

Angaben über die Relativgeschwindigkeiten im Freilauf bei gemeinsamer Anfederung s. Abschn. 5.2.1 u. 5.2.2.

5.8.3.3 Anfederung bei berührungsfreien Freiläufen. Die Anfederung – Einzel- oder gemeinsame Anfederung – muß bei berührungsfreien Freiläufen so abgestimmt werden, daß sich die Klemmrollen bzw. Klemmkörper unter dem Einfluß von Zentrifugalkräften bei einer bestimmten Drehzahl – Grenzdrehzahl – vom Innenring abheben (s. Abschn. 4.2.2.3 u. 4.3.5.2). Die Kontrolle, ob diese Bedingung erfüllt wird, kann z.B. mittels Stroboskop erfolgen. Eine andere Möglichkeit der Funktionsprüfung besteht darin, einen geschlossenen Stromkreis aus Stromquelle, Freilaufinnenring, Klemmrollen bzw. Klemmkörpern, Freilaufaußenring und Anzeigegerät aufzubauen. Als Anzeigegerät dient am einfachsten eine optische (Kontrollampe) oder akustische (Summer) Signaleinrichtung. Beim Abheben der Klemmrollen bzw. Klemmkörper vom Innenring wird der Stromkreis unterbrochen und die Unterbrechung durch die Signaleinrichtung angezeigt. Durch eine parallellaufende Drehzahlmessung kann mit dieser einfachen Methode der Eintritt der Berührungsfreiheit in Abhängigkeit von der Drehzahl mit relativ großer Genauigkeit festgestellt werden.

5.8.3.4 Bestimmung der Federkraft. Da die Größe der Federkraft entscheidenden Einfluß auf das Betriebsverhalten und die Lebensdauer eines Freilaufs hat, sind bei ihrer Bestimmung die nachfolgend aufgeführten Einflüsse zu berücksichtigen.

Bei Überholkupplungen:	Die Relativgeschwindigkeit und die Überholdauer als Einflußgrößen für Erwärmung und Verschleiß
Bei Schaltwerken:	Die geforderte Schaltgenauigkeit gemäß dem vorgesehenen Verwendungszweck Die Schalthäufigkeit und die Größe des Leerhubes als Einflußgrößen für Erwärmung und Verschleiß
Bei Rücklaufsperren, die nicht berührungsfrei werden dürfen:	Die Relativgeschwindigkeit und die Überholdauer als Einflußgrößen für Erwärmung und Verschleiß
Bei Rücklaufsperren, die berührungsfrei werden müssen:	Die Überholdrehzahl, bei welcher der Übergang von Berührung auf Berührungsfreiheit und umgekehrt eintreten soll.

Ein Maßstab für die richtige Wahl der Federkraft ist das beim Überholen auftretende Schleppmoment M_S. Ausgenommen davon sind die berührungsfreien Rücklaufsperren.

Anhaltswerte für M_S

Unter M_S ist das beim Überholvorgang auftretende Drehmoment zu verstehen. In Annäherung kann gesetzt werden

$$\boxed{M_S \approx F_k\, r_a\, \mu_{ü}} \quad [\text{mmkg}]$$

Hierin bedeutet F_k die größere auf eine Klemmbahn wirkende Federkraft-Komponente (s. Abb. 20/1, 24/1 u. 34/2) und $\mu_{ü}$ den Widerstandsfaktor beim Überholen. $\mu_{ü}$ ist abhängig von der Reibung zwischen den Klemmrollen bzw. Klemmkörpern und der Klemmbahn, dem Schmierwert und dem beim Überholen auftretenden Stau des Schmiermittels.

Für Ölschmierung, v_{rel} bis 12 m/s

$\mu_{ü} \approx 0{,}04$

für Fettschmierung, v_{rel} bis 6 m/s

$\mu_{ü} \approx 0{,}08$

Wird $v_{rel} > 12$ m/s (s. Abb. 126/1 u. 126/2), so muß $\mu_{ü}$ durch Versuche ermittelt werden.

Auf Grund von Erfahrungen (s.a. [*58*, *62*]) kann noch das Verhältnis M_t/M_S wie folgt angegeben werden:

Für Überholkupplungen und nicht berührungsfreie Rücklaufsperren

$$\text{bei Ölschmierung} \quad \frac{M_t}{M_S} = 800 \div 2000$$

$$\text{bei Fettschmierung} \quad \frac{M_t}{M_S} = 500 \div 1000$$

Diese Werte entsprechen einer relativ weichen Anfederung.

Für Schaltwerke und für Überholkupplungen, die schwingender Belastung ausgesetzt sind,

$$\text{bei Ölschmierung} \quad \frac{M_t}{M_S} = 500 \div 1000$$

$$\text{bei Fettschmierung} \quad \frac{M_t}{M_S} = 200 \div 500$$

Diese Werte entsprechen einer verhältnismäßig harten Anfederung. Es hat sich gezeigt, daß Verschleiß und Erwärmung hier weniger durch die Reibungskräfte beim Leerhub bzw. Überholen verursacht werden, als vielmehr durch den auftretenden Schlupf bei jedem Eingriff infolge zu schwacher Anfederung.

5.9 Lagerung und Einbau

Freiläufe sind nur für die Übertragung von Drehmomenten geeignet.

Es ist daher erforderlich, Freilaufaußen- und -innenteil genau konzentrisch zu lagern, um eine einwandfreie Funktion zu gewährleisten.

Die Konzentrizität der beiden Freilaufkörper ist abhängig von:

Laufgenauigkeit der Lager (Radialschlag der Lager-Außen- und -Innenringe) (s. Angaben der Wälzlagerhersteller und DIN 620);

Lagerspiel (s. Angaben der Wälzlagerhersteller);

Exzentrizitäten der Lagersitze zu den Klemmbahnen und Klemmflächen.

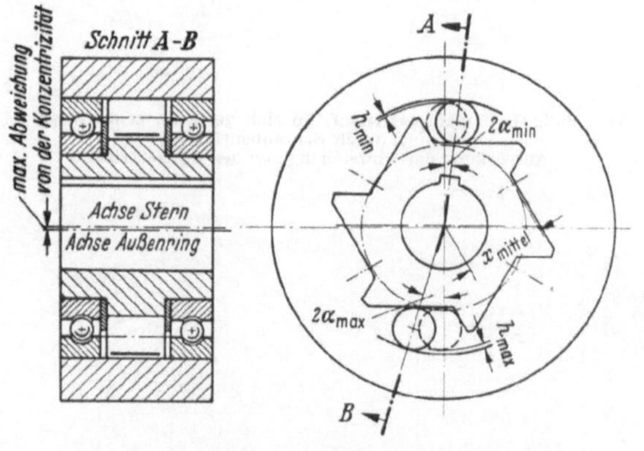

Abb. 85/1. Klemmrollenfreilauf mit Innenstern, in sich gelagert, mit einzeln angefederten Klemmrollen
Auswirkung der Abweichung von der Konzentrizität

Die Abweichungen von der Konzentrizität beeinflussen

a) bei Klemmrollenfreiläufen mit einzeln angefederten Rollen die Größe des Klemmwinkels α beim Eingriff (s. Abb. 85/1, im übrigen auch Abschn. 4.2.1.1) und das mögliche radiale Rollenspiel h_{min} bzw. h_{max} beim Überholvorgang;

b) bei Klemmrollenfreiläufen mit käfiggeführten Klemmrollen den Traganteil der einzelnen Rollen (s. a. Abschn. 5.3.1.2 u. Abb. 86/1) und das mögliche radiale Rollenspiel h_{min} bzw. h_{max} beim Überholvorgang;

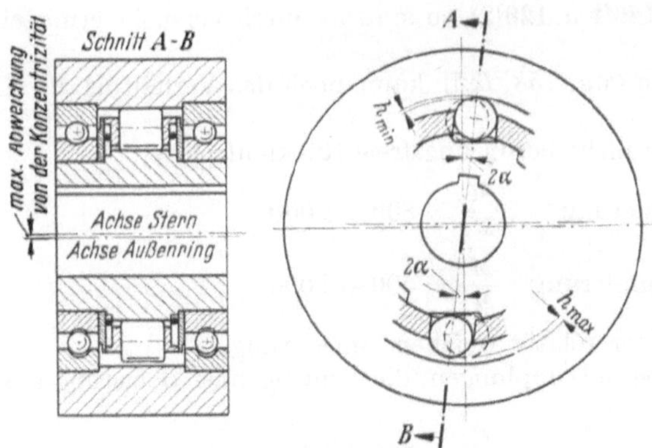

Abb. 86/1. Klemmrollenfreilauf mit Innenstern, in sich gelagert, mit käfiggeführten Klemmrollen
Auswirkung der Abweichung von der Konzentrizität

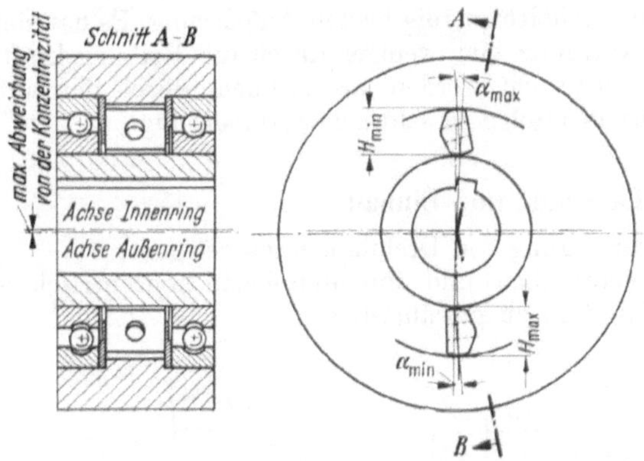

Abb. 86/2. Klemmkörperfreilauf, in sich gelagert, gemeinsame Anfederung durch Schraubenringfeder
Auswirkung der Abweichung von der Konzentrizität

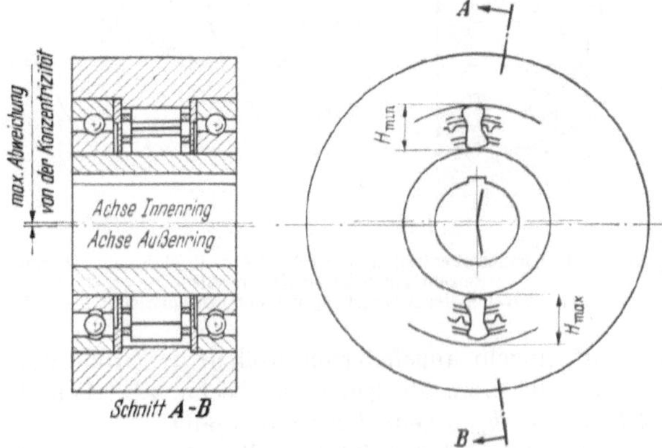

Abb. 86/3. Klemmkörperfreilauf, in sich gelagert, mit Doppelkäfig, Anfederung durch Bandspreizfeder
Auswirkung der Abweichung von der Konzentrizität

c) bei Klemmkörperfreiläufen ohne Käfig die Größe der Klemmwinkel α und β beim Eingriff und die Einbauhöhe H_{min} bzw. H_{max} (s. Abb. 86/2);

d) bei Klemmkörperfreiläufen mit in einem Doppelkäfig geführten Klemmkörpern den Traganteil der einzelnen Klemmkörper und die Einbauhöhe H_{min} bzw. H_{max} (s. Abb. 86/3);

e) bei berührungsfreien Freiläufen

mit Einzelanfederung die Größe des Klemmwinkels α bzw. β beim Eingriff und das Maß h_F (s. Abb. 24/1, 34/1 u. 34/2);

mit Käfigführung den Traganteil und das Maß h_F (s. Abb. 106/1).

Bei Klemmrollenfreiläufen muß h_{min} (s. Abb. 85/1 u. 86/1) größer sein als die maximal auftretende Abweichung von der Konzentrizität.

Nach amerikanischen Angaben [*54*] darf die Einbauhöhe H unter Berücksichtigung der oben erwähnten Einflüsse um nicht mehr als $\pm$ 0,05 mm schwanken.

Bei berührungsfreien Freiläufen muß das bei der Konstruktion festgelegte Maß h_F größer sein als die maximale Abweichung von der Konzentrizität.

Sollen durch einen Freilauf mit eingebauter Lagerung zwei Wellen – zum Zwecke der Kraftübertragung in einer Drehrichtung – miteinander verbunden werden, so ist durch Zwischenschaltung einer flexiblen Kupplung (s. Abb. 118/2,

118/3 u. 119/5) dafür Sorge zu tragen, daß unzulässige Belastungen der Wellen und des Freilaufes vermieden werden.

Werden zwei Wellen durch einen Freilauf ohne eigene Lagerung miteinander verbunden – d. h. die Konzentrizität von Freilaufaußen- und -innenteil soll durch die unabhängig voneinander gelagerten Wellen gewährleistet werden – dann ist das Ausrichten der beiden Wellen zueinander mit besonderer Sorgfalt und Genauigkeit durchzuführen.

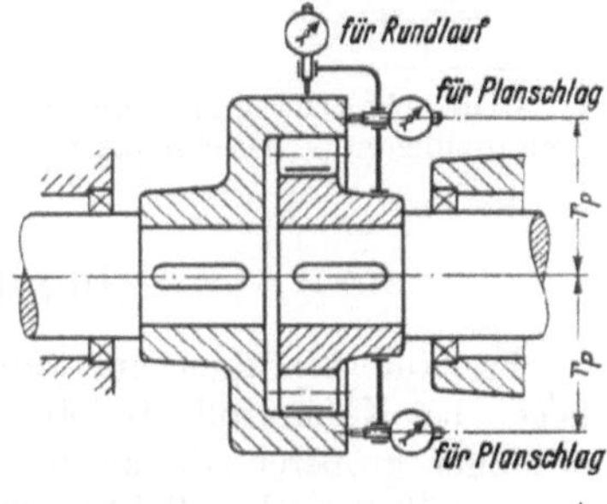

Abb. 87/1. Meßanordnung zur Prüfung von Rundlauf und Planschlag der Freilaufkörper

Im Betriebszustand müssen die zu kuppelnden Wellen genau fluchten. Es ist daher zu empfehlen, mittels der in Abb. 87/1 gezeigten Meßanordnung den Rundlauf und Planschlag zu überprüfen. Bei der Ausrichtung im kalten Zustand ist zu berücksichtigen, in welchem Maße sich die Lage der Wellen im Betriebszustand verändert.

Die beiden Wellen sind gleichzeitig miteinander durchzudrehen und die maximalen Ausschläge an den Meßuhren abzulesen. Von den angezeigten Planschlagwerten ist die Differenz zu nehmen.

Die folgenden Ausrichtwerte sind einzuhalten.

Ausrichtwerte

Freilaufart		Rundlauf [mm]	Planschlag [mm] bezogen auf $r_P = 100$ mm
Klemmrollenfreiläufe	mit einzeln angefederten Rollen	0,03	
	mit käfiggeführten Rollen	0,02	
Klemmkörperfreiläufe	mit einzeln oder durch Schraubenringfeder gemeinsam angefederten Klemmkörpern	0,03	0,02
	mit käfiggeführten Klemmkörpern	0,02	
Berührungsfreie Freiläufe	ohne Käfig	0,04	
	mit Käfig	0,02	

Im Zusammenhang mit der Lagerung und Ausrichtung ist bei entsprechender Größe (Gewicht) und Drehzahl eines Freilaufes besonderes Augenmerk auf die Auswuchtung zu richten. Es ist gleiche Teilung in bezug auf die Klemmrollen- bzw. Klemmkörperanordnung und symmetrischer Aufbau, bezogen auf die Drehachse, erforderlich.

Auhaltswerte für die Auswuchtung

statisch gewuchtet	dynamisch gewuchtet
$5\,\text{m/s} < v < 20\,\text{m/s}$	$v \geqq 20\,\text{m/s}$ Auswuchtgüte (Restunwucht pro Wuchtkörpergewicht) ca. $5 \div 30$ mm · g/kg

v ist die größte am Freilauf auftretende Umfangsgeschwindigkeit.

Beim Einbau von Freiläufen sind folgende Richtlinien für die Wahl des Sitzes zwischen Innenteil und Welle sowie zwischen Außenteil und Gehäuse zu beachten:

Verwendung	Innenteil – Welle	Außenteil – Gehäuse
Überholkupplung	$H7 - k6$ ($j6$)	$k6 - H7$
Rücklaufsperre	$H7 - k6$ ($j6$)	$h7 - H7$
Schaltwerk[1]	$H7 - k6$	$n6 - H7$

[1] Die Schaltbewegung muß stets vom Ring auf den Stern übertragen werden, d.h. der Ring muß oszillieren (s. Abschn. 5.2.1).

5.10 Schmierung und Abdichtung

Freiläufe benötigen nur während des Überholens Schmierung. Die Verhältnisse liegen bei Klemmrollenfreiläufen ähnlich wie bei Wälzlagern. Allerdings tritt ein erheblich größerer Gleitanteil auf, so daß die Reibleistung und damit die Erwärmung größer werden. Bei Klemmkörperfreiläufen ist ausschließlich Gleiten zwischen den Klemmkörpern und den Klemmbahnen vorhanden. Eine Ausnahme bilden die berührungsfreien Freiläufe, bei welchen sich nur während des Anfahrvorganges und während des Auslaufens Berührung und damit Gleiten einstellt.

Die Wahl des Schmiermittels und die Art der Schmierung sind von dem jeweiligen Anwendungsfall und der Betriebsweise des Freilaufes abhängig. Es ist deshalb hier nicht möglich, eine spezielle Schmierempfehlung zu geben. Auf jeden Fall muß aber durch die konstruktive Ausbildung des Freilaufes dafür gesorgt sein, daß das Schmiermittel in ausreichender Menge an die aufeinander gleitenden Flächen herangeführt wird und die Wärmeabfuhr gewährleistet ist.

5.10.1 Fettschmierung

Diese Art der Schmierung ist für niedere Relativgeschwindigkeiten bzw. Schaltzahlen vorzusehen (s. Tabellen in Abschn. 5.2.1 u. 5.2.2).

Geeignet sind Fette, vor allem Wälzlagerfette, niederer bis mittlerer Konsistenz mit guten Haft- und Korrosionsschutzeigenschaften. Da bei Freiläufen die Reibleistung und damit die Erwärmung größer ist als bei Wälzlagern, kommen in erster Linie lithiumverseifte Fette, die für Temperaturen von etwa − 30 °C bis + 120 °C, vorübergehend sogar bis + 130 °C verwendbar sind, in Frage. In Fällen, bei denen nur kurze Überholperioden auftreten bzw. durch einen günstigen Wechsel von Antrieb und Überholen keine nennenswerten Temperaturen im Freilauf entstehen, können auch Natron- und Natron-Kalkseifenfette eingesetzt werden, die durchschnittlich für Temperaturen von − 10 °C bis + 100 °C geeignet sind. Beide Fettarten haben eine beschränkte Fähigkeit, Wasser ohne Verlust ihrer Schmierfähigkeit aufzunehmen. In Anbetracht der Tatsache, daß die Verwendung von Freiläufen meistens eine gute Abdichtung gegen Staub und Flüssigkeiten voraussetzt, ist die Aufnahmefähigkeit von Kondenswasser bei natron- und lithiumverseiften Fetten ausreichend. Außerdem weisen diese Fette eine gute Oxydationsbeständigkeit auf.

Kalkseifenfette, die schon bei Temperaturen von + 60 °C zerfallen, und Fette mit EP-Zusätzen, sowie Zusätzen wie Molybdändisulfid, Graphit usw., die den Reibwert erheblich herabsetzen, dürfen nicht zur Verwendung kommen. Da die Bedingung $\mu > \tan\alpha$ erfüllt werden muß und die Wälzpressung k mit abnehmendem α wächst, soll der Reibwert μ im Interesse einer tragbaren Wälzpressung möglichst groß sein.

Die Fettfüllung beträgt bei Überholkupplungen und Rücklaufsperren etwa ein Drittel, bei Schaltfreiläufen die Hälfte des vorhandenen freien Innenraumes. Zu viel Fett verursacht, ähnlich wie hohe Konsistenz, erhebliche Temperatursteigerungen infolge der beim Überholen im Freilauf auftretenden Walkarbeit.

Aus Abb. 89/1 sind Anhaltswerte für die Schmierfristen in Abhängigkeit von den Relativgeschwindigkeiten zu entnehmen. Nach Ablauf der Schmierfrist muß durch Auswaschen mit Petroleum oder Benzin das verbrauchte Fett vollständig entfernt und anschließend durch eine neue Fettfüllung ersetzt werden. Freiläufe sollen nicht mit einem Schmiernippel versehen sein, da durch Nachschmieren im allgemeinen nicht der erforderliche Fettwechsel erfolgt und eine Kontrolle der Fettmenge nicht möglich ist.

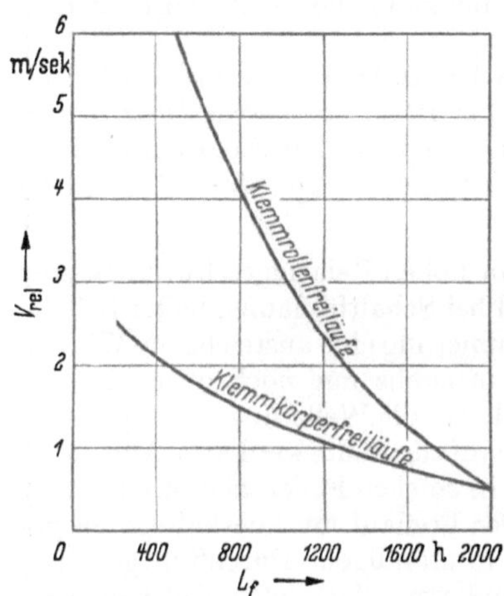

Abb. 89/1. Schmierfristen bei Fettschmierung

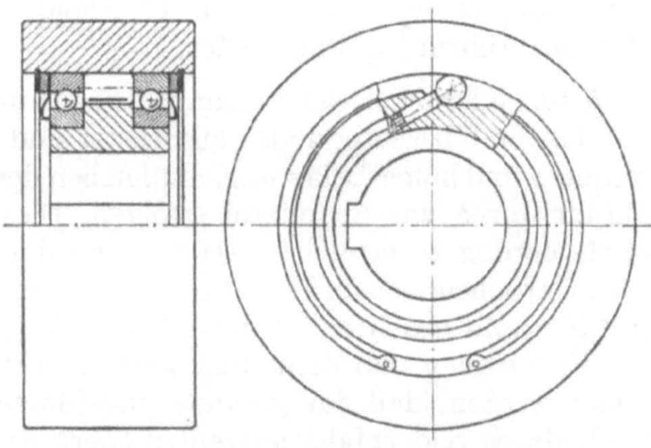

Abb. 89/2. Abdichtung eines Klemmrollenfreilaufes mittels Axial-Metalldichtringen

Die Abdichtung dient weniger dazu, Fettverluste zu vermeiden, als vielmehr das Eindringen von Staub und Flüssigkeiten in den Freilauf zu verhindern. In Abhängigkeit vom Verwendungszweck kann die Abdichtung mittels Labyrinth, Filzdichtring, Radialdichtring oder Axial-Metalldichtring durchgeführt werden. Vor allem haben sich Axial-Metalldichtringe als einfach und zuverlässig erwiesen (s. Abb. 89/2).

5.10.2 Ölschmierung

Ölschmierung wird dann erforderlich, wenn höhere Relativgeschwindigkeiten bzw. Schaltzahlen im Freilauf auftreten (s. Abschn. 5.2.1 u. 5.2.2).

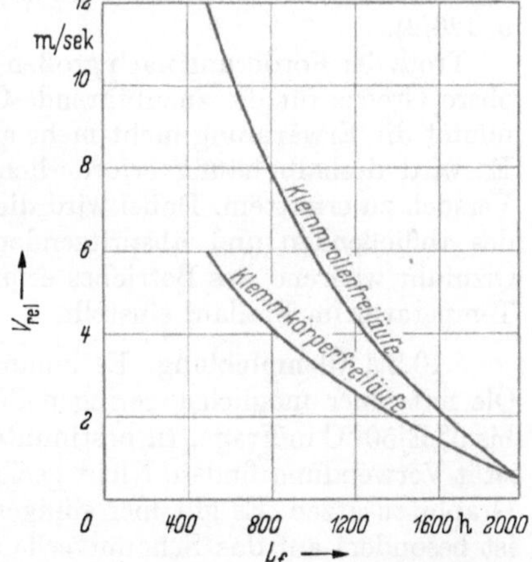

Abb. 89/3. Schmierfristen bei Tauchölschmierung

Wird der Freilauf in eine Maschine oder Anlage mit Ölschmierung eingebaut, ergibt fast immer die Einbeziehung des Freilaufes in das vorhandene Schmiersystem die einfachste und zuverlässigste Lösung.

Man kann unterscheiden Tauchölschmierung, Spritzölschmierung und Druckölschmierung.

5.10.2.1 Tauchölschmierung. Bei Tauchölschmierung sollen die Klemmrollen bis zu ihrer Drehachse und die Klemmkörper bis zur halben Einbauhöhe in das Öl eintauchen. Ist die Eintauchtiefe größer, dann wird dem Freilauf zuviel Öl zugeführt und die Pantsch- und Walkarbeit führt zu starker Erwärmung des Öles und der Freilaufteile. Schmierfristen siehe Abb. 89/3.

5.10.2.2 Spritzölschmierung. Werden keine besonderen Anforderungen an die Wärmeabfuhr durch das Schmieröl gestellt, dann kann dieses als Spritzöl dem Freilauf zugeführt werden.

Die vor allem bei Wälzlagern für sehr hohe Drehzahlen angewandte Ölnebelschmierung ist für Freiläufe – ausgenommen Sonderfälle bei Verwendung berührungsfreier Freiläufe – nicht geeignet, da sie bei mittleren Überholdrehzahlen zu aufwendig ist und bei hohen Überholdrehzahlen nicht mehr die erforderliche Wärmeabführung gewährleistet.

5.10.2.3 Druckölschmierung. Bei Freiläufen, die hohen Relativgeschwindigkeiten und langen Überholperioden ausgesetzt sind, und bei Schaltfreiläufen hoher Schaltfrequenz und hoher Belastung, muß neben der Schmierung eine ausreichende Wärmeabfuhr durch das Schmieröl erfolgen. Dies ist meistens nur noch durch Druckölschmierung zu erreichen. Dabei kann das Öl durch die Welle und entsprechende Verteilerbohrungen im Freilaufinnenteil dem Freilauf zugeführt werden (s. Abb. 126/1 u. 126/2). Zu beachten ist vor allem, daß das Öl in solchen Fällen fast immer unter der Einwirkung von Zentrifugalkräften steht. Der Freilauf muß deshalb so ausgebildet werden, daß das gesamte zugeführte Öl in ständigem Durchfluß gehalten wird, da es andernfalls auszentrifugiert wird und vor allem feste Teilchen, herrührend von Abrieb und Verunreinigungen, im Freilauf abgelagert werden. Sind Hinterdrehungen, Sackbohrungen usw., in denen kein Durchfluß möglich ist, vorhanden, dann muß z.B. durch Bohrungen der Öldurchfluß erzwungen werden. Infolge der wirksamen Zentrifugalkraft kann aber auch noch ein zu rascher Abfluß des zugeführten Öles erfolgen, dem durch Einbau von Stauringen und richtiger Abstimmung der Zu- und Abflußquerschnitte zu begegnen ist (s. Abb. 126/1 u. 126/2).

Trotz der Forderung nach großen Durchflußmengen für die Kühlung gibt es eine obere Grenze für die zuzuführende Ölmenge. Wird diese Grenze überschritten, so nimmt die Erwärmung nicht mehr ab, sondern infolge der Flüssigkeitsreibung zu. Es wird deshalb häufig erforderlich sein, die günstigste Durchflußmenge durch Versuch zu ermitteln. Dabei wird die Temperatur sowohl des zugeführten als auch des abfließenden und abspritzenden Öles gemessen und durch Regulierung der Ölzufuhr während des Betriebes ermittelt, bei welcher Ölmenge sich die minimale Temperatur im Freilauf einstellt.

5.10.2.4 Ölempfehlung. Es kommen nur oxydations- und alterungsbeständige Öle mit einer möglichst geringen Schaumneigung und einer Viskosität von 1,5° bis 5° E/50 °C in Frage. In bestimmten Fällen können auch Öle mit höherer Viskosität Verwendung finden. Nicht geeignet sind Öle mit EP-, Molybdändisulfid- und Graphitzusätzen. Es gilt hier sinngemäß das schon in Abschn. 5.10.1 Gesagte. Es ist besonders auf das Schaumverhalten zu achten. Das Schäumen des Öles führt zur Unterbrechung des Schmierfilmes und zu rascher Oxydation.

Für automatische Fahrzeuggetriebe mit Flüssigkeitswandlern – Automatic Transmissions – werden Öle mit besonders hoher Oxydations- und Wärmebeständigkeit verwendet [*50*]. So wird z.B. in Amerika hierfür der Powerglide Oxydation Test (s. [*27*]) durchgeführt. Bei diesem Test wird das Leitrad eines Chevrolet – Turboglide-Getriebes (s. Abschn. 6.4.5.3) von einem Elektromotor mit einer Drehzahl von

1750 U/min angetrieben und dabei die Wandlerflüssigkeit durch den Freilauf geführt. Infolge der Flüssigkeitsreibung tritt eine entsprechende Erwärmung auf. Die Öltemperatur im Testbehälter wird mittels eines Kühlers auf 135 °C gehalten. Die Testdauer beträgt 300 Stunden.

5.10.2.5 Abdichtung. Gewöhnlich erfogt die Abdichtung durch Radialdichtringe mit Kunststoff- oder Chromledermanschetten, sofern die Umfangsgeschwindigkeit am Dichtdurchmesser 12 m/s nicht überschreitet. Dies ist weitgehend abhängig von der Vorspannung der Dichtlippen, der Oberflächengüte der Gegenflächen und der Benetzung der Dichtlippen durch das Schmiermittel. Für den Übergang von „Mitnahme" auf „Freilauf" ist letzteres, im speziellen bei Tauchölschmierung, von wesentlicher Bedeutung.

Ist der Einsatz von Radialdichtringen nicht mehr möglich, so ist eine Labyrinthdichtung vorzusehen.

6 Bauformen und Anwendungsbeispiele

In diesem Abschnitt werden an Hand zahlreicher Beispiele von Klemmrollen- und Klemmkörperfreiläufen der Entwicklungsstand sowie die sich aus den jeweiligen Konstruktionen ergebenden Eigenschaften und Verwendungsmöglichkeiten behandelt. Um einen möglichst umfassenden Überblick zu vermitteln, wird auch eine Anzahl von Konstruktionen, die bis jetzt keine oder keine nennenswerte Bedeutung erreicht haben, besprochen. Es ergibt sich hierbei die bemerkenswerte Feststellung, daß ein großer Teil der heute verwendeten Freilaufkonstruktionen auf ähnliche bzw. sogar gleichartige Bauformen zurückzuführen ist, deren Entstehung schon Jahrzehnte zurückliegt.

Die Patentliteratur weist auf diesem Gebiet einen erheblichen Umfang auf, so daß sich die Verfasser auf die wichtigsten Beispiele beschränken mußten.

6.1 Beispiele aus der Patentliteratur

6.1.1 Schaltwerk nach Goeldel

Abb. 1/1a ist eine Darstellung nach einer Patentzeichnung aus dem schon im Abschn. 1 erwähnten Patent „Schaltwerkmotor" DRP 2804, 47 h 5 vom 13. 3. 1878 – Erfinder Hans Goeldel, Berlin – und zeigt eines der zur Erreichung des Erfindungszweckes vorgesehenen Schaltwerke im Schnitt. Es handelt sich also um ein Schaltwerksgetriebe. Der Aufbau der Schaltwerke ist nicht Gegenstand der Patentansprüche. Die Schaltwerke bestehen jeweils aus dem mit drei gekrümmten Klemmflächen K_f versehenen Außenstern *1*, dem auf der Welle *7* festsitzenden zylindrischen Innenring *2*, den Klemmbacken *8* und den Klemmrollen *3*. Da die Rollen gleiche Durchmesser aufweisen, müssen die Klemmflächen am Stern und an den Klemmbacken konzentrisch zueinander liegen, d. h. jeweils denselben Krümmungsmittelpunkt besitzen. Zu diesem Zweck sind am Stern drei Anschläge *9* für die Klemmbacken angeordnet, die die Stellung der Backen gegenüber dem Stern fixieren sollen. Infolge von Herstellungsabweichungen bezüglich der Form und der Lage der Klemmflächen und Anschläge werden kaum alle Rollengruppen, im ungünstigsten Fall sogar nur eine, zum Tragen kommen. Ebenfalls eine Frage der Herstellungsgenauigkeit ist es, inwieweit die Rollen innerhalb der einzelnen Rollengruppen belastet werden. Um einerseits ein möglichst schlupffreies Eingreifen eines derartigen Schaltwerkes zu erreichen und um anderseits Lage- bzw. Teilungsfehler der Klemmflächen und Anschläge auszugleichen, ist es zumindest erforderlich, eine federnde Abstützung der Klemmbacken am Stern vorzusehen, wie sie Abb. 1/1b ergänzend zu der Konstruktion von GOELDEL zeigt. Eine derartige Anfederung sieht z.B. die unter DBP 915402, 47c 6 patentierte „Freilaufkupplung" – Erfinder LUDWIG NETTER, Windsheim – vor.

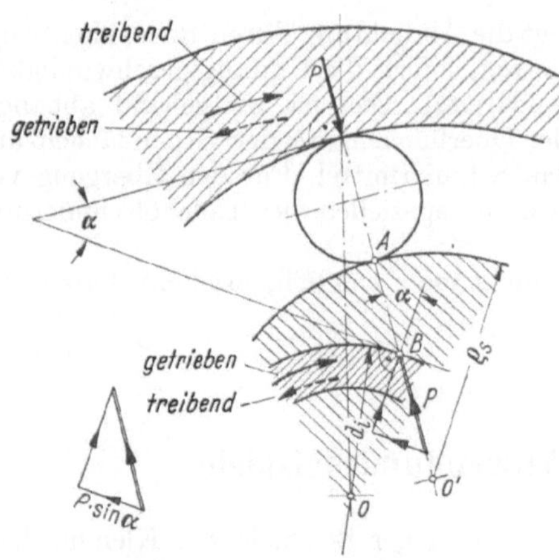

Abb. 92/1. Schaltwerk nach GOELDEL
Kräfteverlauf und Kräfteplan

Die Schaltwerke nach Abb. 1/1 werden über die Riemen *10* angetrieben, deren Enden an verstellbaren Schwinghebeln befestigt sind. Diese Schwinghebel sind mit einer Kolbenkraftmaschine verbunden. Mit den Schaltwerken soll erfindungsgemäß eine gleichförmige Drehung der Abtriebswelle erzeugt werden.

Die Konstruktion erlaubt die sehr günstig erscheinende Anordnung einer verhältnismäßig großen Anzahl von Klemmrollen auf kleinem Raum. Dieser Vorteil geht jedoch ganz oder teilweise wieder verloren, weil auf Grund der schon erwähnten Herstellungsabweichungen nicht alle Rollen zum Tragen kommen bzw. nicht gleichmäßig belastet werden. Die Verwendung derartiger Freiläufe als Schaltwerke ist nicht vorteilhaft, da sie infolge ihres Aufbaues – zwei Klemmglieder zwischen Stern und Innenring, die mit dem Stern vor- und zurückschwingen müssen, sowie großflächige Berührungsstellen zwischen Klemmbacken und Innenring, die eine Schmierung erforderlich machen – erheblichen Schlupf aufweisen, der in Verbindung mit den erforderlichen Schaltzahlen starke Erwärmung und großen Verschleiß hervorruft. Kräfteverlauf und Kräfteplan (s. Abb. 92/1) zeigen, daß die Rollen die Kraft P senkrecht zu den Klemmflächen übertragen, so daß Punkt A für die Berechnung der größten auftretenden Wälzpressung k und Punkt B für den Klemmwinkel α maßgebend ist.

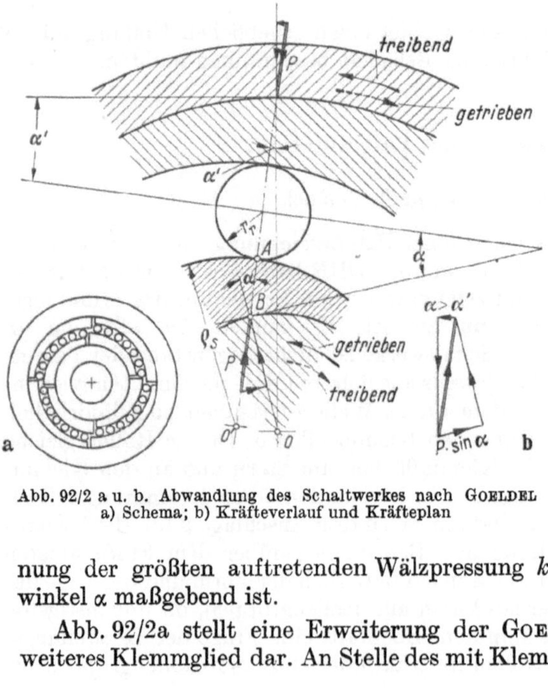

Abb. 92/2 a u. b. Abwandlung des Schaltwerkes nach GOELDEL
a) Schema; b) Kräfteverlauf und Kräfteplan

Abb. 92/2a stellt eine Erweiterung der GOELDELschen Konstruktion um ein weiteres Klemmglied dar. An Stelle des mit Klemmflächen versehenen Außenringes ist hier ein Außenring mit zylindrischer Klemmbahn getreten. Zwischen Außen- und Innenring sind Klemmbackenpaare angeordnet.

Das Betriebsverhalten dieses Freilaufes ist grundsätzlich dasselbe wie das des Schaltwerkes von GOELDEL.

Kräfteverlauf und Kräfteplan sind in Abb. 92/2b dargestellt. In Punkt A tritt die größte Wälzpressung k, in Punkt B der größte Klemmwinkel α auf.

6.1.2 Freilauf nach Constantinesco

Abb. 93/1 zeigt einen Freilauf, der unter der Bezeichnung „Schaltwerk", DRP 426548, 47 h 5 vom 5. 7. 1924 – Erfinder GEORGE CONSTANTINESCO, London – patentiert wurde. Dieser Freilauf ist vorzugsweise als Schaltwerk für Schaltwerksregelgetriebe vorgesehen und durch Umsteuern für beide Drehrichtungen verwendbar. Als Zweck der Konstruktion gibt CONSTANTINESCO an, das Schaltwerk so auszubilden, daß es bei hohen Schaltfrequenzen störungsfrei arbeitet und daß durch Zwischenschalten von einem oder mehreren elastischen Klemmgliedern ein weicherer Eingriff und ein leichteres Lösen erreicht werden. Als elastische Klemmglieder bezeichnet CONSTANTINESCO die Klemmrollen bzw. an deren Stellen verwendete federnde Klemmplatten. Bei der Verwendung als Schaltwerk soll die bei jedem Eingriff durch elastische Verformung der Einzelteile „gespeicherte Kraft" beim Lösen wieder zurückgewonnen werden.

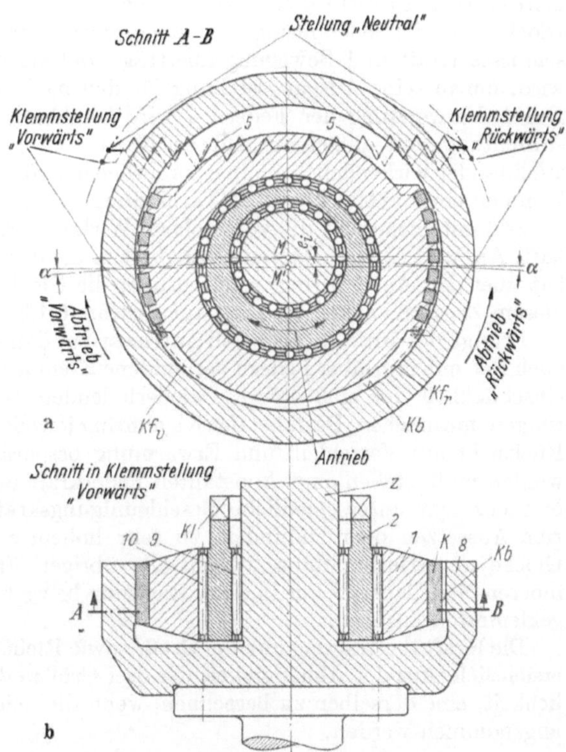

Abb. 93/1a u. b. Freilauf nach CONSTANTINESCO
a) Freilauf in Neutralstellung; b) Schnitt in Klemmstellung vorwärts

Der Freilauf besteht aus dem Antriebsring *2*, der mit dem Antrieb durch eine Klauenkupplung Kl verbunden ist, dem Klemmring *1*, der im Bereich der Klemmflächen Kf_v und Kf_r mit auswechselbaren Klemmklötzchen K bestückt ist, ferner aus der vom Erfinder als „Schaltrad" bezeichneten Abtriebsglocke *8* mit der zylindrischen Klemmbahn Kb, dem Zentrierzapfen Z und schließlich aus zwei Wälzlagern *9* und *10*, die zwischen dem Klemmring und dem Antriebsring einerseits und dem Antriebsring und dem Zentrierzapfen anderseits angeordnet sind. Der Klemmring ist mittels zweier Federn *5* über eine in der Abbildung nicht gezeigte Umsteuervorrichtung gegenüber dem Antriebsring verstellbar. Abb. 93/1a zeigt den Freilauf in neutraler Mittelstellung, bei der nach beiden Drehrichtungen keine Kraftübertragung erfolgen kann, da keine der beiden Klemmflächen Kf_v bzw. Kf_r mit der Klemmbahn in Berührung steht. Abb. 93/1b zeigt den Freilauf in Klemmstellung „vorwärts".

Die vom Erfinder vorgesehene Wirkungsweise ist folgende:

Als Voraussetzung für das Zustandekommen einer Kraftübertragung muß die der gewünschten Abtriebsdrehrichtung entsprechende Klemmfläche Kf_v oder Kf_r des Klemmringes *1* bzw. die Klemmklötzchen *K* mit der Klemmbahn *Kb* der Glocke *8* durch Betätigen der Umsteuereinrichtung in Berührung gebracht werden. Dies geschieht durch Verdrehen des Klemmringes *1* auf dem Antriebsring *2* in Richtung „vorwärts" bzw. „rückwärts" um den Mittelpunkt *M'*, der zum Mittelpunkt *M* der Klemmbahn um die Exzentrizität e_i versetzt ist. Überträgt ein Kurbeltrieb über die Klauenkupplung *Kl* eine hin- und hergehende Bewegung auf den Antriebsring, so wirkt dieser wie ein Keil, der zwischen den Zentrierzapfen *Z* der Glocke und den Klemmring *1* hineingedrückt wird, nach Herstellung des Kraftschlusses Kraft und Bewegung überträgt und anschließend wieder herausgezogen wird, um in seine Ausgangsstellung für den nächsten Schalthub zurückzukehren. Durch Verwendung der Federn *5* wird unabhängig von der auf die Umsteuereinrichtung von außen ausgeübten Kraft eine gleichbleibende Anpreßkraft der aufeinander wirkenden Teile in erforderlicher Größe erreicht, so daß das Zustandekommen einer kraftschlüssigen Verbindung bei jedem Schalthub sichergestellt ist.

Soll mit Sicherheit die vorgesehene Wirkung erreicht werden, so ist es vorteilhaft, An- und Abtrieb zu vertauschen, d.h. nicht wie CONSTANTINESCO vorgesehen hat über den Antriebsring, sondern über die Glocke anzutreiben (s. Abb. 95/1). In diesem Zusammenhang sei auch auf Abschn. 6.1.3 u. Abb. 96/1 verwiesen.

Erfolgt der Antrieb über den Antriebsring, dann muß sowohl dieser selbst, als auch der mit ihm über Federn verbundene Klemmring, die oszillierende Bewegung, einschließlich der sich ständig wiederholenden Beschleunigungen und Verzögerungen, mitmachen. Da dabei der Klemmring jeweils beim Leerhub entgegen der mit Rücksicht auf Verschleiß und Erwärmung beschränkten Federkraft beschleunigt werden muß, stehen einer konstanten Federkraft in Abhängigkeit von der Schaltfrequenz sehr unterschiedliche Beschleunigungskräfte gegenüber. Das führt dann zum Aussetzen oder zumindest zu sehr hohem Schlupf. Wird dagegen über die Glocke angetrieben, dann werden alle übrigen Freilaufteile mit Ausnahme des inneren Nadellagers *9* nur in einer Richtung bewegt und beschleunigt, und zwar im geklemmten Zustand.

Die Kraftübertragung und die Größe sowie Richtung der Kräfte ist aus Abb. 95/1 ersichtlich. Aus der Abhängigkeit der drei Größen d_a, e_i und α ergibt sich die Möglichkeit, eine derselben zu berechnen, wenn die beiden anderen gegeben sind bzw. angenommen werden.

$$e_i = \frac{d_a}{2} \sin \alpha$$

Die Bestimmung von α muß für den Punkt *B* entsprechend der Bedingung $\mu > \tan \alpha$ erfolgen, wobei zu berücksichtigen ist, daß der Reibwert μ bei einer Berührung geschmierter konzentrischer Flächen kleiner wird als bei der Linienberührung der Klemmrolle auf der Klemmbahn bzw. Klemmfläche. Die Belastung der beiden Wälzlager durch die Kräfte $P/\cos \alpha$ bzw. *P* läßt eine weitere Eigenschaft derartig aufgebauter Freiläufe erkennen. Es wird nämlich das im Durchmesser zwangsläufig erheblich kleinere und dementsprechend weniger tragfähige Lager fast genauso hoch belastet wie das größere Lager. Außerdem stehen der verhältnismäßig geringen Flächenpressung zwischen der Klemmbahn und den Klemmklötzchen sehr hohe Wälzpressungen in den Lagern gegenüber, so daß das übertragbare Drehmoment im Verhältnis zu den Abmessungen des Freilaufes klein wird. Schließlich geht noch aus Abb. 93/1 hervor, daß die Radialkraft P durch keine gleichgroße entgegengesetzt gerichtete Kraft ausgeglichen wird, so daß die sich im Freilauf bei der Kraftübertragung ergebenden inneren Kräfte auch als äußere Kräfte in Erscheinung treten und eine Beanspruchung des Zentrierzapfens Z auf Biegung herbeiführen. Durch symmetrische Anordnung von mindestens zwei Einheiten kann zwar dieser Nachteil im wesentlichen behoben werden, jedoch wird der an sich schon aus vielen Einzelteilen bestehende Freilauf dadurch noch komplizierter und in der Herstellung aufwendiger.

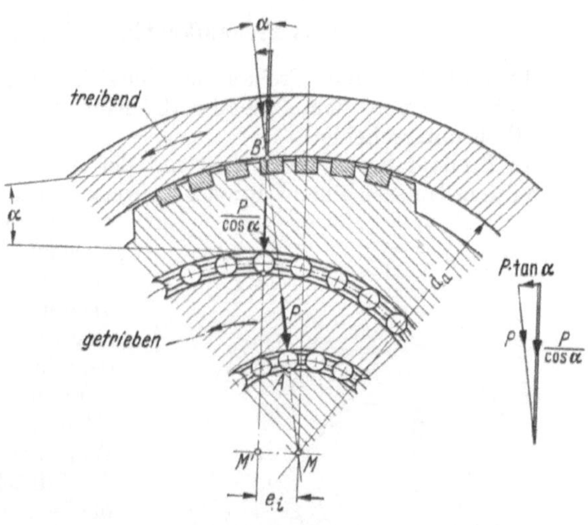

Abb. 95/1. Kräfteverlauf und Kräfteplan des Freilaufes nach Abb. 93/1a u. b

Hinsichtlich der Betriebseigenschaften von Freiläufen, bei denen der Kraftschluß zur Herabsetzung der spezifischen Pressungen über verhältnismäßig große Reibungsflächen hergestellt werden soll, wie im vorliegenden Fall, ist folgendes zu bemerken:

Bei Schaltwerken in Schaltwerksgetrieben kann im Hinblick auf die hohen Schaltzahlen, die selten unter 500, meistens aber über 1000 pro Minute liegen, auf gute Schmierung nicht verzichtet werden. Infolgedessen muß bei jedem Eingriff eines Schaltwerkes der vorhandene Schmierfilm so weit von den Reibungsflächen verdrängt werden, daß der Reibwert μ zwischen den Flächen Kb und Kf eine Mindestgröße erreicht, die der Bedingung $\mu > \tan \alpha$ entspricht. Da aber eine Abhängigkeit von spezifischer Belastung der Reib- bzw. Klemmflächen einerseits, der Schmierung dieser Flächen und dem zeitlichen Verlauf des Zustandekommens des Reibungsschlusses anderseits besteht, wird der Reibungsschluß bei kleinen spezifischen Pressungen verzögert und unter sonst gleichen Bedingungen langsamer eintreten als beim Klemmrollenfreilauf einfacher Bauart zwischen Rollen und Flächen. Bei diesem wird durch die Keilwirkung der Rollen der Schmierfilm leichter und daher rascher verdrängt, aber anschließend beim Leerhub auch wieder rascher aufgebaut. Der durch die Eingriffsverzögerung bis zum ausreichenden Abfließen des Schmierfilmes entstehende Schlupf führt zu einer Vergrößerung der beim Eintreten des Reibungsschlusses durch Beschleunigungen auftretenden Stöße und damit zu einer Verschlechterung der Betriebseigenschaften und vor allem zu einer rapiden Herabsetzung der Lebensdauer. Außerdem wäre noch darauf hinzuweisen, daß, in Anbetracht der aufeinander wirkenden Flächen, der Einfluß der von der jeweiligen Betriebstemperatur abhängigen Viskosität des Schmieröles auf die Betriebseigenschaften derartiger Freiläufe erheblich größer ist als bei Klemmrollenfreiläufen.

Eine erfolgreiche Anwendung von Freiläufen, bei welchen von verhältnismäßig großen aufeinander wirkenden Reibungsflächen, ähnlich der Ausführung nach Abb. 93/1, Gebrauch gemacht wird, ist bisher nicht bekannt geworden.

6.1.3 Freilaufkupplung nach v. Thüngen

Abb. 96/1 stellt einen Freilauf dar, der sich in bezug auf seinen Aufbau und seine Eigenschaften von dem Schaltwerk nach CONSTANTINESCO, Abb. 93/1, nicht wesentlich unterscheidet.

Der Freilauf besteht aus einer mit der Antriebswelle verbundenen Glocke *2*, die in ihrem Inneren einen Zapfen *Z* aufweist, der konzentrisch zur Klemmbahn *Kb* angeordnet ist und zur Abstützung der übrigen Freilaufteile dient. Weitere Freilaufteile sind der mit der Abtriebswelle verbundene Exzenter *3* und der Klemmring *1* mit der Klemmfläche *Kf*. Zwischen dem Zapfen *Z* und dem Exzenter *3* einerseits und dem Exzenter sowie dem Klemmring *1* anderseits ist je ein Wälzlager *9* und *10* angeordnet. Die Feder *5* drückt den Klemmring *1* mit gleichbleibender Kraft in Eingriffsstellung, d.h. sie verdreht diesen gegenüber dem Exzenter *3* so weit, bis die Klemmfläche *Kf* an der Klemmbahn *Kb* der Glocke – als Folge der Versetzung des Drehpunktes *M'* des Klemmringes *1* zum Mittelpunkt *M* der Klemmbahn *Kb* um die Strecke e_i – anliegt.

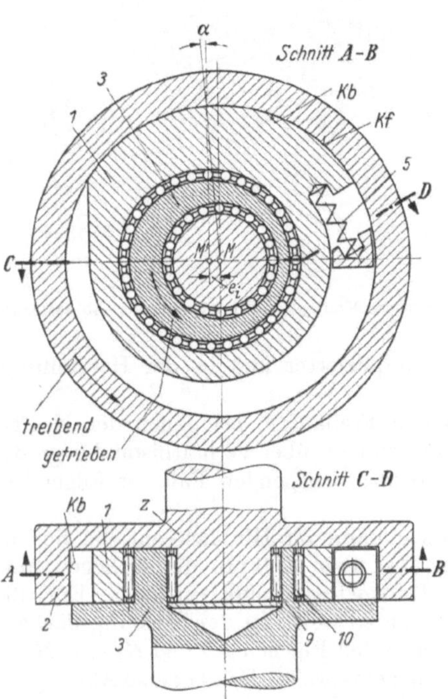

Abb. 96/1. Freilaufkupplung nach v. THÜNGEN

Kraft und Bewegung werden von der auf der Antriebswelle sitzenden Glocke über den Klemmring *1* auf den Exzenter *3* und damit auf die Abtriebswelle übertragen. Der Reibungsschluß tritt zwischen den konzentrischen Flächen *Kb* und *Kf* ein, während die Wälzbahnen und Wälzkörper der beiden Lager die Radialbelastungen $P/\cos\alpha$ bzw. P aufnehmen müssen (s. Abb. 95/1).

Mit dieser patentierten Konstruktion – DBP 907228, 47 c 6 vom 1. 2. 1951 „Freilaufkupplung" – strebt der Erfinder Dipl.-Ing. HUBERT FRHR. V. THÜNGEN, Friedrichshafen, an, durch „volle Berührung zylindrischer Mitnahmeflächen und daher geringe spezifische Pressung" den Eingriffsweg (Schlupf) erheblich zu verringern. v. THÜNGEN weist in diesem Zusammenhang u.a. auf die Linienberührung zwischen Rolle und Klemmbahn bzw. Klemmfläche beim Klemmrollenfreilauf einfacher Bauart und den davon verursachten Roll- und Gleitweg beim Eingriff hin. Es ist zu sagen, daß durch entsprechende konstruktive Gestaltung der Klemmrollenfreiläufe unter Berücksichtigung der Betriebsbedingungen der Gleitweg ≈ 0 wird und der Einrollweg so klein gehalten werden kann, daß derartige Freiläufe solchen mit großflächigen, geschmierten Klemmbacken zumindest ebenbürtig sind.

6.1.4 Freilauf nach Lautenschläger

Am 29. 1. 1921 wurde unter dem Titel „Freilaufkupplung zwischen der losen Antriebsscheibe und der Welle einer Schleuder mit Kugelsperrung" an die Firma F. & M. Lautenschläger G.m.b.H., Berlin, das DRP 378887, 82 b 11/50 erteilt.

Abb. 97/1 zeigt den Aufbau des Freilaufes. Als Zweck der Erfindung wird das Vermeiden eines „scharfen Ruckes beim Auskuppeln" und die Herabsetzung örtlicher Belastungen angegeben.

Der Freilauf ist als Überholkupplung für Zentrifugen mit Kraftantrieb vorgesehen und besteht aus dem mit Einzelklemmflächen versehenen Stern *1*, dem Außenring *2*, den Klemmbacken *8* und den Klemmrollen *3*. Abb. 97/1b zeigt eine ebenfalls im Patent vorgesehene Ausführung, bei der an Stelle der Paarung *Klemmfläche-Rolle* je zwei Rollenpaare getreten sind.

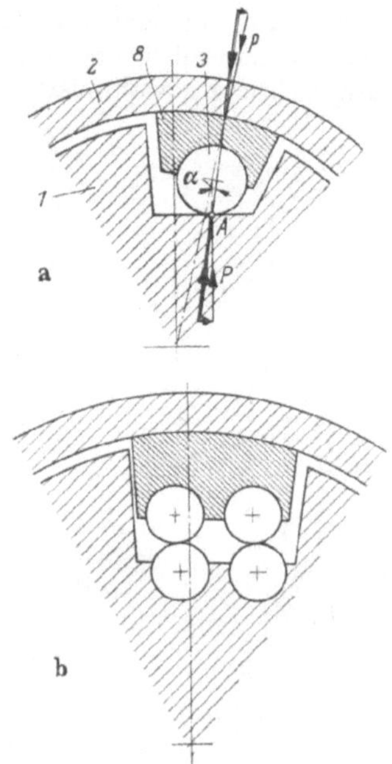

Abb. 97/1 a u. b. Freilauf nach LAUTENSCHLÄGER
a) Ausführung mit Klemmrolle und Klemmschuh; b) Ausführung mit Doppelrollen und Klemmschuh

Da Freiläufe bei richtiger Wahl des Klemmwinkels und ausreichender Härte und Dimensionierung sofort lösen und keine örtlichen Überlastungserscheinungen zeigen, bringt eine derartige Konstruktion keine Vorteile. Außerdem wäre noch darauf hinzuweisen, daß Überlastungserscheinungen immer zuerst an den Klemmflächen des Sternes auftreten, deren Belastung im vorliegenden Fall, wie aus Abb. 97/1a ersichtlich, dieselbe ist wie bei Freiläufen einfacheren Aufbaues. Die in Abb. 97/1b gezeigte Abwandlung weist dieselben Nachteile der in den Abb. 97/2, 99/1, 100/1 u. 101/2 gezeigten Freiläufe hinsichtlich der großen Wälzpressungen an den Berührungsstellen der Rollen infolge der kleinen Krümmungsradien auf, bringt also ebenfalls keine Vorteile.

6.1.5 Millam-Freilauf

Abb. 97/2 stellt den sogenannten „Millam"-Freilauf dar. Seine Erfinder WILLIAM MILLER und HAROLD LAMB, Dunston und Newcastle on Tyne, England, erhielten ihre Konstruktion im DRP 518 826, 47 c 6 vom 13. 2. 1927 unter der Bezeichnung „Kugel- oder Rollenklemmkupplung" geschützt.

Der Freilauf besteht aus dem Teil *2* mit der Innen- und Außenklemmbahn, den Klemmbacken *8* als Träger der Klemmflächen *Kf*, den in radialer Richtung übereinanderliegenden Rollen *3* sowie dem zur Führung der Klemmrollen und zur

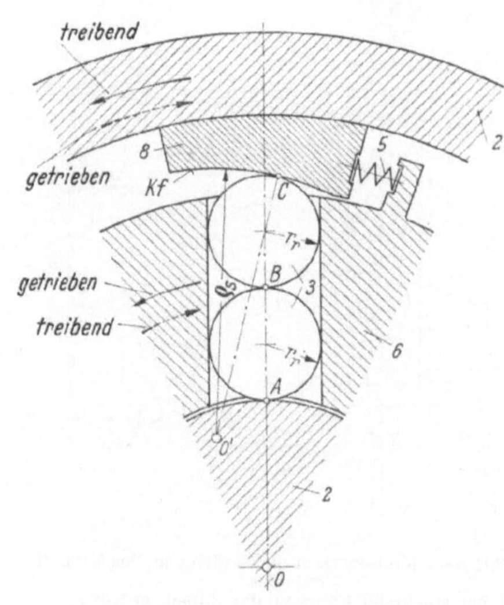

Abb. 97/2. Schema des MILLAM-Freilaufes

Kraftübertragung dienenden Käfig *6*, dessen Fenster bzw. Schlitze in ihren Abmessungen so ausgeführt sind, daß eine annähernd spielfreie Führung der Rollen in Umfangsrichtung gewährleistet ist. Die Druckfedern *5*, die sich gegen den Käfig abstützen und die Klemmbacken gegen die Rollen drücken, stellen die Eingriffsbereitschaft des Freilaufes sicher.

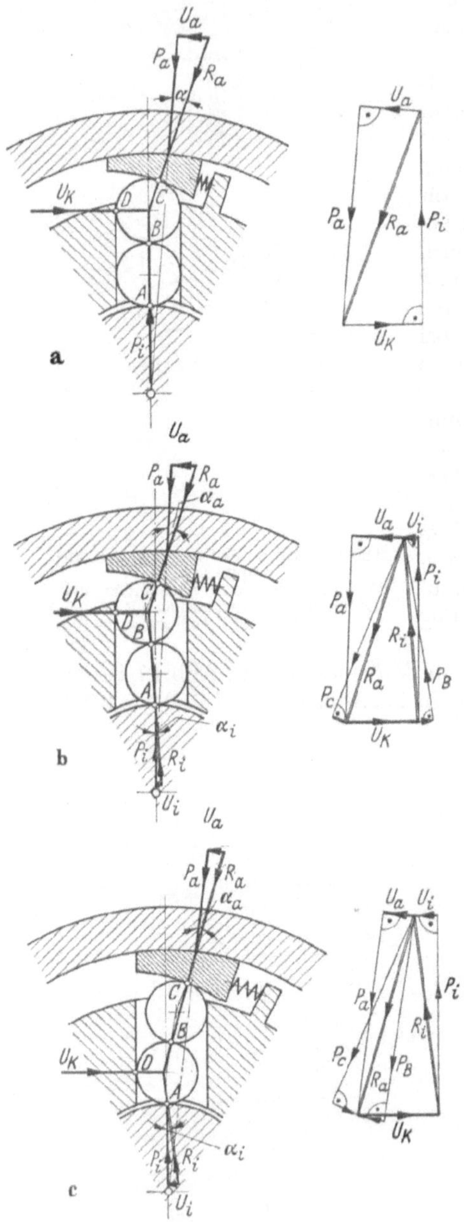

Der Zweck der Konstruktion ist nach Angabe der Erfinder sofortiges Eintreten der Kupplungswirkung und Ausgleich des Verschleißes der „Arbeitsflächen" durch ständiges Wechseln derselben infolge Drehung – nur bei „Freilauf" – der Rollen um ihre Achse. Bezüglich des sofortigen Eintretens der Kupplungswirkung ist festzustellen, daß der sich zwischen der Außenklemmbahn und den Klemmbacken bildende Schmierfilm dem Freilauf unter gewissen Voraussetzungen zwar gute Betriebseigenschaften bei „Freilauf" verleiht, aber auch bei jedem Eingriff einen erheblichen Schlupf verursacht (s. Freiläufe Abb. 93/1 u. 96/1). Verschleiß- und Ermüdungserscheinungen der Randschichten der in Punkt C aufeinander wirkenden Klemmbacken und Klemmrollen unterscheiden sich nicht von solchen bei Freiläufen mit nur einer Rolle je Klemmstelle, da die Beanspruchungen durch Wälzpressung und das Gleiten bei „Freilauf" grundsätzlich dieselben bleiben. Sowohl die Theorie wie die bisherigen Erfahrungen zeigen übrigens klar, daß bei geeignetem Werkstoff, richtiger Härtung und ausreichender Oberflächengüte weder die Rollen noch die zylindrische Klemmbahn, sondern die ständig an ein und derselben Stelle beanspruchten Einzelklemmflächen immer zuerst unbrauchbar werden (Ermüdung) und zum Versagen des Freilaufes führen. Da außerdem in *jedem* Klemmrollenfreilauf die Rollen bei „Freilauf" unter Drehung um ihre Achse eine teils gleitende teils wälzende Bewegung ausführen, bedarf es dazu nicht der Anordnung zweier Rollen. Diese sind dagegen infolge ihres kleinen Krümmungsradius an ihrem Berühr-

Abb. 98/1 a–c. Kräfteverlauf und Kräfteplan des MILLAM-Freilaufes
a) bei spielfreier Führung der Rollen im Käfig;
b) u. c) Einstellmöglichkeiten der Rollen bei Spiel in den Käfigfenstern

punkt B sehr hohen Wälzpressungen unterworfen. Dadurch wird das übertragbare Drehmoment im Verhältnis zur Baugröße klein. Das Auftreten der hohen Wälzpressungen ist auch klar von den Erfindern erkannt worden, da sie in einem zweiten Patent, DRP 556617, 47 c 6 vom 26. 1. 1929, „Selbsttätig einrückbare Sperrkupplung", u.a. zur Vermeidung des „Platzens" der Rollen an Stelle der inneren Rollen einen lose auf der Innenbahn sitzenden Ring vorsehen, der die Funktion der weggelassenen Rollen übernehmen soll. Durch diese Maßnahme wird die hohe Wälzpressung in Punkt B vermieden. Es erhebt sich jedoch hierbei die Frage, warum die Abstützung der Rollen nicht direkt auf der Innenbahn erfolgte.

Zusammenfassend kann festgestellt werden, daß Freiläufe dieser Art wegen ihres Schlupfes und der zahlreichen gegeneinander beweglichen Einzelteile nicht für schnell aufeinander folgende Schaltvorgänge und genaues Kuppeln – z.B. also für Schaltwerksgetriebe oder Vorschubantriebe hoher Vorschubgenauigkeit – geeignet sind.

Zu berücksichtigen ist noch, daß an der Stelle D eine relativ hohe Wälzpressung auftritt, die es erforderlich macht, die Führungsflächen im Käfig zu härten oder entsprechend zu vergüten.

Kräfteplan und Größe der Kräfte sind aus Abb. 98/1a–c ersichtlich. Das in den Abbildungen 98/1 b und 98/1 c dargestellte Spiel der Rollen in den Käfigfenstern – ein Mindestspiel ist immer vorhanden – ergibt zwei Möglichkeiten für die Kraftübertragung. Abb. 98/1a zeigt den Grenzfall bei spielfreier Rollenführung.

6.1.6 Doppelrollenfreilauf

Abb. 99/1 zeigt einen „Doppelrollenfreilauf", der dem „Millam"-Freilauf als vereinfachte Abwandlung gegenübergestellt werden kann.

Der auf der Welle *7* zentrierte und durch eine Paßfeder gegen Drehen gesicherte Käfig *6* nimmt in seinen Schlitzen S je zwei Rollen *3* auf, die unter der Wirkung der Anfederung 4 und 5 stehen. Infolge der Federkraft wird die Berührung der Rollen gegenüber der Innen- und Außenklemmbahn hergestellt. Der Distanzring *8*

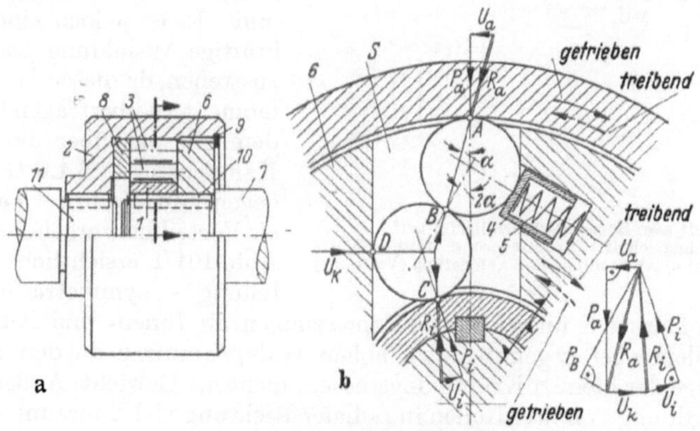

Abb. 99/1 a u. b. Doppelrollenfreilauf
a) Freilauf im Längsschnitt; b) geometrische Beziehungen, Kräfteverlauf und Kräfteplan

und der Sicherungsring *9* dienen zur axialen Halterung. Durch die paarweise Anordnung der Rollen entfallen die einen größeren Herstellungsaufwand erfordernden Einzelklemmflächen. Der Ring *1* kann bei entsprechender Härte der Welle ebenfalls entfallen. Die Anfederung der Rollen gewährleistet sofortigen Eingriff. Die

Konstruktion weist wie alle derartigen Freiläufe am Punkt *B* hohe Wälzpressungen auf, die nur durch die Anordnung einer entsprechend größeren Anzahl von Rollengruppen und damit durch Vergrößerung des Freilaufes ausgeglichen werden können. Dabei darf jedoch unter keinen Umständen auf eine kräftige Ausbildung des Käfigs verzichtet werden, da dieser nicht nur der Rollenführung, sondern auch der Kraftübertragung dient. Hinsichtlich der Wärmebehandlung des Käfigs gilt das unter 6.1.5 Gesagte.

Die Verwendung derartiger Freiläufe ist im allgemeinen nicht zu empfehlen.

Für die Berechnung des Drehmomentes ist Punkt *A*, für die der Wälzpressung Punkt *B* maßgebend. Siehe auch Kräfteplan.

6.1.7 Henschel-Freilauf

Abb. 100/1 ist die Wiedergabe einer Patentzeichnung. Der dargestellte Freilauf wurde von der Firma Henschel & Sohn A.G., Kassel, entwickelt und unter DRP 603357, 47 c 6 „Freilaufkupplung" vom 2. 7. 1932 geschützt.

Er besteht aus einem auf der An- oder Abtriebswelle befestigten Käfig *6*, einem auf der Gegenwelle sitzenden Flanschkörper *2*, der als Träger der zylindrischen äußeren und inneren Klemmbahn ausgebildet ist, und den in Gruppen zu je drei übereinander angeordneten Klemmrollen *3*, die unter der Einwirkung der Blattfedern *5* stehen. Diese Federn stellen die Berührung der Rollen untereinander und mit den Klemmbahnen her.

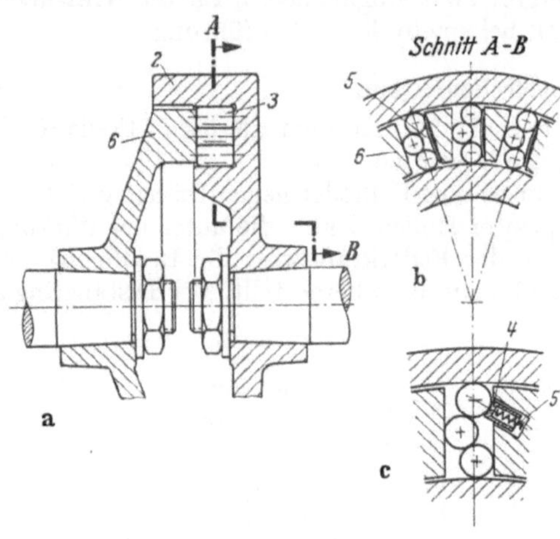

Abb. 100/1 a–c. Henschel-Mehrrollenfreilauf
a) Freilauf im Längsschnitt; b) Anfederung mittels Blattfedern (Henschel); c) Abwandlung der Anfederung (Verfasser)

Die Vorteile der Konstruktion sind Wegfall der Einzelklemmflächen, an deren Stelle zylindrische Klemmbahnen getreten sind, und einfache Herstellung des Käfigs, der keine nennenswerte Teilgenauigkeit für die Fenster aufweisen muß. Es ist jedoch eine möglichst kräftige Ausbildung des Käfigs anzustreben, da dieser das volle Drehmoment zu übertragen hat. Außerdem gilt das über die Härte der Käfigfenster in 6.1.5 Gesagte. Dagegen fällt die in der Patentschrift als Vorteil hervorgehobene und aus Abb. 101/1 ersichtliche Kräfteaufteilung – symmetrischer Kräfteplan – gegenüber den ungleichen Wälzpressungen an Innen- und Außenklemmbahn, vor allem aber gegenüber den hohen Wälzpressungen an den Punkten *B* und *B'*, infolge der kleinen Krümmungsradien, nicht ins Gewicht. Außerdem erfordert die Anordnung von drei Rollen in radialer Richtung viel Bauraum, so daß eine derartige Ausführung nur für Freiläufe mit größerem Durchmesser in Frage kommt, da mit Rücksicht auf die Stabilität des Käfigs erst unter dieser Voraussetzung eine ausreichende Zahl von Rollengruppen untergebracht werden kann.

Die Verwendbarkeit derartiger Freiläufe wird durch die schon erwähnten hohen Wälzpressungen zwischen den Rollen und die Vielzahl der beweglichen Teile beeinträchtigt. In Abb. 100/1c ist noch eine Abwandlung der Anfederung gezeigt, die eine stabilere Rollenlage bei „Freilauf" ergeben dürfte.

Der Kräfteverlauf und der Kräfteplan in Abb. 101/1 ergeben, daß für die Wälzpressung und den Klemmwinkel die in den Punkten B und B' auftretenden Größen bestimmend sind. Zu beachten ist noch, daß die Durchmesserabweichungen auf Grund des Aufbaues erheblich größeren Einfluß auf die Größe des Klemmwinkels ausüben als dies bei Freiläufen mit einer Klemmrolle bzw. einem Klemmkörper je Klemmstelle der Fall ist.

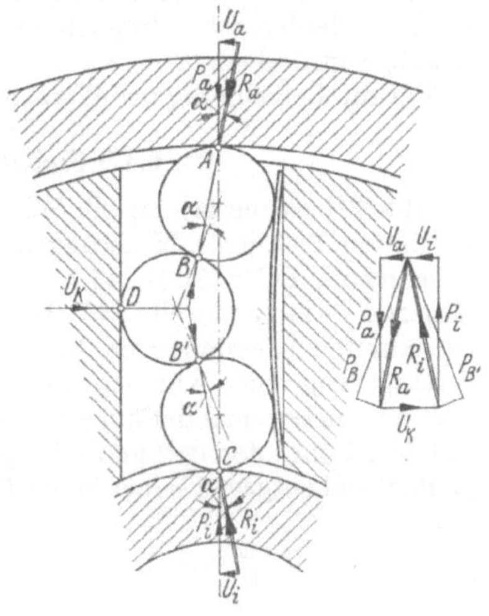

Abb. 101/1. Kräfteverlauf und Kräfteplan für Freilauf nach Abb. 100/1

6.1.8 Freilauf nach Hauser und Dürr

Abb. 101/2 zeigt einen Freilauf, dessen erfindungsgemäße Ausführung nach Angabe seiner Erfinder Michael Hauser, Augsburg, und Fritz Dürr, München - DRP 594141, 47 h 5 vom 24. 7. 1932 „Klemmschaltwerk" - den Zweck verfolgt, die Lebensdauer der Klemmflächen zu erhöhen.

Die Lebensdauer wird durch die Standzeit der Klemmflächen am Stern oder an den Klemmbacken infolge der immer an derselben Berührungslinie zwischen Rolle und Klemmfläche wirkenden Wälzpressung bestimmt. An der zylindrischen Klemmbahn des Ringes und an den Rollen selbst wechseln dagegen durch Drehen bei „Freilauf" die belasteten Zonen, so daß während des Betriebes die Oberflächen dieser Teile ziemlich gleichmäßig zur Kraftübertragung herangezogen werden und eine dementsprechend höhere Lebensdauer gegenüber den Einzelklemmflächen aufweisen.

Der in der Abbildung dargestellte Freilauf weist einen Innenkörper *1* auf, in den mit geringem Spiel Rollen *3a* eingebettet sind. Zwischen dem Außenring *2* und den Rollen *3a* sind die eigentlichen Klemmrollen *3b* angeordnet, die mittels Druckbolzen *4* und Druckfedern *5* in den Eingriff gedrückt werden.

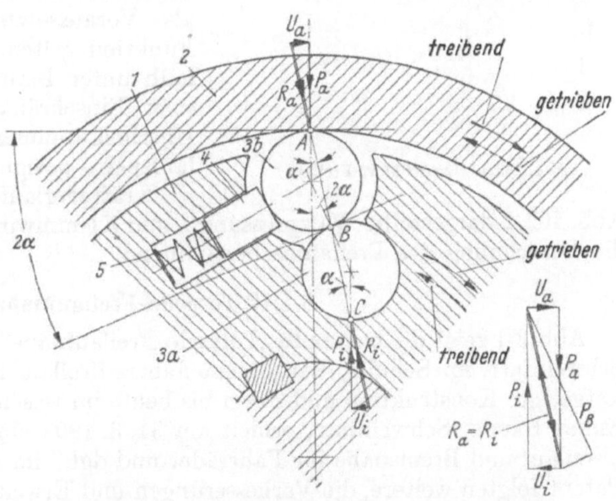

Abb. 101/2. Doppelrollenfreilauf nach Hauser und Dürr Geometrische Beziehungen, Kräfteverlauf und Kräfteplan

Zweck der Konstruktion ist es, eine höhere Lebensdauer dadurch zu erzielen, daß die als Klemmflächen dienenden, im Innenkörper eingebetteten Rollen *3a* sich bei „Freilauf" drehen, so daß beim nachfolgenden Eingriff jeweils ein anderer Teil der Mantelfläche belastet wird.

Diesem Vorteil steht allerdings entgegen, daß an der Berührungslinie der beiden Rollen infolge ihrer kleinen Krümmungsradien wesentlich höhere Wälzpressungen auftreten als zwischen einer Rolle und einer ebenen oder leicht gekrümmten Klemmfläche. Außerdem ist es fraglich, ob sich die Rollen *3a* tatsächlich in jedem Fall wie beabsichtigt drehen.

Für die Berechnung der Wälzpressung ist Punkt *B* maßgebend.

6.1.9 Freilauf nach Mayo und Perry

Abb. 2/1 ist die prinzipielle Wiedergabe einer Patentzeichnung des in Abschn. 1 erwähnten Patentes „Neuerungen an Tretvorrichtungen für den Fußbetrieb von Maschinen", DRP 18261, 47 h 5 vom 19. 6. 1881 – Erfinder Charles Mayo und William Perry, Lowell USA. Der Freilauf besteht aus dem mit drei spiralförmig gekrümmten Klemmflächen *Kf* ausgestatteten Außenstern *1*, dem Innenteil *2* als Verlängerung einer Kurbelwelle, den Klemmrollen *3* und den Druckfedern *5*, die paarweise nebeneinander angeordnet die Rollen achsparallel in den Eingriff drücken und damit ein sofortiges und schlupffreies Eingreifen (Kuppeln) gewährleisten. Der Freilauf soll entgegen seiner in der Patentschrift gebrauchten Bezeichnung „Schaltwerk" als Überholkupplung dienen, und zwar in der Form, daß bei Unterbrechung der Betätigung einer Tretvorrichtung die als Schwungrad ausgebildete Riemenscheibe weiterläuft, während die Tretkurbelwelle, die Kurbelstange und das Fußpedal stehenbleiben. Die Art des Betriebes ist ähnlich wie beim Fahrrad. Hervorgehoben werden muß, daß dieser Freilauf sowohl den einfachsten für einen Freilauf möglichen Aufbau als auch alle Teile und Merkmale aufweist, die als Voraussetzung für eine einwandfreie Funktion gelten. Die Konstruktion ist deshalb unter Berücksichtigung allgemein gültiger Einschränkungen zur Verwendung als Überholkupplung, Schaltwerk und Rücklaufsperre geeignet.

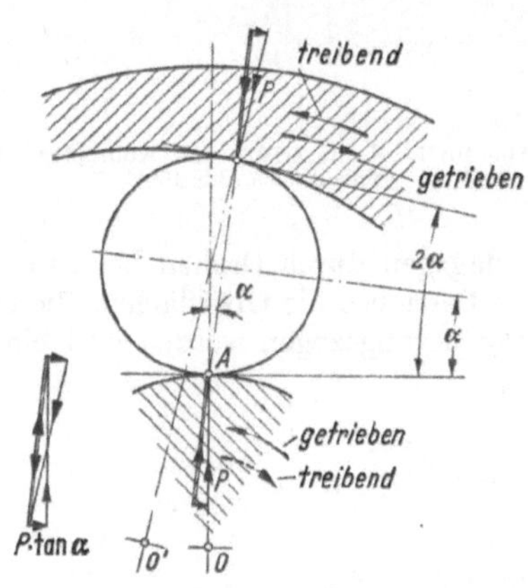

Abb. 102/1. Mayo-Perry-Freilauf

Kräfteverlauf und Kräfteplan werden in Abb. 102/1 dargestellt. Wälzpressung *k* und Klemmwinkel α in Punkt *A* sind für die Berechnung des Freilaufes bestimmend.

6.1.10 Torpedo-Freilaufnabe

Abb. 3/1 zeigt die bekannte „Torpedo-Freilaufnabe" der Firma Fichtel & Sachs, Schweinfurt, im Schnitt. Bei diesem Fahrradfreilauf ist die schon im Jahre 1909 festgelegte Konstruktion und Form bis heute im wesentlichen beibehalten worden. Ernst Sachs, Schweinfurt, erhielt am 31. 3. 1903 einen Patentschutz auf seinen „Freilauf und Bremsnabe für Fahrräder und dgl." im DRP 165882, 63 i 9. Diesem Patent folgten weitere, die Verbesserungen und Erweiterungen des Grundpatentes brachten.

Der Antrieb des Hinterrades erfolgt über 5 in einem Käfig geführte Klemmrollen, die zwischen dem mit spiralförmig gekrümmten Klemmflächen versehenen Innenstern und dem zylindrischen Nabenkörper festgeklemmt werden und dadurch die kraftschlüssige Verbindung zwischen An- und Abtrieb herstellen. Die Mitnahme erfolgt beim Vorwärtstreten in Richtung des im Schnitt *A–B* eingezeichneten

Pfeiles. „Freilauf" des Rades setzt selbsttätig ein, sobald die Tretbewegung langsamer wird bzw. aufhört und dementsprechend die Drehzahl der Nabe größer als die des Sternes wird. Da die Klemmrollen bei „Freilauf" auf den tiefsten Punkt der Klemmflächen zurückgehen, dreht sich die Nabe dann ohne gleitende Reibung allein auf den zu beiden Seiten angeordneten Kugellagern, d.h. ohne nennenswerten Kraftverlust.

6.1.11 Klemmkugelfreilauf

Abb. 103/1 zeigt eine Konstruktion, die durch die Verwendung von im Durchmesser abgestuften, auf eine gemeinsame Klemmfläche (Klemmrille) wirkenden Klemmkugeln gekennzeichnet ist. Sie entspricht im Prinzip dem mit Innenklemmflächen versehenen DKW-Freilauf alter Bauart nach Abb. 129/1b, sowie dem sogenannten Studebaker-Freilauf (s. [*28*]). Die Erfinder Leo Robin, Ixelles, und Philippe de Ponthiere, Woluwe – St. Lambert, Belgien – DRP 491824, 47 h 5 vom 16. 3. 1926 „Klemmschaltwerk" – wollen den Nachteil einer Anordnung, wie sie z.B. Abb. 129/1b zeigt, bei welcher nicht alle Rollen zum Tragen bzw. zum gleichmäßigen Tragen kommen, dadurch beseitigen, daß sie durch Zwischenschalten von Druckfedern jede Kugel einzeln unter Federdruck setzen und in den Eingriff drücken. Diese vorgesehene Wirkungsweise setzt voraus, daß die Kraft der Federn im Einbauzustand abgestuft ist. Bezogen auf Abb. 103/1 muß also die Federkraft der Feder *a* größer sein als die der Feder *b* und die Kraft der Feder *b* wiederum größer als die Feder *c*, usw. Ist diese Bedingung nicht erfüllt, dann werden eine oder mehrere Kugeln durch die Federn am Eingreifen bzw. Tragen gehindert, also gerade das Gegenteil der gewünschten Wirkung erzielt. Hinsichtlich der Wälzpressung ist die Verwendung von Kugeln in Verbindung mit Ringrillen nicht ungünstig, jedoch ergeben sich für die Herstellung erhebliche Schwierigkeiten, so daß in jedem Fall die Ausführung mit Klemmrollen vorzuziehen ist. Abschließend ist noch zu erwähnen, daß ein derartiges Federsystem bei „Freilauf" außerordentlich schwingungsanfällig ist.

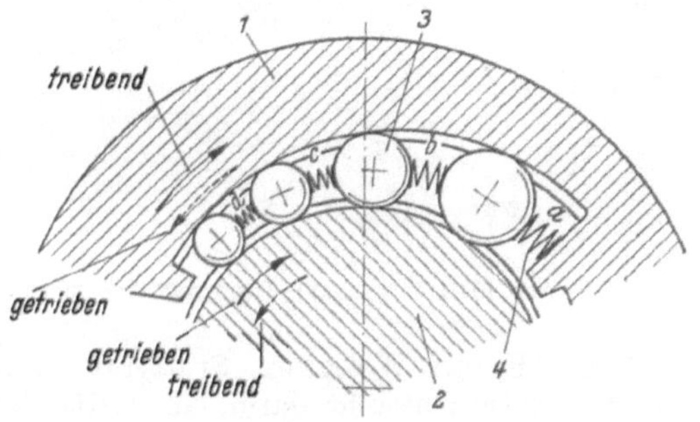

Abb. 103/1. Klemmkugelfreilauf nach Robin-Ponthiere

6.1.12 Schürmann Klemmrollenkupplung

Am 20. 6. 1940 wurde unter DRP 693787, 47 c 6 „Klemmrollenkupplung", Erfinder Dipl.-Ing. Carl Schürmann, Düsseldorf, der in Abb. 104/1 gezeigte Freilauf geschützt. Zweck der Erfindung ist es, die Anfederung so zu gestalten, daß eine Schrägstellung der Rollen vermieden wird. Außerdem soll bezweckt werden, daß der nach Angabe des Erfinders durch Druckbolzen an den Rollen hervorgerufene Verschleiß verhindert wird.

Der Innenstern *1* ist ein Vieleck, dessen Klemmflächen verhältnismäßig einfach herzustellen sind. An beiden Seiten des Sternes sind Scheiben *9* zur Führung der Klemmrollen *3* angenietet, die auch zur Halterung der Bügelfedern *5* dienen. Die Andrückrollen *4* sind in Laufbüchsen *10* gelagert. Die Lage der Andrückrollen ist so gewählt, daß sie sich bei „Freilauf" unter der Einwirkung der Zentrifugalkraft an der Klemmbahn des Außenringes 2 abstützen. Dadurch soll eine Überbeanspruchung der Federn – durch Zug und Schwingungen – vermieden werden.

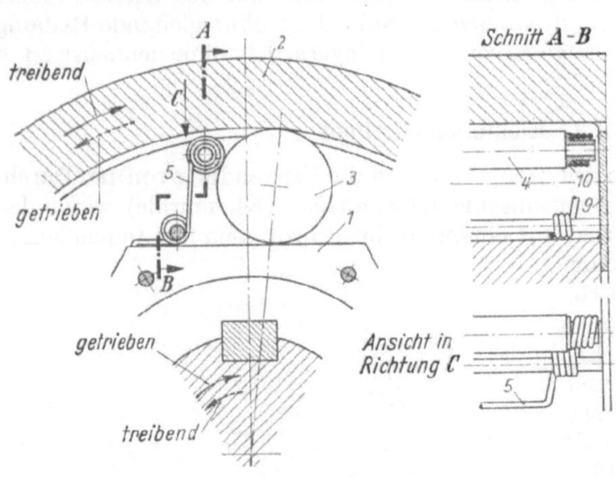

Abb. 104/1. SCHÜRMANN-Klemmrollenkupplung

Es ist noch darauf hinzuweisen, daß es genügt, die Klemmflächen auf einer relativ geringen Länge fertig zu bearbeiten. Hierdurch sind kürzere Fertigungszeiten möglich. Die Lage dieser bearbeiteten Flächen ist abhängig von der Klemmstellung.

6.1.13 Doppelschaltwerk nach Woerner

Abb. 104/2 zeigt die Kombination von Schaltwerk und Rücklaufsperre, die unter DRP 392492, 47h5 „Rollenschaltwerk" – Erfinder EUGEN WOERNER, Stuttgart – am 13. 3. 1923 patentiert wurde. Der Erfindungszweck besteht darin, einen Rücklauf der Abtriebswelle beim Leerhub des Schaltwerkes zu verhindern.

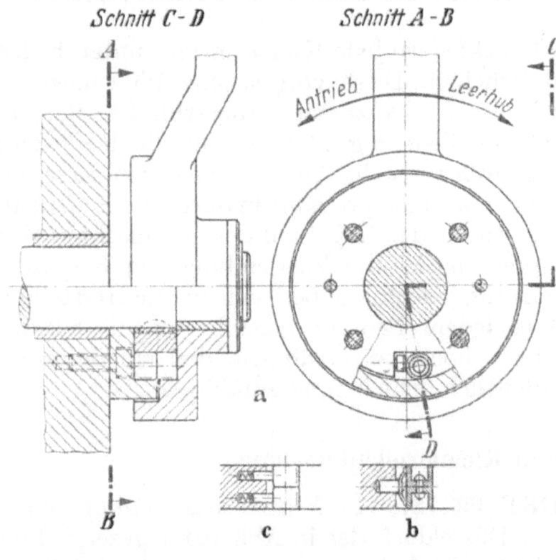

Abb. 104/2 a–c. Doppelrollenschaltwerk nach WOERNER
a) Längsschnitt; b) ursprüngliche Gestaltung der Rollen und Anfederung (WOERNER); c) verbesserte Gestaltung der Rollen und Anfederung (Verfasser)

Auf der Abtriebswelle ist der Schaltring drehbar gelagert. Über Klemmrollen wird die Antriebsbewegung auf den Innenstern und damit auf die Abtriebswelle übertragen. Beim Leerhub stützt sich der Stern ebenfalls über Klemmrollen an dem mit dem Gestell festverbundenen Außenring ab, so daß keine rückläufige Drehung der Abtriebswelle in Richtung des Leerhubes stattfinden kann.

Die vom Erfinder vorgesehene Lösung für die Klemmrollen und deren Anfederung zeigt Abb. 104/2b. Durch die Verbindung der Rollen besteht die Gefahr des Schränkens und Verspannens. Eine einwandfreie Funktion ergibt sich nach Abb. 104/2c (s. a. Abschn. 6.3.4).

6.1.14 Klemmrollenfreilauf nach N. Riedel

Abb. 105/1 zeigt ein Beispiel für einen Klemmrollenfreilauf, der unter der Voraussetzung kleinster Herstellungsabweichungen an den Einzelklemmflächen auf kleinem Bauraum große Drehmomente übertragen kann.

Die unter DBP 893731, 47 c 6 am 1. 8. 1942 – Erfinder NORBERT RIEDEL,

Flecken bei Immenstadt – patentierte Konstruktion „Klemmrollenfreilauf mit durch Tangentialfedern angedrückten Klemmrollen" weist einen zylindrischen Innenring *2* und einen Außenstern *1* auf. Die Klemmrollen *3* werden durch die Druckklötzchen *4* und die tangential wirkenden Druckfedern *5*, die sich am Außenring abstützen, in den Eingriff gedrückt. Teilungsfehler und andere Herstellungsungenauigkeiten wirken sich dahingehend aus, daß nicht alle Klemmrollen zum Eingriff kommen, wie Abb. 105/1c zeigt. Zu beachten ist, daß bei überholendem Außenring die Klemmrollen berührungsfrei werden können (s. Abb. 105/1b u. Abschn. 5.2.3).

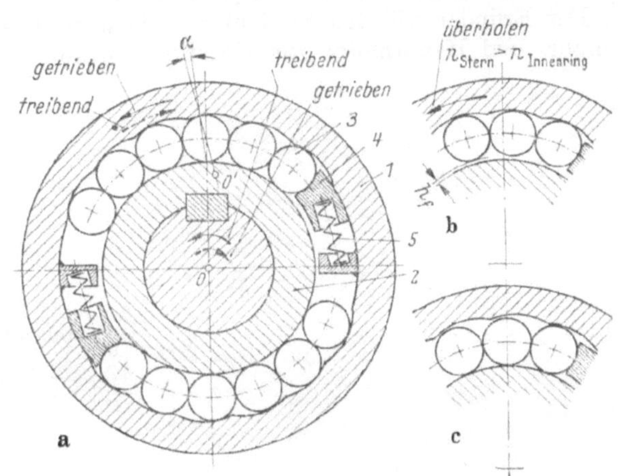

Abb. 105/1 a–c. Klemmrollenfreilauf mit Außenstern und gemeinsamer Anfederung der Klemmrollen nach N. RIEDEL
a) Querschnitt; b) Überholvorgang, ab Grenzdrehzahl Berührungsfreiheit; c) Ungleiche Lastverteilung infolge Fertigungsungenauigkeiten

6.1.15 Klemmrollenfreilauf mit bestückten Klemmflächen

Es sind verschiedene Ausführungen von Klemmrollenfreiläufen mit bestückten Klemmflächen bekannt geworden (s. Abschn. 6.3.4 u. Abb. 122/2).

Durch die Bestückung ist es möglich, einen besonders harten und verschleißfesten Werkstoff – z. B. Hartmetall – für die Klemmflächen zu verwenden (s. Abschn. 5.6).

Schon sehr früh wurde im DRP 266637, 63 k 6 vom 24. 7. 1912 „Trethebelantrieb für Fahrräder" – Erfinder ANTOINE LAFFOND, Le Fousseret, Frankreich – von dieser Möglichkeit Gebrauch gemacht (s. Abb. 105/2).

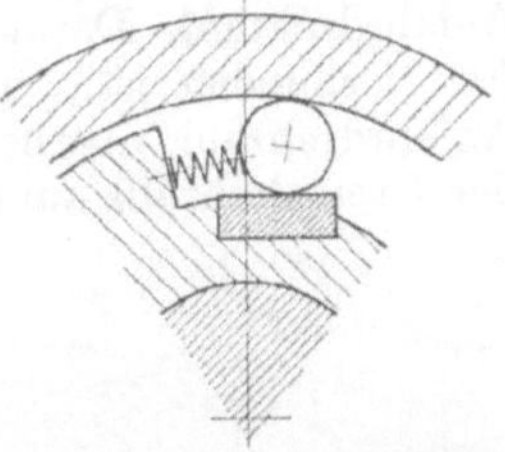

Abb. 105/2. Klemmrollenfreilauf mit bestückten Klemmflächen

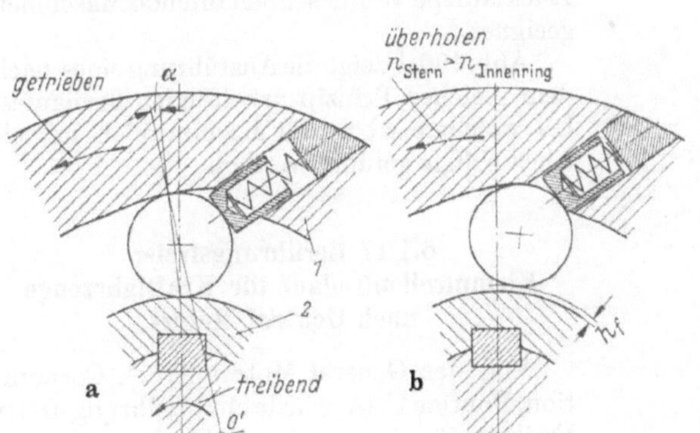

Abb. 105/3a u. b. Berührungsfreier Klemmrollenfreilauf nach STOFFEL
a) in Klemmstellung; b) Berührungsfreiheit beim Überholvorgang

6.1.16 Berührungsfreier Klemmrollenfreilauf nach Stoffel

Unter DRP 383174, 47 c 6 „Überholungskupplung" – Erfinder THEODOR STOFFEL, Augsburg – wurde am 26. 11. 1920 ein Freilauf nach Abb. 105/3 patentiert. Zweck der Konstruktion ist es, beim Überholen durch den Außenstern infolge der Fliehkraftwirkung der Rollen Berührungsfreiheit zwischen den Klemmrollen und dem Innenring zu erzielen (hierzu s. a. Abschn. 4.2.2.3 u. 5.2.3).

Der Erfinder will den Freilauf vor allem als Überholkupplung zwischen dem Anfahr- und Hauptmotor von Rotationsdruckmaschinen und ähnlichen Anlagen

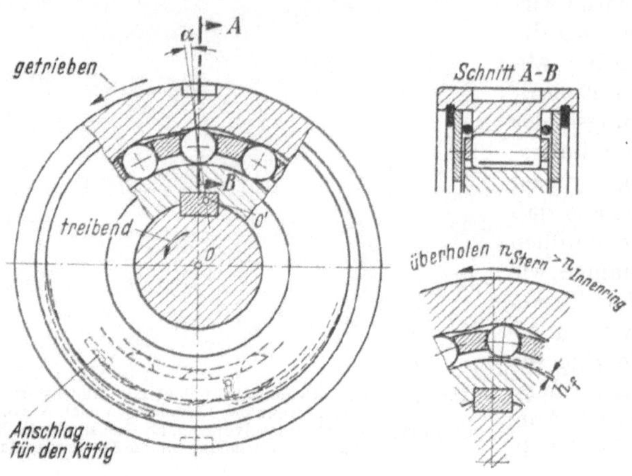

Abb. 106/1. Berührungsfrei werdender Klemmrollenfreilauf mit Außenstern und Käfig. Gemeinsame Anfederung durch 2 Ringfedern

verwenden. Der Anfahrmotor, auf dessen Welle der Innenring *2* sitzt, bringt über den Freilauf die schweranlaufende Maschine auf die gewünschte konstante Anfahrdrehzahl. Daraufhin wird der Hauptmotor, der mit dem Außenstern *1* fest verbunden ist, zugeschaltet. Da die Betriebsdrehzahl höher liegt als die Anfahrdrehzahl, überholt der Außenstern. Die Klemmrollen gehen bei Erreichen der Grenzdrehzahl außer Eingriff (s. Abb. 105/3b).

Diese Freilaufart ist auch besonders als Rücklaufsperre für schnellaufende Maschinen geeignet.

Abb. 106/1 zeigt die Ausführung eines nach dem gleichen Prinzip arbeitenden Freilaufes, bei welchem aber die Klemmrollen mittels eines Käfigs geführt werden.

Abb. 106/2. Berührungsfreier Klemmrollenfreilauf für Kraftfahrzeuge nach General Motors

6.1.17 Berührungsfreier Klemmrollenfreilauf für Kraftfahrzeuge nach General Motors

Von der General Motors Truck Corporation, Pontiac USA, wurde ein berührungsfreier Freilauf für Getriebe von Stadtomnibussen entwickelt und unter DRP 700834, 63 c 16/07 „Überholungskupplung für Kraftfahrzeuge“ am 18.7.1936 geschützt (s. Abb. 106/2).

Mit dem Außenstern *1* ist der Käfig *6* fest verbunden. Die Klemmrollen *3* werden durch Druckbolzen *4* und Druckfedern *5* in den Eingriff gedrückt. Der Innenring *2* ist mit radialen Ölzuführungsbohrungen versehen, durch welche den Klemmrollen Drucköl zugeführt wird. In der Konstruktion wird beabsichtigt, durch Zuführung von Drucköl und Ausnutzung der Fliehkraftwirkung ein Abheben der Klemmrollen vom Innenring zu bewirken. Es muß aber dafür gesorgt werden, daß in den Käfigkammern ein ständiger Öldurchfluß stattfindet, damit, besonders bei hohen Drehzahlen, ein Auszentrifugieren des Öles vermieden wird.

6.1.18 Berührungsfreier Klemmrollenfreilauf nach Kugelfischer

Abb. 107/1 zeigt den unter DRP 621830, 47 c 6 „Rollenklemmkupplung" der Firma Kugelfischer, Schweinfurt, am 11. 4. 1934 patentierten berührungsfreien Klemmrollenfreilauf. Zweck der Konstruktion ist es, durch drehbare Anordnung der mit dem Außenstern *1* verbundenen Druckstücke *4* die Wirkung der Druckfedern *5* infolge der Fliehkraft *C* aufzuheben. Bei entsprechender Drehzahl des Außensternes *1* werden also die Klemmrollen durch die Druckstücke freigegeben und durch den Fliehkrafteinfluß selbst berührungsfrei.

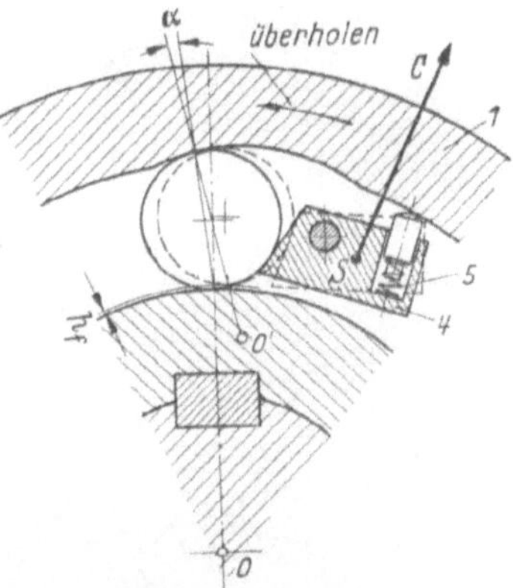

Abb. 107/1. Berührungsfreier Klemmrollenfreilauf nach KUGELFISCHER

Zu beachten ist allerdings, daß die Druckstücke auch im gekuppelten Zustand bei Antrieb ausschwenken können und damit die Anfederung aufgehoben ist. Bei einer Drehmomentschwankung besteht dann die Gefahr, daß die Rollen lösen, berührungsfrei werden und die Kraftübertragung schlagartig unterbrochen wird (s. a. Abschn. 6.1.19).

6.1.19 Anti-Berührungsfreier Klemmrollenfreilauf nach Franck

Am 9. 12. 1941 wurde unter DBP 850100, 47 c 6 „Freilaufkupplung für hohe Drehzahlen" – Erfinder HEINO FRANCK (Daimler Benz), Stuttgart – ein antiberührungsfreier Klemmrollenfreilauf geschützt. Als Zweck der Erfindung wird genannt: „..., bei welchem die Klemmkörper (Klemmrollen) durch Fliehgewichte in ständiger Berührung mit den das Festklemmen der Klemmkörper bewirkenden Keilbahnen gehalten werden." Der Freilauf war vor allem für den Antrieb von Ladegebläsen in Flugzeugtriebwerken vorgesehen. Es wurde ein Freilauf mit Außenstern gewählt, da bei Freiläufen mit Innenstern die Rollen beim Überholen durch Zentrifugalkräfte zu stark gegen den Außenring gepreßt werden, wodurch Verschleiß und Erwärmung entstehen.

Aus Abb. 108/1 sind die einzelnen vom Erfinder vorgesehenen Bauformen ersichtlich. Der Freilauf besteht aus dem Außenstern *1*, dem zylindrischen Innenring *2*, den Klemmrollen *3* und den Fliehgewichten *3'* (zylindrische Rollen). Bei Ausführung nach Abb. 108/1b sind die Klemmrollen und Fliehgewichte in einem gemeinsamen Käfig *6* geführt. Abb. 108/1c zeigt die Vereinigung der Klemmrollen und Fliehgewichte zu einem Klemmkörper *3''*.

Die Funktion des Freilaufes ist aus den Kräfteplänen ersichtlich.

Bei Ausführung nach Abb. 108/1a muß die Fliehkraftkomponente

$$C_1' > C_1$$

sein, damit die beabsichtigte Wirkung eintritt. C_1 und C_1' liegen auf der Verbindungslinie der Rollenmittelpunkte und sind entgegengesetzt gerichtet.

Für die Ausführung nach Abb. 108/1 c gilt sinngemäß dasselbe. Für die Ausführung nach Abb. 108/1b muß die Summe der in der Umfangsrichtung wirkenden Fliehkraftkomponenten der Fliehgewichte *3'* größer sein als die der Klemmrollen *3*. Folglich

$$\sum C_u' > \sum C_u$$

Die Fliehgewichte sind sorgfältig abzustimmen, und außerdem ist eine Anfederung vorzusehen, die den sofortigen Eingriff beim Anfahren gewährleistet.

Der Freilauf entspricht den von amerikanischen Firmen in den letzten Jahren unter der Bezeichnung Centrifugally Engaging Overrunning Clutch bzw. Centrifugally Energizing Overrunning Clutch herausgebrachten Klemmkörperfreiläufen und einem von einer deutschen Herstellerfirma entwickelten Klemmkörperfreilauf (s. a. [*39*, *42*, *54*, *58*, *63*]).

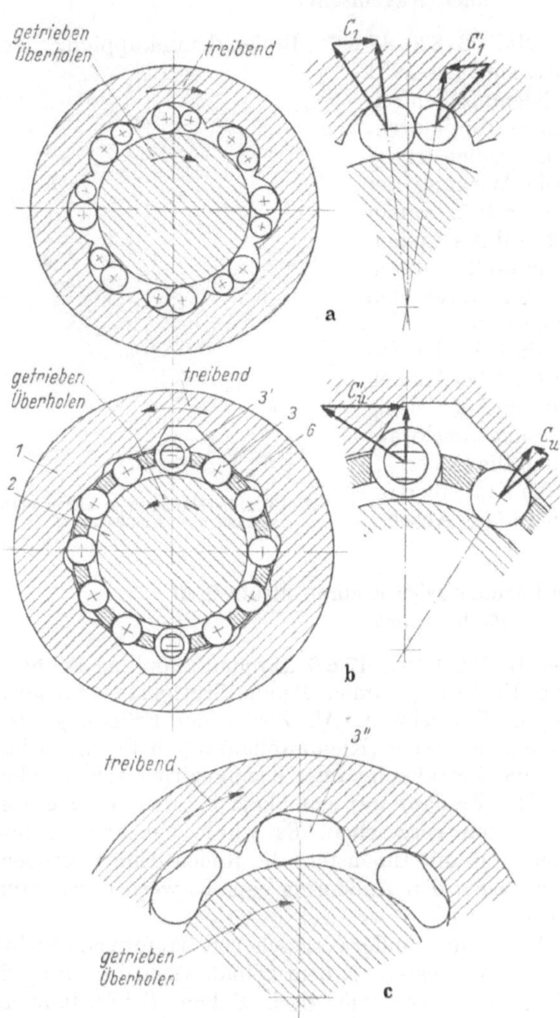

Abb. 108/1a–c. Antiberührungsfreier Klemmrollenfreilauf nach Franck
a) Ausführung mit einzeln angeordneten Klemm- und Steuerrollen (Fliehgewichten); b) Ausführung mit käfiggeführten Klemm- und Steuerrollen; c) Klemm- und Steuerrollen zu einem Klemmkörper vereinigt

6.1.20 Umsteuerbares Klemmrollenschaltwerk nach Hollick und Rickard

Abb. 109/1 zeigt ein unter DRP 42936, 47 h 5 „Doppelt wirkendes Klemmrollenschaltwerk mit veränderlicher Übersetzung und Umsteuerung mittels Handhebelwerks“ – Erfinder Thomas Drake Hollick und William Edward Rickard, London – bereits am 15. 3. 1887 patentiertes umsteuerbares Klemmrollenschaltwerk.

Die Klemmrollen *3* sind mittels des Verstellhebels *9* umsteuerbar, so daß sie wahlweise in die Klemmstellung *I* bzw. *II* und in die neutrale Mittelstellung *III* gebracht werden können. Der Schaltring *1* ist als Außenstern ausgebildet. Die Anfederung der Klemmrollen *3* erfolgt über den Verstellhebel *9*, der durch elastische Glieder mit dem Schaltring *1* verbunden ist.

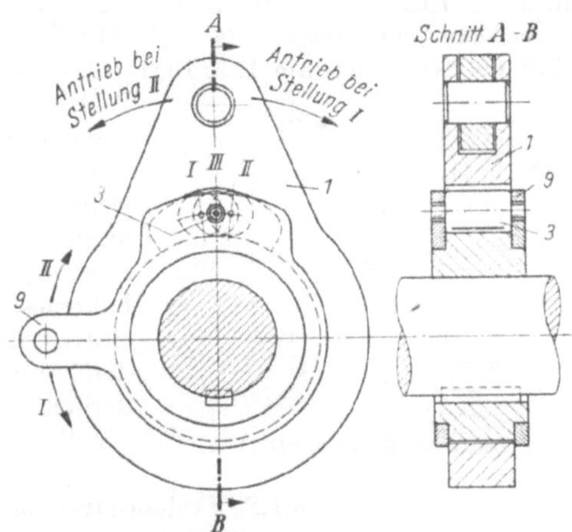

Abb. 109/1. Umsteuerbares Schaltwerk nach HOLLICK und RICKARD

6.1.21 Umsteuerbares Klemmrollengesperre nach Simpson

Unter DRP 115043, 47 h 5 „Umsteuerbares Klemmrollengesperre“ – Erfinder WILLIAM EDMUND SIMPSON, Birmingham – wurde am 16. 11. 1897 ein umsteuerbares Klemmrollenschaltwerk, wie in Abb. 109/2 gezeigt, patentiert. Der Erfinder beabsichtigte das Schaltwerk für die Kraftübertragung in Motorfahrzeugen zu verwenden.

Der Innenstern *1* ist mit Doppelklemmflächen versehen, denen die Klemmrollenpaare *3* zugeordnet sind. Die Druckfeder *5* bringt die Rollen am Käfig *6* in Umfangsrichtung zur Anlage. Der Käfig kann, wie aus Abb. 109/2b ersichtlich, durch axiale Verschiebung der Schaltmuffe *9* gegenüber dem Innenstern *1* verdreht werden. Dadurch wird wahlweise eine der beiden Klemmrollen über die

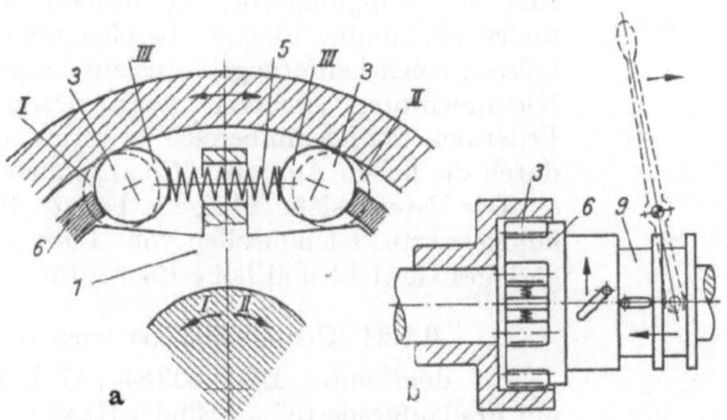

Abb. 109/2a u. b. Umsteuerbares Klemmrollengesperre nach SIMPSON
a) Anordnung der Klemmrollen; b) Schema des Schaltmechanismus

Feder *5* in den Eingriff gedrückt (s. Abb. 109/2a). Somit kann jeweils in Stellung *I* oder *II* Kraft und Bewegung vom Schaltring auf den Stern übertragen werden. *III* ist die neutrale Mittelstellung. Der Antrieb erfolgt erfindungsgemäß über den Außenring (s. a. [*72*, *74*, *77*, *96* und *98*]).

6.1.22 Klemmwälzlager

Unter DRP 98060, 47 c 6 „Kupplung mit einem als Klemmgesperre wirkenden Kugel- oder Rollenlager“ – Erfinder E. Breslauer, Leipzig – wurde bereits am 17. 7. 1897 ein Klemmwälzlager patentiert, das im Prinzip genauso wirkt wie das am 18. 1. 1920 unter DRP 336875, 47 c 6 – Erfinder T. R. W. Möller, Fulda – patentierte „Kugellager“ (s. Abb. 110/1). Eine weitere Ausführung wurde unter DBP 874684, 47 c 6 am 1. 5. 1951 patentiert. Bei allen drei Bauarten werden die Wälzlager axial, wie aus Abb. 110/1 ersichtlich, verspannt, wodurch eine Kupplungswirkung im Lager erzielt werden soll. Das ist nur möglich, wenn der Rollwiderstand entsprechende Werte annimmt, d.h. die elastische Verformung an den Berührstellen zwischen Wälzkörpern und Wälzbahnen so groß wird, daß ein gewisser Formschluß eintritt, da die Wälzreibung nicht gesteigert werden kann. Es sind sehr hohe Axialkräfte erforderlich. Somit haben derartige Konstruktionen für die praktische Anwendung kaum Bedeutung.

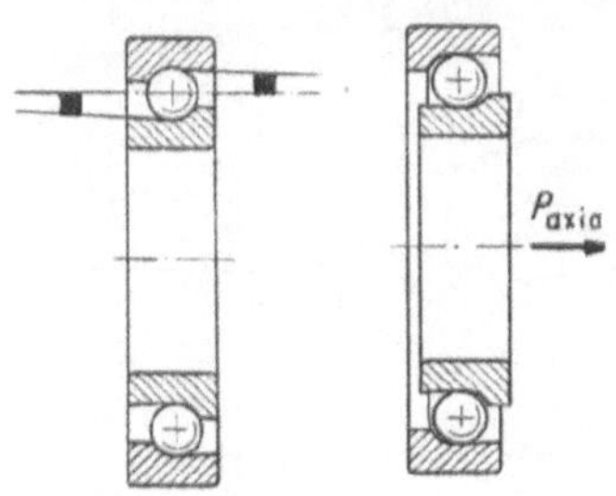

Abb. 110/1. Klemmwälzlager

6.1.23 Freilauflager nach Constantinesco

Am 9. 1. 1927 wurden unter DRP 453958, 47 h 5 „In einer Richtung wirkendes Schaltwerk“ – Erfinder George Constantinesco, Weybridge – verschiedene Ausführungen eines Freilauflagers patentiert. In Abb. 110/2 sind zwei wesentliche Ausführungsarten gezeigt. Zwischen den Wälzkörpern werden Klemmfedern und ihre Halterungen so angeordnet, daß sie in Freilaufrichtung mitumlaufen können und in der entgegengesetzten Richtung den Kupplungsvorgang auslösen. Diese vom Erfinder als „dünne Blätter“ bezeichneten Klemmfedern müssen einen keilförmigen Auslauf besitzen, damit die Klemmwirkung eintreten kann. Dadurch wird die Federdicke im Klemmbereich so gering, daß die Federn durch die hohen Anpreßkräfte abgequetscht werden.

Das Patent sieht übrigens bereits die Verwendung hohlgebohrter Klemmrollen vor. Dadurch ergeben sich geringes Gewicht und hohe Elastizität.

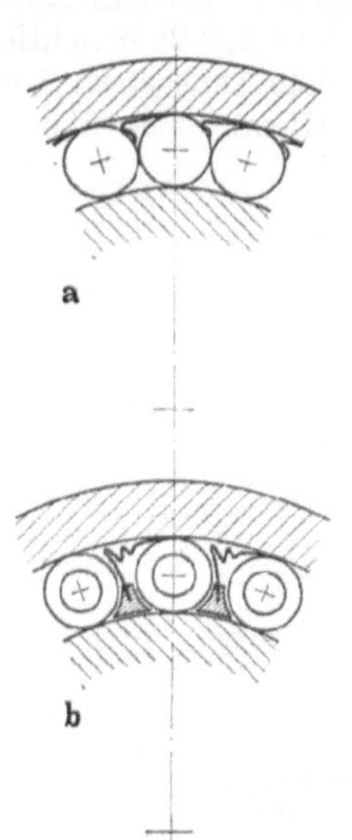

Abb. 110/2 a u. b. Freilauflager nach Constantinesco
a) Klemmrollen und eingelegte Klemmzungen; b) hohlgebohrte Rollen und Klemmzungen mit Führungsklötzchen

6.1.24 Klemmwälzlager nach Gassner

Bei dem unter DBP 838844, 47 b 12 „Wälzlager mit Freilaufgesperre“ – Erfinder Hans Gassner (Kugelfischer), Schweinfurt – am 16. 12. 1950 patentierten Klemmwälzlager handelt es sich, im Gegensatz zu den in Abschn. 6.1.22 und 6.1.23 behandelten Bauformen, um die Kombination eines Rollenlagers mit einem Klemmrollenfreilauf (s. Abb. 111/1).

Der Vorteil dieser Bauart besteht darin, daß ein genormtes Rollenlager der schweren Baureihe verwendet werden kann, wobei lediglich einige Lagerrollen *7* aus dem Käfig *6* herausgenommen und an deren Stelle als Einbauelemente je eine Klemmrolle *3* und ein Klemmbacken *8* mit Anfederung *5* eingesetzt werden.

Dieselbe Ausführung der Anfederung weist auch das in DRP 506772, 47 h 5 vom 8. 5. 1928 geschützte „Klemmgesperre" auf. Anmelder ZF–Friedrichshafen (s. Abb. 111/2). In bezug auf die Verwendung von Biegefedern sei auf Abschn. 5.8.3.1 hingewiesen.

Aus dem Kräfteplan ergibt sich, daß zwei Klemmwinkel zu beachten sind. α_a tritt am Außenring *2* und α_i am Innenring *1* auf. Maßgebend für das Zustandekommen des Reibschlusses ist die Bedingung

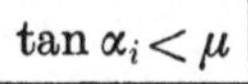

$$\tan\alpha_i < \mu$$

Die Wälzpressung ist an der Stelle *B* nachzurechnen.

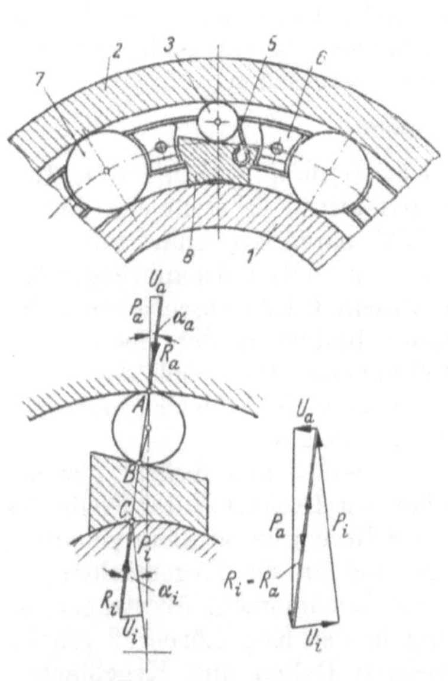

Abb. 111/1. Klemmwälzlager mit Kräfteverlauf und Kräfteplan

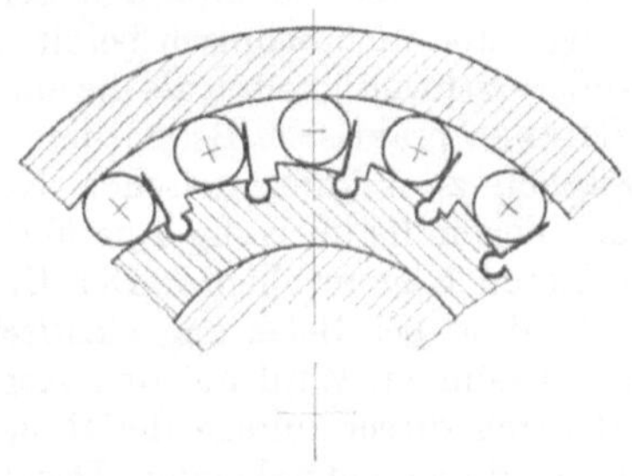

Abb. 111/2. Klemmgesperre, Anfederung mit Flachfedern

6.1.25 Freilauf nach Humfrey-Sandberg

Dieser Freilauf (s. Abb. 2/2) beruht auf dem Zusammenwirken eines Voll- und eines Hohlhyperboloides mit dazwischen windschief in Richtung der Erzeugenden angeordneten, in einem Käfig geführten Klemmrollen, die auf ihrer ganzen Länge Linienberührung aufweisen. Der Humfrey-Sandberg-Freilauf nimmt zusammen mit dem STIEBER-Kegelfreilauf, s. Abschn. 6.1.26, eine Sonderstellung unter den Klemmrollenfreiläufen ein und könnte seiner Funktionsweise nach auch den Axialfreiläufen zugeordnet werden.

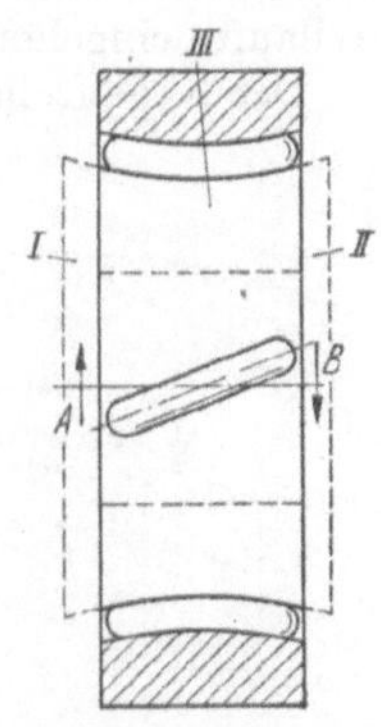

Abb. 111/3. Kupplungsvorrichtung nach Humfrey-Sandberg

Er entstand aus der in DRP 496495, 47 c 6 am 16. 9. 1925 geschützten „Kupplungsvorrichtung", Anmelder Humfrey-Sandberg Ltd., London. Bei dieser Vorrichtung wurde ein ganzes Hyperboloid als Innen- bzw. Außenkörper benutzt (s. Abb. 111/3). Bei festgehaltenem Außenkörper und Drehung des Innenkörpers entsteht eine Axialverschiebung, die durch die Stellungen *I* – Drehung in Richtung *A* – und *II* – Drehung in Richtung *B* – sowie durch die neutrale Mittelstellung *III* gekennzeichnet ist. Die axiale Verschiebung würde jeweils eine Verengung des Spaltes zwischen den Körpern hervorrufen. Da dies auf Grund der in diesem Spalt liegenden Rollen nicht möglich ist, entsteht eine radialsymmetrische Aufweitung bzw. Zusammendrückung der Kupplungskörper, so daß die Vorrichtung als Kupplung oder als Radialspannzeug Verwendung finden kann.

Beim Freilauf nach DRP 538044, 47 c 6 „Freilaufkupplung mit windschiefen Rollen“ vom 7. 12. 1929 wurde dagegen nur eine Hälfte des Hyperboloides verwendet. Damit ist es möglich, in der einen Drehrichtung Klemmen, also Kuppeln, und in der anderen Drehrichtung „Freilauf“ zu erzielen. Durch entsprechende axiale Verschiebung der beiden Freilaufkörper gegeneinander kann Berührungsfreiheit erreicht werden. Auch bei diesem Freilauf ist eine Anfederung notwendig. Sie muß in axialer Richtung wirken und ist im Patent bereits vorgesehen.

6.1.26 Stieber-Kegelfreilauf

Am 24. 10. 1951 wurde unter DBP 924408, 47 c 6 „Freilauf“ – Erfinder Dr.-Ing. Wilhelm Stieber, München – ein Kegelfreilauf patentiert. Er stellt eine Erweiterung des durch DRP 660546, 47 a 1 am 19. 7. 1935 patentierten und unter der Bezeichnung „Stieber-Rollkupplung“ allgemein bekannten Radialspannzeuges dar. Das Funktionsprinzip ist das gleiche wie das in Abschn. 6.1.25 beschriebene. Der wesentliche Unterschied zwischen beiden Freiläufen besteht in der Herstellung. Fertigungs- und meßtechnisch bereitet die Herstellung eines Hyperboloides erheblich größere Schwierigkeiten als die eines Kegels, weshalb auch nur der Kegelfreilauf nach Stieber praktische Bedeutung erreicht hat (s. Abb. 2/3).

Zwischen zwei konzentrischen Kegelkörpern *1* und *2*, mit Kegeln gleicher Neigung, liegen die im Käfig *4* geführten, windschief zur Drehachse des Freilaufes angeordneten Klemmrollen *3*. Der Durchmesser der Rollen ist so klein gehalten, daß sich diese bei Belastung elastisch verformen und an die Kegelflächen anschmiegen können. Wird auf den Kegelkörper *1* ein Drehmoment übertragen, so schraubt sich dieser infolge der Rollenschränkung in den Kegelkörper *2* hinein. Durch die dabei entstehenden Druckkräfte zwischen Rollen und Kegelflächen schmiegen sich die Rollen zunächst an die Flächen an. Bei weiterem Verdrehen der Kegelkörper gegeneinander steigen die Druckkräfte je nach der Kegelneigung α und dem Schrägungswinkel ζ bis zur Übertragung des vollen Drehmomentes an. Infolge der Schraubwirkung findet bei der Verdrehung auch eine axiale Verschiebung der Kegelkörper gegeneinander statt. Durch geeignete Wahl der Wandstärken der Kegelkörper kann der Freilauf mehr oder weniger elastisch gestaltet werden. In Abschn. 4.4 sind die Grundlagen für die Berechnung und Auslegung des Kegelfreilaufes eingehend behandelt.

Der Kegelfreilauf kann ebenso wie der Humfrey-Sandberg-Freilauf (s. Abschn. 6.1.25) durch axiale Verschiebung der beiden Freilaufkörper gegeneinander (Ausrücken) berührungsfrei werden.

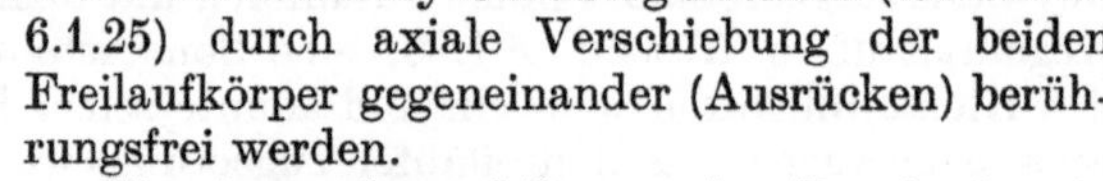

Ein Anwendungsfall aus der Praxis ist in Abschn. 6.3.9 beschrieben.

6.1.27 Klemmkörperfreilauf nach Leffler

Klemmkörperfreiläufe haben in den letzten Jahren eine erhebliche Bedeutung erreicht. Die ersten Bauformen entstanden aber schon vor Jahrzehnten. So ist im DRP 306763, 47 h 5 vom 7. 9. 1916 „Schaltwerkwechselgetriebe“ – Erfinder Artur Leffler, Stockholm – bereits ein Klemmkörpergesperre gezeigt (s. Abb. 112/1).

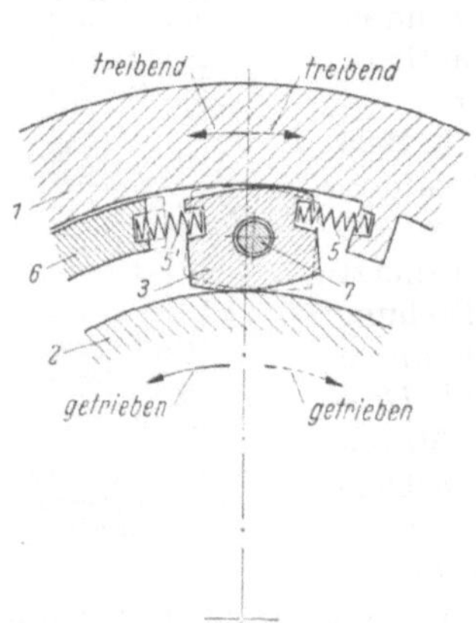

Abb. 112/1. Umsteuerbares Klemmkörpergesperre nach Leffler

Zwischen dem Außenteil *1* und dem Innenteil *2* befinden sich die auf den Zapfen *7* drehbar angeordneten Klemmkörper *3*. Diese Zapfen sind mit dem Außenteil *1* fest verbunden. Durch die Federn *5* werden die Klemmkörper ständig im Eingriff gehalten. Soll das Schaltwerk in der umgekehrten Drehrichtung wirken, so müssen die Klemmkörper umgesteuert werden. Zu diesem Zweck wird der Schaltring *6* gemäß Abb. 112/1 im Uhrzeigersinn verdreht, so daß er über die Federn *5'* gegen die Klemmkörper drückt. Sobald die Kraft der Federn *5* überwunden ist, kippen die Klemmkörper und gehen in ihre neue Klemmstellung (gestrichelte Lage).

6.1.28 Klemmkörperfreilauf nach Sensaud de Lavaud

Unter DRP 401152, 63 k 34 „Freilaufrad" wurde am 22. 12. 1922 – Erfinder Dimitri Sensaud de Lavaud, Paris – ein Klemmkörperfreilauf (s. Abb. 113/1) patentiert, dessen grundsätzlicher Aufbau einem derzeitigen Baumuster einer bekannten amerikanischen Herstellerfirma entspricht (s. Abb. 119/1).

Zwischen den Klemmkörpern *3* („Sperrkörper"), deren Gestalt und Geometrie ebenfalls Gegenstand des Patentes sind, hat der Erfinder Wälzkörper *4* zur Führung

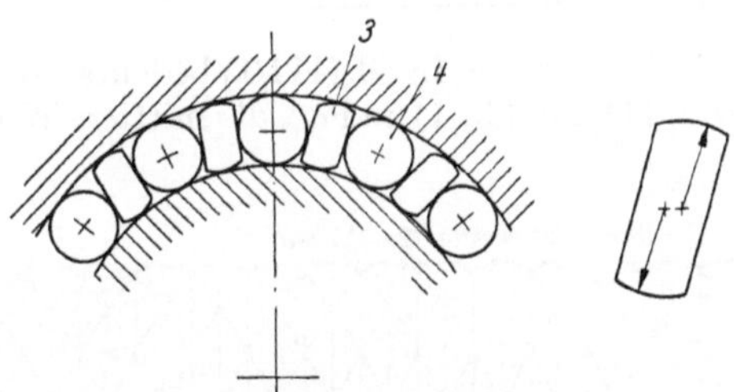

Abb. 113/1. Klemmkörperfreilauf mit Distanzrollen nach de Lavaud

angeordnet. Hierdurch ist der gleichbleibende Abstand zwischen den „Sperrkörpern" und die Lagerung von Freilaufaußen- und Innenteil weitgehend gewährleistet. Somit kann der Freilauf auch als Freilauflager angesprochen werden.

6.2 Schaltwerksregelgetriebe

Seit Jahrzehnten ist das Bestreben erkennbar, Schaltwerksregelgetriebe zu bauen (s. Abschn. 6.1.1).

Mit dieser Getriebeart ist es möglich, auf mechanischem Wege eine stufenlose Drehzahlregelung durchzuführen. Daß so viele Konstruktionen auf diesem Gebiet entstanden sind, dürfte damit zusammenhängen, daß das Problem rein von der kinematischen Seite aus gesehen äußerst reizvoll ist, theoretisch wesentlich günstigere Wirkungsgrade über den gesamten Drehzahlbereich verspricht, als dies bei hydraulischen bzw. hydraulisch-mechanischen Getrieben der Fall ist, und daß diese Getriebeart scheinbar billiger und kleiner baut. Der grundsätzliche Aufbau eines Schaltwerksregelgetriebes ist aus Abb. 114/1 ersichtlich. Die mit gleichförmiger Winkelgeschwindigkeit ω_{Antrieb} umlaufende Antriebskurbel ruft über die Koppel eine Schwingbewegung hervor, welche von einem Schaltwerk übernommen wird. Dieses Schaltwerk überträgt auf die Abtriebswelle nur in einer Richtung periodische Impulse, die eine ungleichförmige Drehbewegung bewirken. Durch Verstellung des Kurbelmechanismus, wie z.B. in Abb. 114/1 gezeigt, werden der Winkelausschlag, die Winkelgeschwindigkeit und die Winkelbeschleunigung des Schwinghebels bzw. Schaltwerkes und damit auch die Drehzahl der Abtriebswelle verändert.

Um eine möglichst stetige Abtriebsdrehbewegung, d.h. eine möglichst gleichförmige Winkelgeschwindigkeit zu erhalten, werden die Umformer – z.B. nach Abb. 114/1 – mehrfach, und zwar phasenversetzt zueinander angeordnet. Die Winkelgeschwindigkeit jedes Schaltwerkes verläuft annähernd sinusförmig. Abb. 114/2 zeigt den Verlauf der Winkelgeschwindigkeiten bei 8 überlagerten, phasenversetzten Antrieben. Der Ungleichförmigkeitsgrad des Getriebes wird durch Gl. (114/1) ausgedrückt (s.a. [35]).

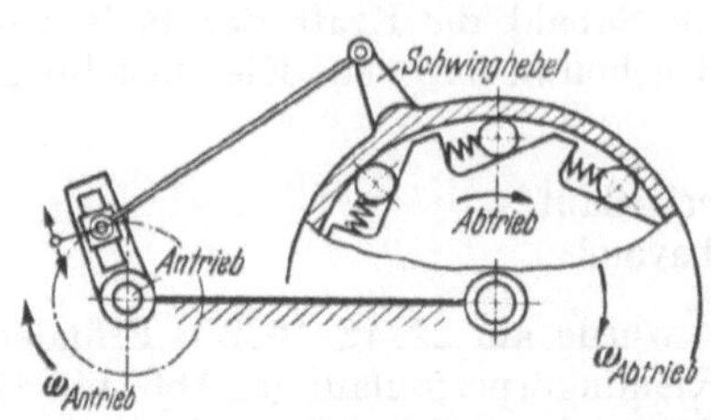

Abb. 114/1. Prinzip eines Schaltwerksregelgetriebes nach [10]

Ungleichförmigkeitsgrad

$$\boxed{\delta_U = \frac{\Delta\omega}{\omega_m}\cdot 100} \quad [\%] \qquad (114/1)$$

Er ist eine wesentliche Kenngröße. In Gl. (114/1) bedeutet $\Delta\omega$ die Winkelgeschwindigkeitsdifferenz (s. Abb. 114/2 u. 115/1) und ω_m die mittlere Winkelgeschwindigkeit.

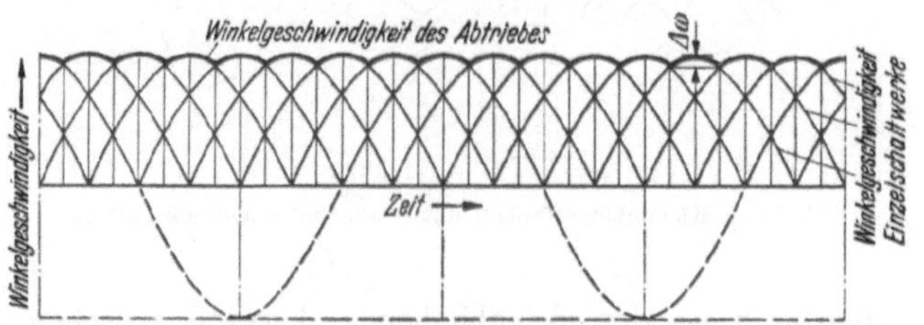

Abb. 114/2. Verlauf der Winkelgeschwindigkeit in einem Schaltwerksregelgetriebe mit acht phasenversetzten Schaltwerken nach [10]

Winkelgeschwindigkeitsdifferenz

$$\boxed{\Delta\,\omega = \omega_{\max} - \omega_{\min}} \quad [1/s] \qquad (114/2)$$

Mittlere Winkelgeschwindigkeit

$$\boxed{\omega_m = \frac{\omega_{\max} + \omega_{\min}}{2}} \quad [1/s] \qquad (114/3)$$

Es ist aber konstruktiv schwierig, derart viele Schaltwerke ohne erheblichen Aufwand unterzubringen. Man wird daher höchstens 4 oder 5 wählen. Um nun $\Delta\omega$ relativ klein zu halten, d.h. eine gute Überlappung der Geschwindigkeitskurven zu erreichen, muß man den getriebetechnischen Aufbau erweitern. Man darf sich also nicht mit einem Viergelenkgetriebe begnügen. Kinematisch bietet sich eine Siebengelenkkette an. Für einen bestimmten Anwendungsfall wurden für die Maximal- und die Mittelstellung die Winkelgeschwindigkeiten und Winkelbeschleunigungen über der Zeit aufgetragen (s. Abb. 115/1). Da eine analytische Darstellung bei solchen Fällen zu umständlich würde, wendet man die aus der Getriebeanalyse bekannten graphisch-rechnerischen Methoden an. So gilt z.B. im vorliegenden Fall für die

Geschwindigkeiten und Beschleunigungen

$$\mathfrak{v}_c = \mathfrak{v}_{c\,\mathrm{mit}\,1} + \mathfrak{v}_{c\,\mathrm{auf}\,1}$$

$$\mathfrak{b}_c = \mathfrak{b}_{c\,\mathrm{mit}\,1} + \mathfrak{b}_{c\,\mathrm{auf}\,1} + \mathfrak{b}_{\mathrm{Coriolis}}$$

Für die Maximalstellung ergibt sich ein Ungleichförmigkeitsgrad

$$\underline{\delta_U \approx 20\,\%}$$

und für die Mittelstellung, gestrichelt gezeichnet, ein solcher von

$$\underline{\delta_U \approx 10\,\%}$$

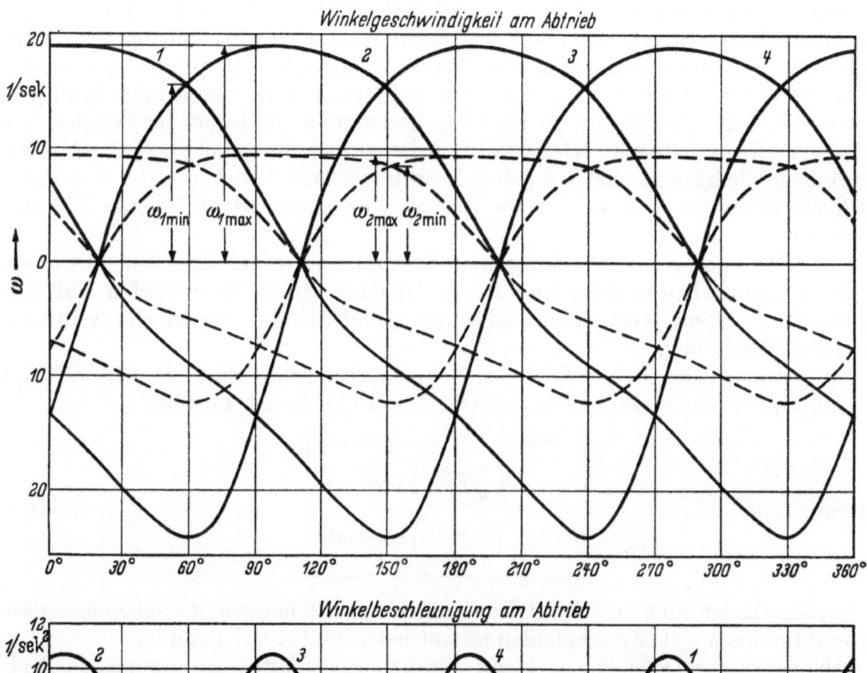

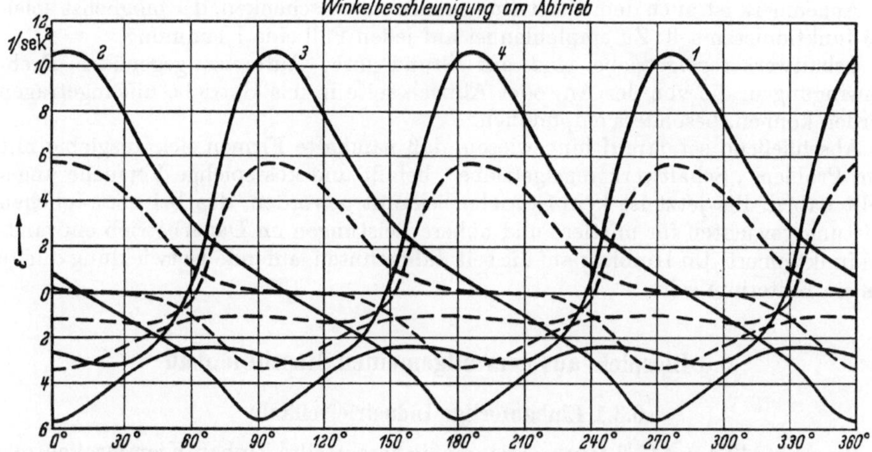

Abb. 115/1. Winkelgeschwindigkeit und Winkelbeschleunigung in einem Schaltwerksregelgetriebe mit vier phasenversetzten Schaltwerken, dessen kinematischer Aufbau einer Siebengelenkkette entspricht. Die Werte beziehen sich auf eine Antriebskurbelzapfengeschwindigkeit $v_A = 1$ m/sek

Im mittleren Bereich ist eine gute Überlappung der Geschwindigkeiten vorhanden, aus welcher der noch erträgliche Ungleichförmigkeitsgrad resultiert. Die Beschleunigungen sind sehr steil ansteigend. Daraus ergeben sich hohe Massenkräfte. Rein kinematisch gesehen besteht somit die Forderung, den Regelbereich nicht zu groß zu wählen, also im vorliegenden Falle unter der gezeichneten Mittelstellung zu bleiben.

Durch die vielen Gelenke mit ihren Spielen sind die Laufwerksteile hohen Beschleunigungen und Stößen ausgesetzt. Vor allem tritt in den Freiläufen Verschleiß und Erwärmung auf. Die hohen Lastwechselzahlen infolge des ständigen Pulsierens und die Schwellbelastungen bedingen *niedere* Wälzpressungen (s. WÖHLERkurve Abb. 76/1). Dies ist die Erklärung für die vorzeitige Ermüdung der hohen Belastungen und Lastwechselzahlen ausgesetzten Freiläufe in Schaltwerksregelgetrieben. Durch die rasche Folge des Schaltvorganges wird ein Schwingen der Rollen und Federn nie ganz vermieden werden können. Es tritt praktisch bei jedem Schalten, außer dem Momentenstoß noch auf Grund des verursachten Schlupfes, ein Geschwindigkeitsstoß auf. Es muß beachtet werden, daß stets der Teil des Freilaufes, der die zylindrische Klemmbahn aufweist, schaltet und überholt. Andernfalls müssen die Klemmrollen bei jedem Leerhub gegen die Richtung der Federkraft beschleunigt werden, was die Ursache von Schwingungen und erheblichen Schlupfes sein kann.

Schwierig ist es, einen über den ganzen Verstellbereich funktionierenden Massenausgleich herzustellen und die Anordnung der Kurbeltriebe so zu treffen, daß kein Wärmestau entsteht. Gute Wärmeabführung und Schmierung ist eine selbstverständliche Forderung.

Eine wesentliche Kenngröße für Schaltwerksregelgetriebe ist der Schlupf, Gl. (116/1), der eine starke Abhängigkeit vom Drehmoment aufweist.

Gesamtschlupf

$$S_R = \frac{\left(\dfrac{n_{\text{Antrieb}}}{n_{\text{Abtrieb}}}\right)\text{Last}}{\left(\dfrac{n_{\text{Antrieb}}}{n_{\text{Abtrieb}}}\right)\text{Leerlauf}} \qquad (116/1)$$

Augenmerk ist auch dem Verstellmechanismus zu schenken, der möglichst spielfrei funktionieren soll. Zu empfehlen ist auf jeden Fall eine Klemmung.

Schaltwerksregelgetriebe sind auf Grund ihres Aufbaues gegenüber Drehschwingungen, die von der An- oder Abtriebsseite in das Getriebe hineingetragen werden können, besonders empfindlich.

Abschließend sei darauf hingewiesen, daß namhafte Firmen sich ausgiebig mit dem Problem „Schaltwerksregelgetriebe" befaßt und kostspielige Versuche angestellt haben. Bis jetzt ist kein Getriebe bekannt geworden, das bei verträglichen Leistungsgewichten für mittlere und höhere Leistungen im Dauerbetrieb einwandfrei funktioniert. Im Hinblick auf die seit Jahrzehnten laufende Entwicklung dürfte das ein Kriterium sein.

6.3 Beispiele aus dem allgemeinen Maschinenbau

6.3.1 Einbaufertige Industriefreiläufe

Die Abb. 117/1 u. 117/2 zeigen serienmäßig hergestellte Einbau-Klemmrollenfreiläufe. Der Stern ist mit einer Bohrung zur Aufnahme auf einer Welle versehen, wogegen der Außenring in einer Bohrung aufgenommen und zentriert werden muß.

Die Kraftübertragung erfolgt am Außenring über die Stirnnuten und am Stern über die Paßfedernut. Die Ausführung nach Abb. 117/2 weist im Außenring durch

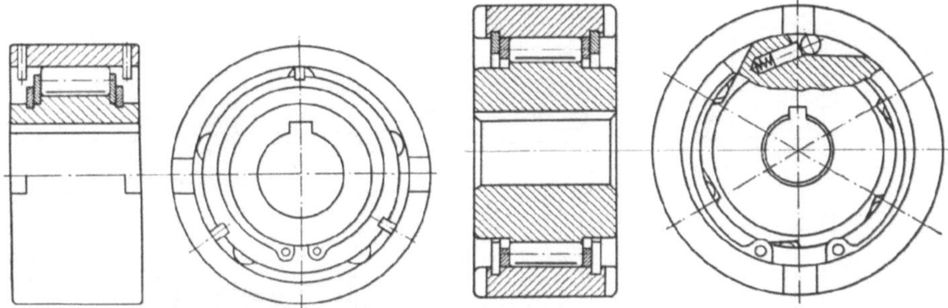

Abb. 117/1. Einbau-Klemmrollenfreilauf mit Innenstern nach [65]

Abb. 117/2. Einbau-Klemmrollenfreilauf mit Innenstern nach [66]

Sicherungsringe gehaltene Anlaufscheiben zur axialen Führung der Klemmrollen und des Sternes auf. Bei der Type nach Abb. 117/1 sind die Anlaufscheiben am Stern befestigt. Stern und Klemmrollen sind hierbei gegenüber dem Außenring axial verschiebbar. Dadurch können sich die unvermeidbaren axialen Einbaufehler nicht auswirken. Das Herausfallen des Sternes mit den Klemmrollen verhindern Schwerspannstifte am Außenring.

In Abb. 117/3 sind der größte und der kleinste Einbau-Klemmrollenfreilauf einer Typenreihe dargestellt, die auf den Wälzlagerabmessungen der Normreihe 62 basiert. Um das Drehmoment sicher übertragen zu können, ist für den Sitz Außenring–Bohrung die Passung H 7/r 6 vorgesehen.

Abb. 117/3. Einbaufreiläufe mit Abmessungen der Wälzlagerreihe 62

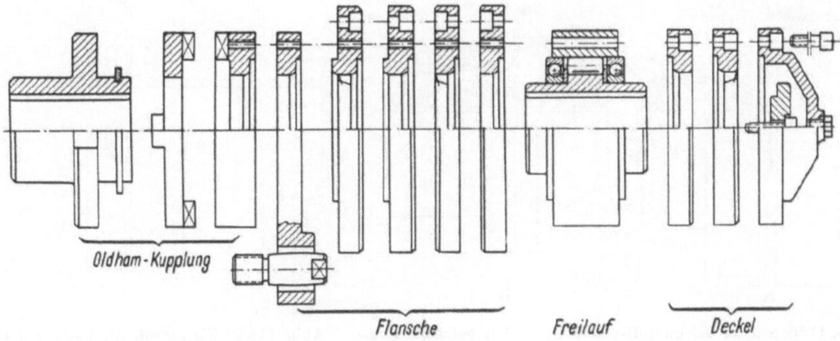

Abb. 117/4. Kombinationsmöglichkeiten bei typisierten, in sich gelagerten Klemmrollen- bzw. Klemmkörperfreiläufen nach [65]

Der Bedarf an Freiläufen für die verschiedensten Verwendungszwecke hat dazu geführt, die Freiläufe zu typisieren und nach dem Baukastenprinzip aufzubauen. Aus Abb. 117/4 sind die einzelnen Bauelemente für ein derartiges System ersichtlich.

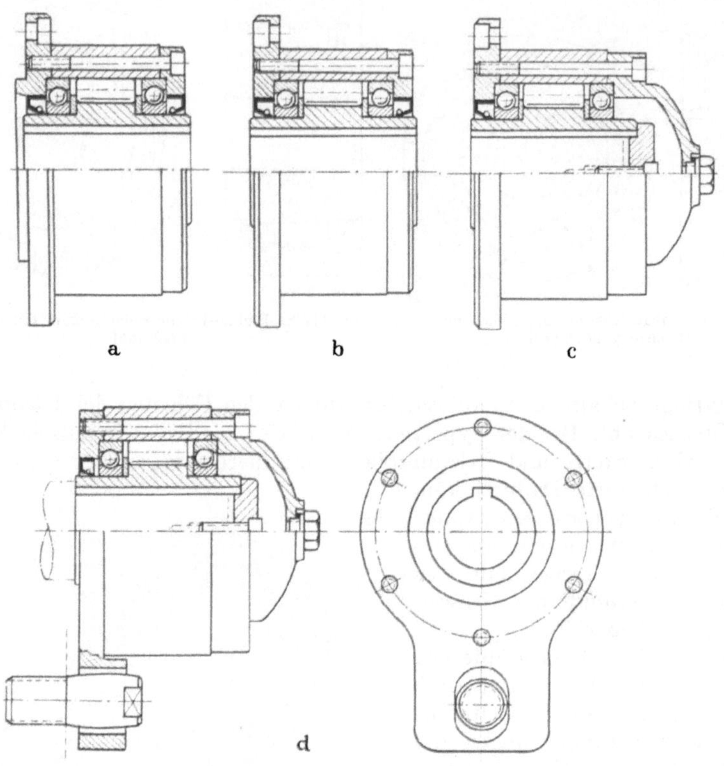

Abb. 118/1 a–d. Beispiele zu Abb. 117/4 nach [65]
a) Rücklaufsperre, vorgesehen zum Anflanschen; b) Überholkupplung; c) Überholkupplung; d) Rücklaufsperre, Drehmomentabstützung über Bolzen

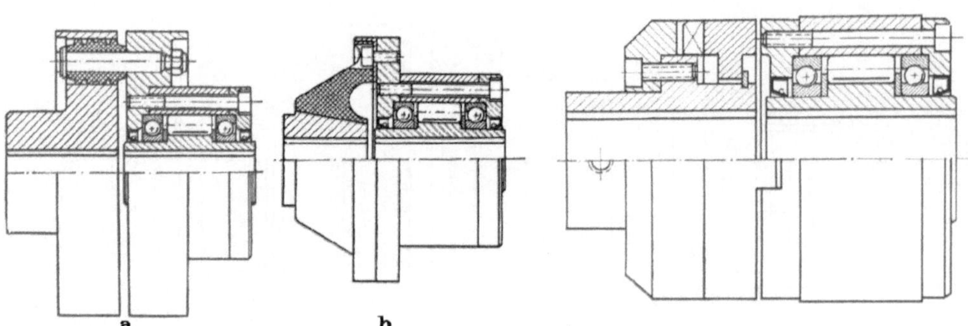

Abb. 118/2 a u. b. Klemmrollenfreilauf, in sich gelagert, kombiniert mit elastischer Kupplung nach [65]
a) Kombination mit Elco-Kupplung; b) Kombination mit Kegelflex-Kupplung

Abb. 118/3. Klemmrollenfreilauf, in sich gelagert, kombiniert mit Oldham-Kupplung nach [65]

Abb. 119/1. Klemmkörperfreilauf, in sich gelagert, mit Distanzrollen und gemeinsamer Anfederung nach [62]

Abb. 119/2. Klemmkörperfreilauf zur Verbindung zweier Wellen, mit gemeinsamer Anfederung und seitlicher Abdichtung nach [62]

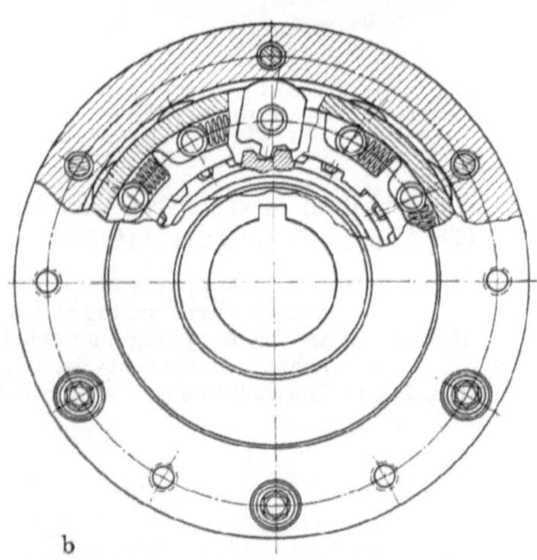

b

Abb. 119/3a u. b. Klemmkörperfreilauf, in sich gelagert, mit einzeln angefederten Klemmkörpern nach [62] a) Gesamtanordnung mit Abdichtung und Lagerung; b) Führung und Anfederung der Klemmkörper

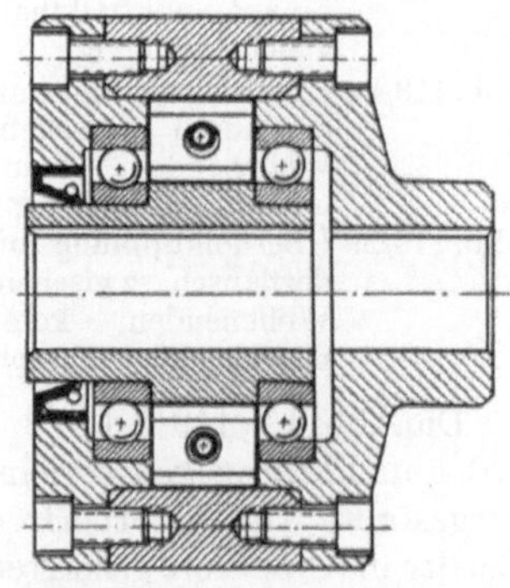

Abb. 119/4. Klemmkörperfreilauf mit Wälzlagerung zur Verbindung zweier Wellen nach [63]

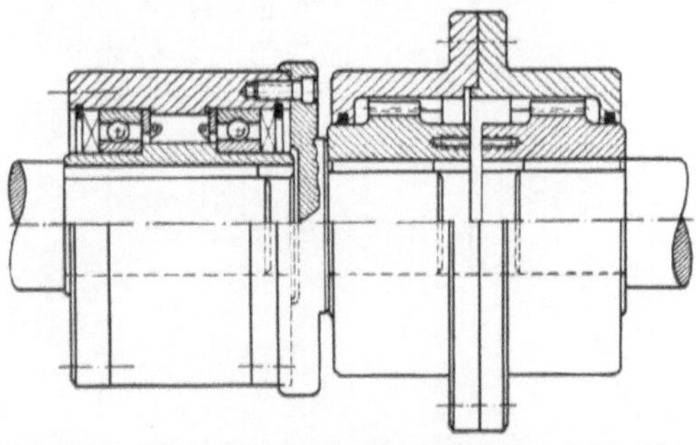

Abb. 119/5. Klemmkörperfreilauf, in sich gelagert, kombiniert mit Doppelzahnkupplung nach [58]

Das Grundelement ist ein in Wälzlagern gelagerter Freilauf, der sowohl als Klemmrollenfreilauf mit Einzelanfederung oder mit Käfigführung, als auch als Klemm-

Abb. 120/1. Klemmkörperfreilauf mit gemeinsamer Anfederung nach [58] Verwendungszweck: Überholkupplung für hohe Drehzahlen des Außenteiles

Abb. 120/2. Klemmkörperfreilauf mit Gleitlagerung nach [58]

körperfreilauf in seinen verschiedenen Ausführungsformen ausgebildet sein kann. Die Abb. 118/1, 118/2 u. 118/3 zeigen einige Kombinationsmöglichkeiten.

Abb. 118/1a Überholkupplung oder Rücklaufsperre, am Gegenkörper zentriert und angeflanscht, dient bei Verwendung als Rücklaufsperre gleichzeitig als Lagerung des Wellenendes

Abb. 118/1b Überholkupplung oder Schaltwerk für durchgehende Welle. Vorgesehen zur Aufnahme von Riemenscheiben, Zahnrädern usw.

Abb. 118/1c Überholkupplung oder Schaltwerk – mit vergrößerter Schmierstoffkammer – zum Anbringen an Wellenende. Vorgesehen zur Aufnahme von Riemenscheiben, Zahnrädern usw.

Abb. 118/1d Rücklaufsperre zum Anbringen an Wellenende. Abstützung des Außenteiles mittels Gewindebolzens

Abb. 118/3 Überholkupplung zwischen zwei Wellenenden, kombiniert mit Oldham-Ausgleichskupplung

Abb. 118/2a Überholkupplung mit Sonderflansch zwischen zwei Wellenenden, kombiniert mit Elco-Kupplung

Abb. 118/2b Überholkupplung mit Sonderflansch zwischen zwei Wellenenden, kombiniert mit Kegelflex-Kupplung.

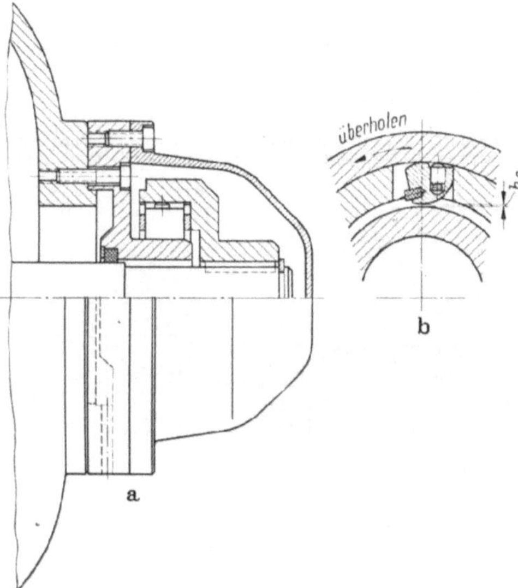

Abb. 120/3 a u. b. Berührungsfreie Klemmkörper-Rücklaufsperre nach [65]
a) Längsschnitt; b) Klemmkörper berührungsfrei

Die Abb. 3/2, 119/1, 119/2, 119/3, 120/1 u. 120/2 zeigen serienmäßig hergestellte Klemmkörperfreiläufe. Bei der in Abb. 120/2 gezeigten Ausführung ist die Lagerung des Innenteiles gegenüber dem Außenteil mittels Gleitlagerung durchgeführt. Der in Abb. 120/1 dargestellte Freilauf dient im speziellen für Anwendungsfälle, bei welchen der Außenring mit hohen Drehzahlen überholt. Ausbildung der Klemmkörper s. Abb. 80/1.

In Abb. 119/4 ist die serienmäßige Ausführung eines Klemmkörper-Nabenfreilaufes mit Wälzlagerung gezeigt. Er dient zur Verbindung zweier Wellen, die jedoch genau fluchten müssen.

Abb. 119/5 zeigt einen Klemmkörperfreilauf in Verbindung mit einer Doppelzahnkupplung, die zum Ausgleich von Fluchtungsfehlern und Wärmedehnungen vorgesehen ist. Es muß jedoch beachtet werden, daß trotz der Verwendung einer Zahnkupplung ein Axialschub von etwa 10–15% der Umfangskraft auftreten kann. Derartige Ausführungen kommen meist nur für größere Abmessungen in Frage.

Die in Abb. 120/3 dargestellte Rücklaufsperre ist ein berührungsfreier Klemmkörperfreilauf, dessen Innenteil mit dem Gehäuse – z. B. eines Elektromotors – fest verbunden ist. Der Außenteil sitzt auf dem Wellenende. Die Rücklaufsperre ist staub- und wasserdicht für den Einsatz im Freien ausgebildet.

6.3.2 Kettenradfreilauf

Kettenradfreiläufe finden häufig beim Antrieb von Horizontal- und Schrägförderanlagen als Überholkupplungen Verwendung. Sie dienen dazu, die gegebenenfalls durch das Fördergut erzeugten Beschleunigungskräfte vom Antrieb fernzuhalten.

Abb. 121/1 zeigt die Ausführung eines derartigen Freilaufes. Der Außenring *2* ist als Kettenrad ausgebildet und auf dem Stern *1* zentriert und gelagert. Da das Überholen nur kurzzeitig auftritt und die Relativgeschwindigkeiten unbedeutend sind, genügt diese Art der Gleitlagerung. Der Freilauf ist durch Anlaufscheiben axial geführt und abgeschlossen.

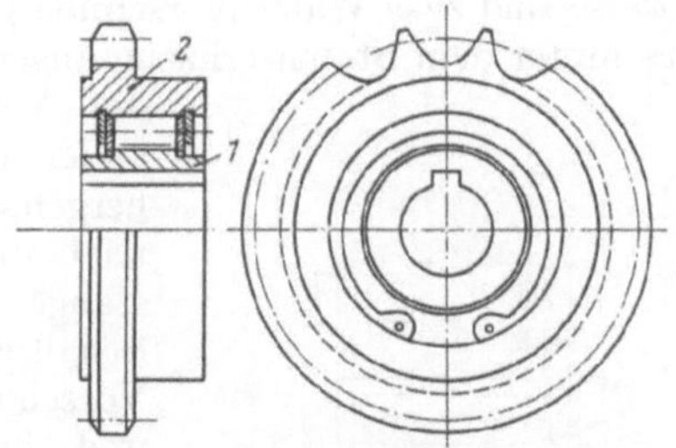

Abb. 121/1. Kettenradfreilauf für Förderanlagen

6.3.3 Umschaltbarer Freilauf

In Abschn. 6.1.21, Abb. 109/2 wurde bereits ein aus der Patentliteratur bekanntgewordener umschaltbarer Klemmrollenfreilauf besprochen und dargestellt.

Abb. 122/1 zeigt eine praktische Ausführung, wie sie für die Seilführung bei einer Kabelwinde verwendet wurde. Der Außenring *2* ist auf dem Stern *1* gelagert. Die Klemmrollen *3* werden durch den Käfig *6* geführt und gesteuert. Von der Schiebemuffe *7* wird die Axialbewegung in eine Drehbewegung umgewandelt und auf den Schaltring *8* übertragen, der über die Federn *5* und *5'* mit dem Käfigring *9* verbunden ist. Die Zugfedern *5* und *5'* besorgen je nach Stellung des Schaltringes *8* die Umsteuerung und Anfederung.

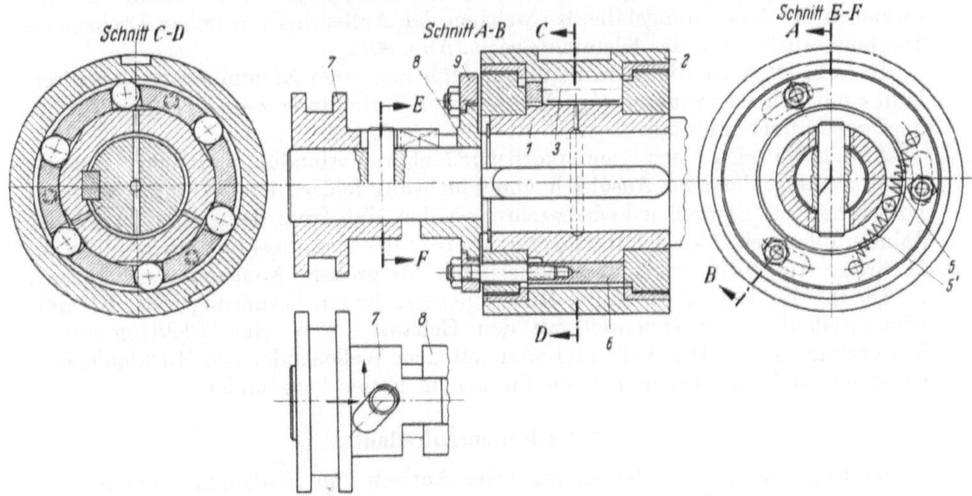

Abb. 122/1. Umschaltbarer, käfiggeführter Freilauf mit Gleitlagerung

6.3.4 Vorschubschaltwerke für Exzenterpressen

Abb. 122/2a zeigt den Walzenvorschub für Exzenterpressen der Fa. Schuler, Göppingen.

Für eine Exzenterpresse sind zwei Walzenvorschübe vorgesehen, von denen der eine vor und der andere hinter dem Stanzwerkzeug angeordnet ist. Sie sind durch die Verbindungsstange miteinander verbunden. Die hin- und hergehende Bewegung der Antriebsstange bzw. Verbindungsstange wird von den beiden Schaltwerken in eine Dreh- bzw. Vorschubbewegung umgewandelt und über Zahnräder auf die Vorschubwalzen übertragen. Auf der Welle *8* ist eine Bremse angebracht, die eine rückläufige Drehung der Walzen verhindert.

Der Aufbau der Schaltwerke ist aus Abb. 122/2b ersichtlich. Im Gehäuse *9*, an welchem die Antriebs- und die Verbindungsstange angelenkt sind, ist der Außenring *2* eingesetzt und überträgt über die Klemmrollen *3* das Drehmoment und die Dreh-

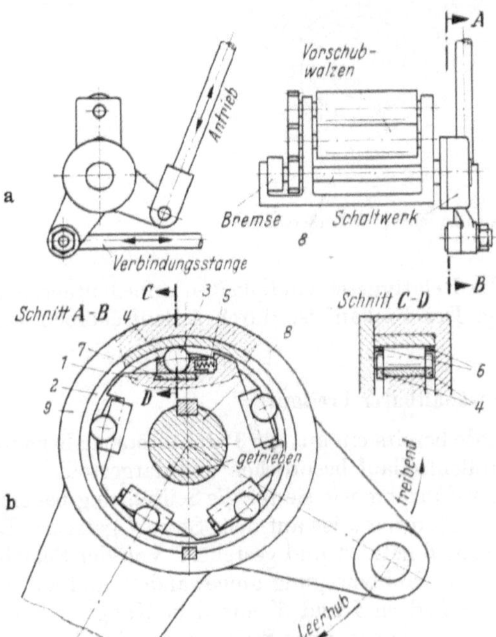

Abb. 122/2a u. b. Vorschubschaltwerk für Exzenterpressen
a) Gesamtanordnung des Walzenvorschubes;
b) Klemmrollenschaltwerk mit Innenstern und einzeln angefederten Klemmrollen

bewegung auf den Stern *1* und somit auf die Welle *8*. Der Außenring ist auf dem Stern gelagert, dessen Klemmflächen mit eingelöteten Hartmetallplatten *7* bestückt sind. Mittels der Führungsschuhe *4* werden die Klemmrollen achsparallel geführt und durch die Federn *5* in den Eingriff gedrückt. Die Klemmrollen sind durch die Ringe *6* axial gehalten.

Abb. 123/1 zeigt ein Schaltwerk mit Rücklaufsperre. Wie aus dem vorhergehenden Beispiel ersichtlich, ist bei Vorschubschaltwerken fast immer eine Vorrichtung erforderlich, die eine rückläufige Bewegung beim Leerhub des Schaltwerkes verhindert. Im vorliegenden Fall wird daher mit dem Vorschubschaltwerk eine Rücklaufsperre kombiniert. Dadurch erhält man eine sehr gedrängte Bauweise.

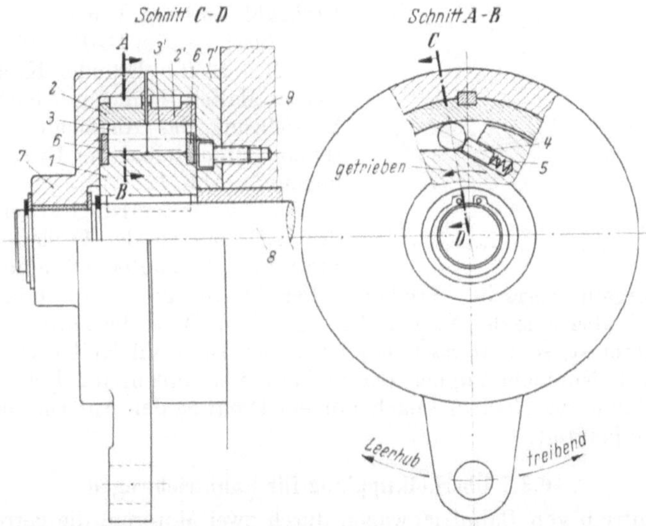

Abb. 123/1. Klemmrollenschaltwerk, kombiniert mit Rücklaufsperre

Auf einen gemeinsamen Stern *1* wirken die Klemmrollen *3* des Schaltwerkes sowie die Klemmrollen *3'* der Rücklaufsperre. Der Außenring *2* des Schaltwerkes ist über das Gehäuse *7*, welches auf der Welle *8* drehbar gelagert ist, mit dem Antrieb verbunden. Das Drehmoment und die Drehbewegung werden also über die Teile *7*, *2*, *3* und *1* auf die Welle *8* übertragen. Beim Leerhub stützt sich die Welle *8* über den Stern *1*, die Klemmrollen *3'*, den Außenring *2'* und das Gehäuse *7'* am Gestell *9* ab, so daß eine rückläufige Drehung unterbunden wird. Da das Schaltwerk und die Rücklaufsperre praktisch schlupffrei arbeiten, wird durch die in Abb. 123/1 gezeigte Anordnung eine erhöhte Vorschubgenauigkeit erreicht (s.a. Abschn. 6.1.13).

6.3.5 Schaltwerk für landwirtschaftliche Maschinen

Für Entladevorrichtungen, wie sie z.B. unter Gm 1742775, 81 e 104 und Gm 1744221, 45 b 6/01 geschützt sind, werden Schaltwerke, kombiniert mit Rücklaufsperren, gebaut. Der Antrieb erfolgt von der Zapfwelle eines Ackerschleppers aus. Die Anordnung eines solchen Schaltwerkes bedeutet die Einsparung eines relativ teueren Stufengetriebes.

Die Hubverstellung erfolgt durch Versetzen des Gelenkpunktes an dem mit entsprechenden Bohrungen versehenen Hebelarm des Schaltwerkes. Es ist aber auch eine stufenlose Verstellung des Gelenkpunktes mittels einer Schraubenspindel oder ähnlicher Einrichtungen möglich.

6.3.6 Freilauf zum Abschalten diskontinuierlich arbeitender Zentrifugen

Bei Zentrifugen, die häufig im Stillstand beschickt und entleert werden müssen, z.B. beim Trocknen von naßbehandelten Textilerzeugnissen, ist es notwendig, die Schleudertrommel nach dem Schleudervorgang aus Gründen der Zeitersparnis rasch zum Stillstand zu bringen. Dies kann auf einfache Weise durch Gegenstrombremsung erfolgen. Dabei tritt normalerweise ein unerwünschtes und für das Schleudergut schädliches Rückwärtsdrehen nach Erreichen der Drehzahl Null ein. Um dies zu vermeiden, kann durch eine im DBP 919275, 82 b 11/50 vom 27.7.1952 – Erfinder Kurt Wendler (Kraus-Maffei), München-Allach – gezeigte Vorrichtung das Ausschalten des Gegenstromes unmittelbar bei Drehzahl Null erfolgen (s. Abb. 124/1).

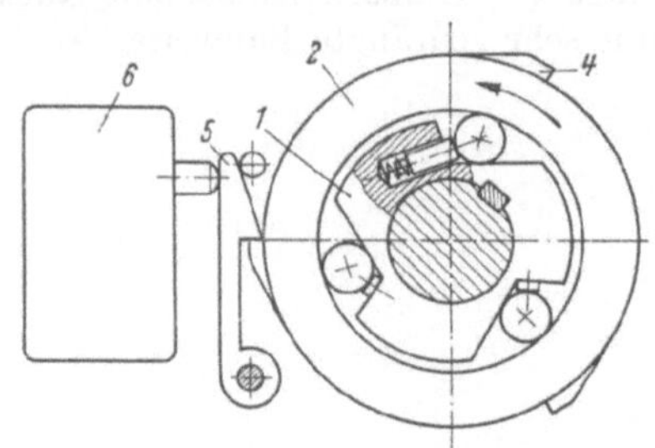

Abb. 124/1. Klemmrollenfreilauf zum Abschalten diskontinuierlich arbeitender Zentrifugen

Auf der der Zentrifuge abgekehrten Seite des E-Motors ist der Freilauf mit seinem Stern *1* auf die Läuferwelle aufgesetzt. Beim Schleudervorgang herrscht ,,Freilauf''. Der Außenring *2* wird dabei durch den Sperrhebel *5* über eine der Nocken *4* festgehalten. Wird der Motor durch Gegenstrom abgebremst, so tritt nach Erreichen der Drehzahl Null rückläufige Drehbewegung auf. Nunmehr kuppelt der Freilauf. Der Außenteil *2* dreht in Pfeilrichtung, wobei eine der Nocken *4* nach kurzem Drehweg den Ausschalter *6* über den Sperrhebel *5* betätigt.

6.3.7 Überholkupplung für Bahntriebwagen

Beim Antrieb von Bahntriebwagen durch zwei Motoren, die getrennt auf die Triebachsen wirken, kann bei Störung an einem Maschinenaggregat dadurch Totalschaden auftreten, daß dieses durch die Bewegungsenergie des weiter durch den zweiten Motor angetriebenen Fahrzeuges zerstört wird. Um dies zu vermeiden, wurde von der MAN-Augsburg, besonders für Fahrzeugantriebe mit zwei Maschinenanlagen, eine spezielle Kupplungskombination (s. Abb. 125/1) entwickelt. In die Schwungräder der Dieselmotoren wird je ein Klemmrollenfreilauf als Überholkupplung eingebaut, der über eine Schwingmetallkupplung mit dem Schwungrad verbunden ist. Diese Bauweise ist sehr raumsparend.

Betriebsdaten für den dargestellten Fall:

$$\begin{aligned} \text{Leistung } N &= 250\,\text{PS} \\ \text{Drehzahl } n &= 1500\,\text{U/min} \\ M_{t\,\text{mittel}} &= 119{,}4\,\text{mkg} \\ M_{t\,\max} &= 239\,\text{mkg} \\ \vartheta_{\text{statisch}} &= 2{,}6^\circ/100\,\text{mkg} \end{aligned}$$

Der Freilauf kann notfalls im Stillstand mittels einer Zahnkupplung innerhalb weniger Minuten gesperrt werden.

Infolge der großen Elastizität der Schwingmetallkupplung liegen die Resonanzgebiete so weit unter der Leerlaufdrehzahl, daß im ganzen Drehzahlbereich der Maschinenanlagen keine störenden kritischen Drehzahlen auftreten können (s. Abschn. 4.8.3)

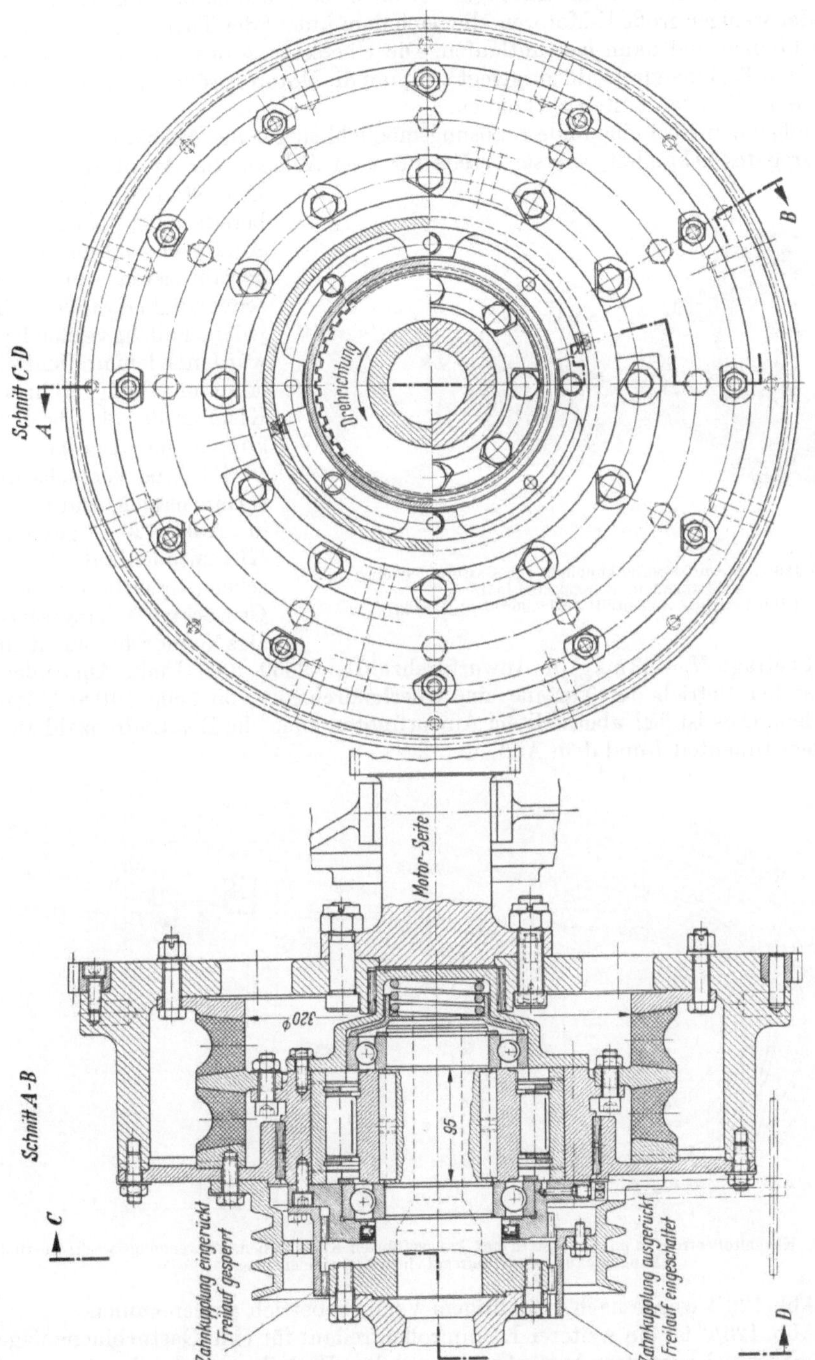

Abb. 125/1. Überholkupplung für Bahntriebwagen (MAN)

6.3.8 Klemmrollenfreiläufe für Gasturbinenanlagen

Für das Anwerfen von Gasturbinen, vor allem bei stationären Anlagen, dienen mehr oder weniger große E-Motoren, die nach dem Anlauf der Turbine abgeschaltet werden können und dann leer mitlaufen. Die Übersetzung des Vorschaltgetriebes muß je nach Turbinendrehzahl ausgelegt sein, um die Motorengröße und nicht zuletzt den Preis in Grenzen halten zu können.

Im folgenden wird eine andere Lösungsmöglichkeit für die Ausbildung des Anwurfaggregates behandelt, wie sie bereits für zwei Anlagen zur Ausführung kam. Um ständige Eingriffsbereitschaft, auch bei Anfahrschwankungen, zu gewährleisten und Geschwindigkeitsstöße in jedem Fall zu vermeiden, wurden Klemmrollenfreiläufe mit käfiggeführten Klemmrollen als Überholkupplungen verwendet.

Abb. 126/1. Anwurf-Überholkupplung für Gasturbinenanlage (STIEBER u. NEBELMEIER [65])
1 Innenstern; 2 Außenteil; 3 Klemmrollen; 6 Käfig

Für eine Versuchsgasturbinenanlage wurde der in Abb. 126/1 gezeigte Klemmrollenfreilauf zwischen Anwurfmotor und Gasturbine eingesetzt. Das Nenndrehmoment am Freilauf beträgt $M_t = 33$ mkg, die Anwurfdrehzahl $n = 2500$–4000 U/min. Am Außenteil *2* ist bei Betrieb der Turbine eine Überholdrehzahl von 8500–10000 U/min vorhanden. Dies ist bei abgestelltem Anwurfmotor auch die Relativdrehzahl zwischen dem Innenteil *1* und dem Außenteil *2*.

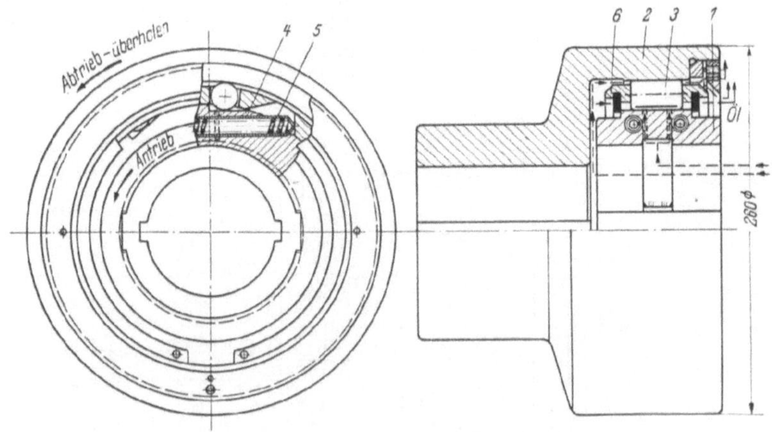

Abb. 126/2. Klemmrollenfreilauf mit Innenstern und käfiggeführten Klemmrollen. Verwendungszweck: Überholkupplung für Anwurfaggregat einer Gasturbinenanlage

Die Abb. 126/1 wurde nach $1^1/_2$jährigem Versuchsbetrieb aufgenommen.

In Abb. 126/2 ist ein weiterer Klemmrollenfreilauf für eine Gasturbinenanlage gezeigt. Er ist zwischen dem Anwurfmotor und dem Verteilergetriebe eingebaut und für eine Leistung von etwa 500 PS bei einer Anwurfdrehzahl von 3000 U/min ausgelegt. Die Überholdrehzahl des Außenteiles *2* beträgt ~ 7500 U/min. Der Innenteil *1* ist über eine Zahnkupplung mit der Läuferwelle des Anwurfmotors, der Außenteil *2* mit der Getriebewelle verbunden. In dem Käfig *6* sind die Klemmrollen *3* geführt und durch die Druckhülsen *4* und die Druckfedern *5* angefedert. Besondere Sorgfalt wurde auf die Schmierung und Kühlung verwendet. Der Öldurchfluß ist schematisch eingezeichnet.

6.3.9 Kegelfreilauf zwischen zwei Dampfturbinen

Wie schon in den Abschnitten 4.4 und 6.1.26 erwähnt, kann ein Kegelfreilauf durch Ausrücken bei „Freilauf" berührungsfrei gemacht werden. Diese Eigenschaft ist vor allem dann von Bedeutung, wenn während langer Überholperioden hohe Überholgeschwindigkeiten im Freilauf auftreten.

Abb. 127/1 zeigt ein Beispiel für die Verwendung eines Kegelfreilaufes als Überholkupplung zur Verbindung des Hochdruck- und Niederdruckteiles einer Dampfturbine von 1360 kW Gesamtleistung bei 7000 U/min. Die Turbine dient zum Antrieb eines Generators. Während die HD-Turbine im Dauerbetrieb arbeitet, wird die ND-Turbine nur während der Nacht eingesetzt. Untertags benutzt man den Abdampf der HD-Turbine für eine Heizung. Der Zweck der Freilaufkupplung besteht darin, die beiden Turbinenteile während des Betriebes nicht nur zu trennen, sondern auch wieder miteinander zu kuppeln. Dies ist mit Kupplungen üblicher Bauart nicht möglich. Diese erfordern jeweils ein Stillsetzen und Hochfahren der Anlage mit den damit verbundenen Nachteilen.

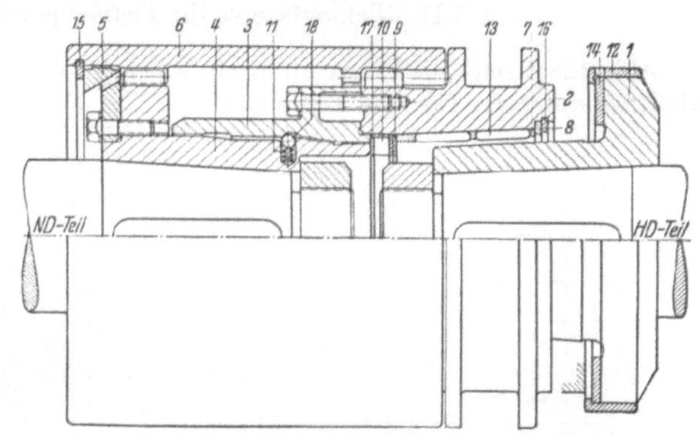

Abb. 127/1. Kegelfreilauf zum Kuppeln zweier Dampfturbinen während des Betriebes nach [10]

Auf der Welle der HD-Turbine ist der Freilaufkegel *1* befestigt, der an seinem Flansch mit dem Anlaufring *14* und dem Haltering *12* versehen ist. Der Freilaufkegel *1* wird vom Freilaufring *2* umschlossen, in dessen Kegelbohrung der Rollenkäfig *7* und die gegen Herausfallen aus dem Käfig gesicherten Rollen *13*, hochdruckseitig die Anlaufscheibe *8* und der Sicherungsring *16*, sowie niederdruckseitig die Anlaufscheibe *9*, die Wellenfeder *10* und der Anlagering *17* angeordnet sind. Außerdem ist der Freilaufring *2* an seinem Außendurchmesser mit einer Führungsnut versehen, in welche die Gleitsteine der Schaltvorrichtung eingreifen. Der Freilaufring *2* ist mittels Zentrieransatz und Schrauben mit der Zentrierhülse *3* verbunden, die ihrerseits auf dem Zentrierkegel *4* verschiebbar gelagert ist. Der Zentrierkegel *4* ist mit der Welle der ND-Turbine fest verbunden. Außerdem ist am Zentrierkegel *4* die Führungsscheibe *5* mittels Schrauben befestigt. Auf der Führungsscheibe ist die Zahnhülse *6* angeordnet und mittels des Sicherungsringes *15* gegen Verschieben gesichert. Die Zahnhülse ist außerdem an der Zentrierhülse *3* zentriert und mit dem Zentrierkegel *4* und dem Freilaufring *2* über eine Verzahnung formschlüssig verbunden.

Die HD-Turbine läuft im Dauerbetrieb mit einer Betriebsdrehzahl von 7000 U/min. Soll die ND-Turbine für den Generatorantrieb miteingesetzt werden, so wird sie nach dem Vorwärmen auf 6800–6900 U/min hochgefahren. Dabei besteht zwischen dem Freilaufkegel *1* und dem Freilaufring *2* mit dem Käfig *7* und den Rollen *13* keine Berührung. Diese wird erst dadurch hergestellt, daß mittels einer Schaltvorrichtung über die in der Führungsnut des Freilaufringes *2* liegenden Gleitsteine der Freilaufring nach der Hochdruckseite hin verschoben wird. Der ND-Läufer wird nun so beaufschlagt, daß die Drehzahl um 10–20 Umdrehungen je Sekunde zunimmt. Bei 7000 U/min, der Synchrondrehzahl, beginnt der Kupplungsvorgang (s. Abschn. 4.4 u. 4.8). Die ND-Turbine kann nunmehr auf volle Leistung gebracht werden. Das Abschalten der ND-Turbine erfolgt in der Weise, daß die Dampfzufuhr gedrosselt wird, bis n_{ND} etwas unter n_{HD} sinkt. In diesem Moment wird der Freilauf über die Schaltvorrichtung ausgerückt. Die ND-Turbine kann jetzt stillgesetzt werden.

6.3.10 Rücklaufsperre für Tieflochpumpenantrieb

Abb. 128/1 zeigt die Verwendung eines berührungsfreien Klemmkörperfreilaufes als Rücklaufsperre für eine Tieflochpumpe. Der Freilauf soll verhindern, daß nach

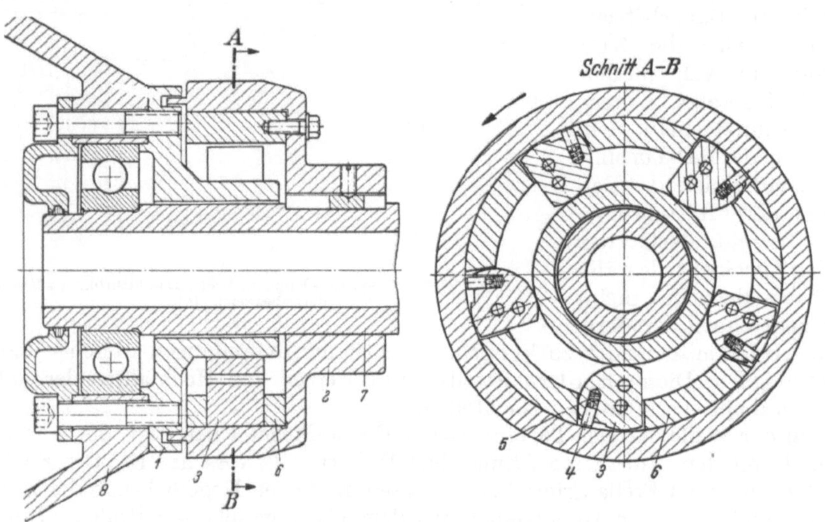

Abb. 128/1. Berührungsfreier STIEBER-Klemmkörperfreilauf mit einzeln angefederten, käfiggeführten Klemmkörpern, ausgebildet als Rücklaufsperre für einen Pumpenantrieb nach [*10*]

dem Abschalten bzw. Ausfall des Motors dieser durch die auf dem Pumpenrad lastende Wassersäule rückläufig angetrieben wird.

Der Außenteil *2* ist über eine Paßfeder mit der Pumpenwelle *7* drehfest verbunden, während der Innenteil *1* an das Gehäuse *8* angeflanscht ist. In dem mit dem Außenteil *2* verschraubten Käfig *6* sind die Klemmkörper *3* mit ihrer Anfederung *4* und *5* geführt. Der Antrieb der Pumpe erfolgt in Richtung des eingezeichneten Pfeiles.

6.4 Beispiele aus dem Kraftfahrzeug- und Flugzeugbau

6.4.1 Verwendung des Klemmrollenfreilaufes zwischen Verbrennungsmotor und Automobilschaltgetriebe

6.4.1.1 Auto-Union-DKW-Freiläufe. Abb. 129/1 und Abb. 130/1 zeigen die Verwendung von Klemmrollenfreiläufen in Personenkraftwagen der Firma Auto-Union–DKW. Der Freilauf nach Abb. 129/1 war in den Wagentypen „Reichsklasse“ und

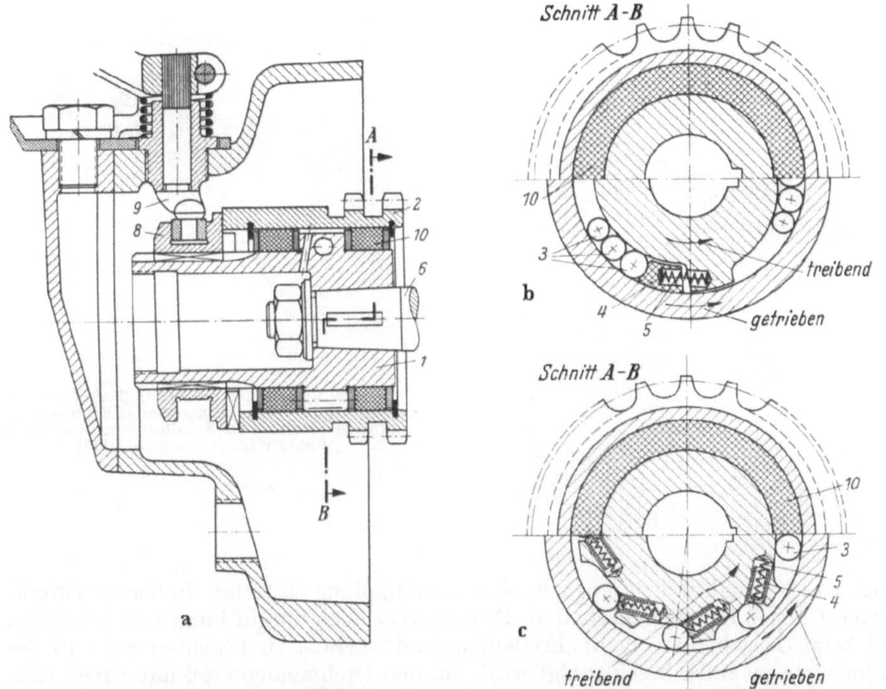

Abb. 129/1 a–c. Sperrbarer Klemmrollenfreilauf mit Innenstern und Gleitlagerung, angeordnet zwischen Motor und Schaltgetriebe des Zweizylinder-Wagens „Meisterklasse“ der Firma Auto-Union
a) Schnittbild der Freilaufanordnung; b) ältere Ausführung mit drei Klemmflächen und je drei im Durchmesser abgestuften, gemeinsam angefederten Klemmrollen; c) neuere Ausführung mit acht Klemmflächen und je einer einzeln angefederten Klemmrolle

„Meisterklasse“ zwischen Motor und Kupplung angeordnet, während der Freilauf nach Abb. 130/1 in der neueren Wagentype „Sonderklasse“ zwischen Kupplung und Getriebe eingebaut ist. Durch diese Anordnung kann in beiden Fällen die Freilaufwirkung in allen Gängen zur Wirkung kommen. Die Ausrüstung der Auto-Union-Personenwagen mit Freiläufen wird seit über 20 Jahren serienmäßig durchgeführt.

Der Einbau eines Freilaufes in dieser Anordnungsart bietet gewisse Vorteile, besonders wenn es sich beim Motor um einen Zweitaktverbrennungsmotor handelt, der mitunter im unteren Drehzahlbereich ungleichförmig läuft. Bei Stadtfahrten ist man vielfach gezwungen, mit sehr niedrigen Geschwindigkeiten zu fahren und dabei häufig die Kupplung zu betätigen. Durch den Freilauf wird dies weitgehend überflüssig. Fährt man mit dem Fahrzeug auf offener Strecke, so kann man den Schwung des Wagens, da die Bremswirkung des Motors ausgeschaltet ist, für eine zügige

Fahrweise ausnützen. Außerdem wird es der Fahrer, vor allem bei längeren Fahrten, äußerst angenehm empfinden, gelegentlich den Fuß vom Gaspedal wegnehmen zu können ohne dabei die sonst übliche Verzögerung auszulösen. Nach den bisherigen Erfahrungen bringt das Fahren mit „Freilauf" eine gewisse Kraftstoffersparnis sowie eine Schonung der Kupplung beim Schalten, da nicht in jedem Falle die Wagenmasse beim Schließen der Kupplung beschleunigt oder verzögert werden

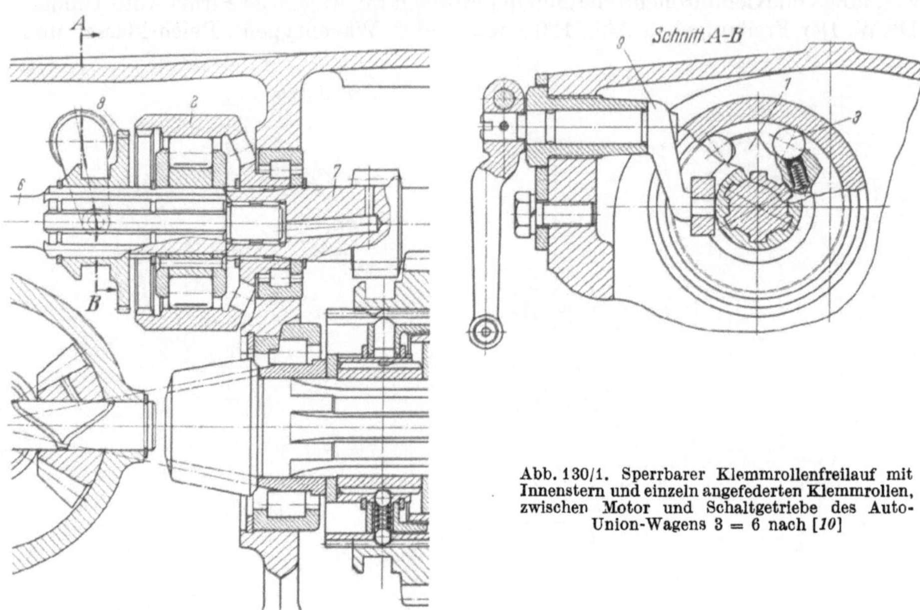

Abb. 130/1. Sperrbarer Klemmrollenfreilauf mit Innenstern und einzeln angefederten Klemmrollen, zwischen Motor und Schaltgetriebe des Auto-Union-Wagens 3 = 6 nach [*10*]

muß. Es ist grundsätzlich möglich, ohne die Kupplung zu treten, in den synchronisierten Gängen herunterzuschalten. Es muß aber auch darauf hingewiesen werden, daß beim Gasgeben aus dem „Freilaufzustand" heraus zu beachten ist, daß der Motor nicht zu stark beschleunigt wird, um den Drehmomentstoß mit seinen Auswirkungen auf die Triebwerksteile beim Schließen des Freilaufes in Grenzen zu halten (s. a. Abschn 4.8). Wenn es der Fahrzustand erfordert, z.B. bei Bergabfahrten, kann der Freilauf auch gesperrt werden, um die Freilaufwirkung auszuschalten. Zur Betätigung der Freilaufsperre während der Fahrt ist zu sagen, daß diese nur eingerückt werden darf, wenn die Relativdrehzahl zwischen Freilauf-Außen- und -Innenteil Null ist. Rollt der Wagen in einem beliebigen Gang mit laufendem Motor im „Freilauf" dahin, so ist gerade soviel Gas zu geben, daß der Freilauf schließt und dann die Sperre einzulegen. Beim Entsperren ist die Kupplung zu treten und die Sperre auszuschalten.

Abb. 129/1a zeigt die Freilaufanordnung im Zweizylinderwagen. Der Freilaufstern *1* sitzt auf dem Endzapfen *6* der Kurbelwelle. Das Außenteil *2* ist als Kettenritzel für eine Duplex-Rollenkette ausgebildet. Die Lagerung zwischen Teil *1* und *2* übernehmen die Ferrozellringe *10*. Über Anlaufscheiben und Sicherungsringe ist der Freilauf axial gehalten. Die Sperrung erfolgt über die Schaltmuffe *8*, die durch den Hebel *9* bewegt wird. Die Schaltmuffe ist auf dem keilwellenförmigen Ende des Innensternes *1* verschiebbar angeordnet und stellt die formschlüssige Verbindung über eine Stirnklauenkupplung zum Außenteil *2* her.

Abb. 129/1 b zeigt die erste Ausführungsart (s.a. [*110*]). Der Innenstern weist drei Klemmflächen auf, welchen jeweils drei im Durchmesser abgestufte Klemmrollen zugeordnet sind. Die Anfederung erfolgt durch Ferrozelldruckklötzchen *4* und Druckfedern *5*. Es erscheint interessant, an dieser Stelle die Belastungswerte für den DKW-Freilauf nach Abb. 129/1 b und für einen nach demselben Prinzip aufgebauten, mit je vier im Durchmesser abgestuften Klemmrollen je Klemmfläche ausgestatteten Freilauf [*28*], zu vergleichen. Dieser, vielfach als Studebaker-Freilauf bezeichnet, erscheint schon in Patenten der Firmen Warner Gear Company, Muncie USA, und Bendix Aviation Corporation, Chicago USA, aus den Jahren 1931 (DRP 576669, 63 c 8/01) und 1933 (DRP 621422, 63 c 8/01).

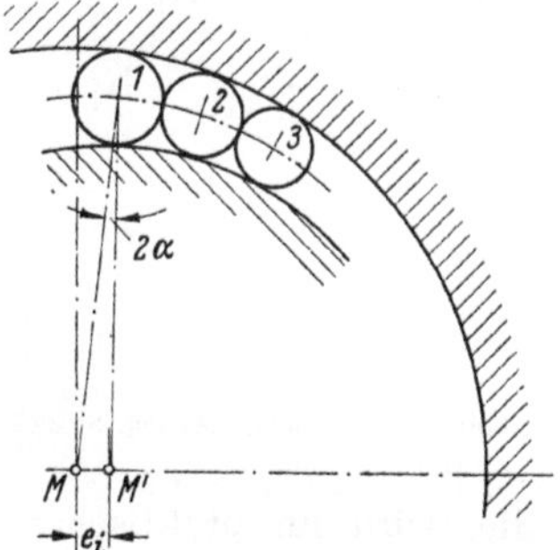

Abb. 131/1. Schema des Freilaufes nach Abb. 129/1 b

Rechengrößen für den DKW-Freilauf nach Abb. 131/1.

Vorgegeben: $M_t = 5000$ mmkg, $r_a = 32$ mm, $r_i = 24{,}63$ mm, $b = 16$ mm, $d_{r_1} = 6{,}95$ mm, $d_{r_2} = 6{,}50$ mm, $d_{r_3} = 6{,}35$ mm, $e_i = 2{,}5$ mm

Nach Durchrechnung gemäß den Gl. aus Abschn. 4.2.1 ergeben sich unter der Voraussetzung, daß jede Rolle die gleiche Umfangskraft überträgt, folgende Werte:

Rolle	d_r [mm]	α [°]	U [kg]	P [kg]	ϱ [mm]	k_t [kg/mm²]	k_t %
1	6,95	2°30′	17,4	397	2,99	4,14	100
2	6,50	2°23′	17,4	415	2,83	4,59	111
3	6,35	2°20′	17,4	425	2,77	4,80	116

Rechengrößen für den sogenannten Studebaker-Freilauf nach Abb. 132/1.

Es gelten dieselben Voraussetzungen wie oben. Für die Berechnung wurde die Einheitslast $U = 1$ kg und die Rollenlänge $b = 1$ mm zugrunde gelegt.

Vorgegeben: $r_a = 45{,}15$ mm, $r_i = 39{,}92$ mm, $e_i = 7{,}14$ mm, $d_{r1} = 11{,}92$ mm, $d_{r2} = 10{,}97$ mm, $d_{r3} = 9{,}75$ mm, $d_{r4} = 8{,}45$ mm

Rolle	d_r [mm]	α [°]	U [kg]	$P = \frac{1}{\tan\alpha}$ [kg]	ϱ [mm]	k_t %
1	11,92	1°40′	1	34,36	5,18	191
2	10,97	2°53′	1	19,92	4,82	119
3	9,75	3°44′	1	15,36	4,34	102
4	8,45	4°19′	1	13,26	3,82	100

Ein Vergleich ergibt, daß bei beiden Freiläufen keine gleichmäßige spezifische Rollenbelastung (Wälzpressung) erzielt wird. Doch ist der erste Fall praktisch als tragbar zu bezeichnen, während im zweiten Fall, infolge der ungünstigeren geometrischen Verhältnisse, besonders die Wälzpressung für die erste Rolle nicht mehr tragbar erscheint. Die theoretische Voraussetzung, gleiche Umfangslast an jeder

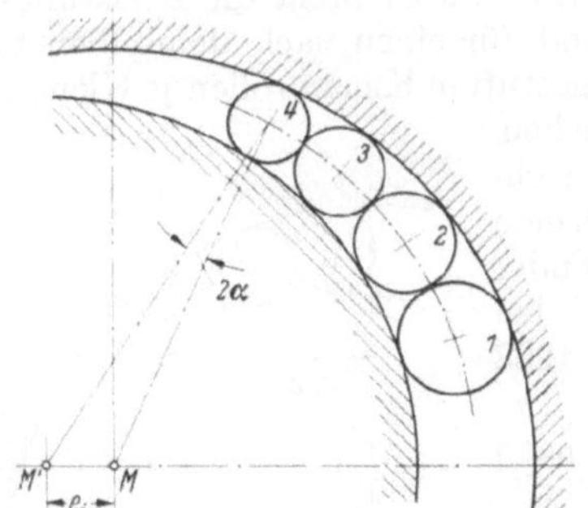

Abb. 132/1. Schema des sog. Studebaker-Freilaufes

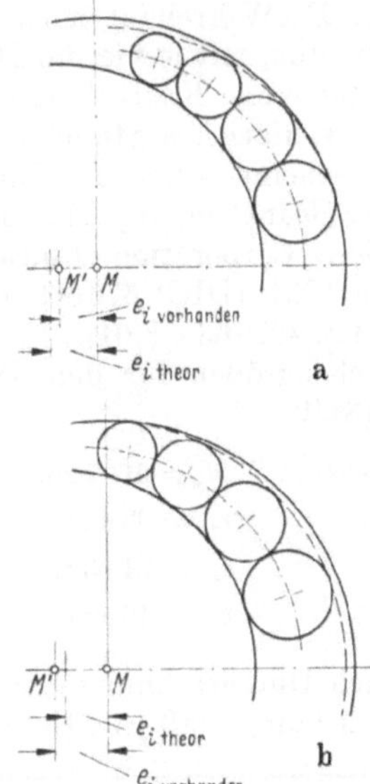

Abb. 132/2a u. b. Auswirkung der Maßabweichungen bei Klemmrollenfreiläufen ähnlich Abb. 132/1 a) Verkleinerung der Exzentrizität e_i; b) Vergrößerung der Exzentrizität e_i

Rolle, wird im praktischen Betrieb nicht erfüllt, da sich je nachdem ein Zustand nach Abb. 132/2a oder b einstellen wird, so daß erhebliche Überbelastungen für einzelne Rollen auftreten werden. Dies dürfte der Grund dafür sein, daß beide Hersteller auf Klemmrollenfreiläufe mit Einzelklemmflächen (s. z.B. Abb. 129/1c) übergegangen sind.

In Abb. 129/1c ist die zuletzt verwendete Ausführungsart des DKW-Freilaufes im Zweizylinderwagen gezeigt. Der Innenstern weist 8 gekrümmte Klemmflächen auf, welchen je eine Klemmrolle ($d_r = 7$ mm) zugeordnet ist. Die Anfederung erfolgt mittels Druckhülsen und Druckfedern.

Für den Dreizylinderwagen wird ein Klemmrollenfreilauf nach Abb. 130/1 eingesetzt. Der Innenstern *1* mit gekrümmten Klemmflächen sitzt auf dem Keilprofil der mit der Kupplung verbundenen Torsionswelle *6* und die Freilaufglocke *2* auf der Getriebewelle *7*. Mittels des Hebels *9* wird die Sperre *8* betätigt.

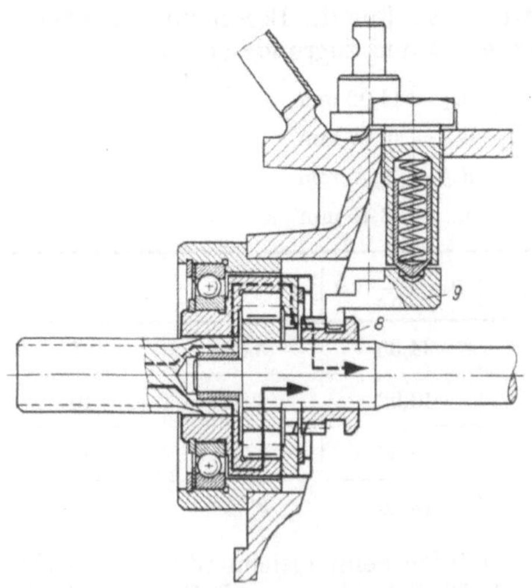

Abb. 132/3. Sperrbarer Klemmrollenfreilauf mit Innenstern zwischen Motor und Schaltgetriebe eines Kraftwagens (Hurth [*59*])

6.4.1.2 Klemmrollenfreilauf in Hurth-Automobilschaltgetriebe. Die in Abb. 132/3 gezeigte Konstruktion ist im Prinzip ähnlich der in Abb. 130/1 dargestellten.

Die Antriebswelle des Getriebes wurde geteilt und als Verbindungselement ein Klemmrollenfreilauf angeordnet, um nach Angabe des Herstellers einen „ruckfreien, weichen Antrieb, besonders bei niedrigen Motordrehzahlen“ zu erhalten. Damit die Bremswirkung des Motors, besonders in den unteren Gängen im Bedarfsfalle mit ausgenützt werden kann, ist eine schaltbare Freilaufsperre, Teil 8 und 9, vorgesehen.

Ist der Freilauf in Aktion, so geht der Kraftfluß gemäß der ausgezogenen Linie ⟶

Ist der Freilauf gesperrt, so gilt die gestrichelte Linie für die Kennzeichnung des Kraftflusses -

6.4.2 Anwendung des Klemmrollenfreilaufes in Automobilschaltgetrieben zur Schalterleichterung

Abb. 133/1 zeigt eine Getriebekonstruktion, bei welcher zur Erreichung einer Schalterleichterung ein Klemmrollenfreilauf in den Radkörper des 1. Fahrganges

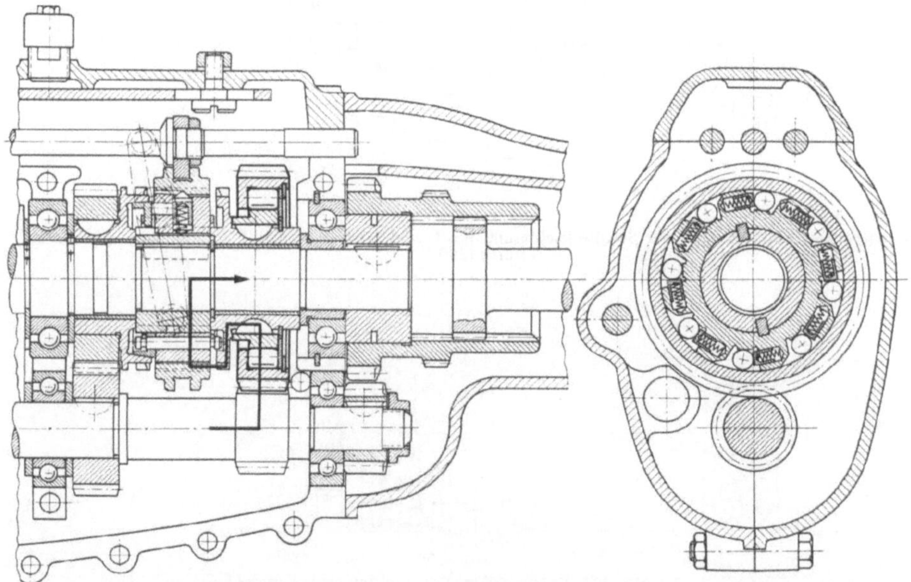

Abb. 133/1. Klemmrollenfreilauf zur Schalterleichterung des 1. Ganges eines Viergangsynchrongetriebes (Hurth [59])

eingebaut wurde. Nach Angabe des Herstellers wurde die Anordnung eines Freilaufes anstelle einer Synchroneinrichtung deshalb gewählt, damit beim Fahren im 1. Gang mit hoher Geschwindigkeit nach dem Gaswegnehmen keine Schubkräfte auftreten können.

Der Kraftfluß für den 1. Gang von der Vorgelegewelle über den Freilauf auf die Abtriebswelle ist eingezeichnet.

In Abb. 134/1 dient der dargestellte Klemmrollenfreilauf mit acht Klemmrollen und Innenstern zur Kraftübertragung und Schalterleichterung im 1. und 2. Gang. Der Kraftfluß im 1. Gang ist mittels einer durchgehenden, der im 2. Gang mittels einer gestrichelten Linie dargestellt. Beim Fahren in den oberen Gängen treten entsprechende Überholdrehzahlen am Freilaufaußenteil auf. Raummäßig baut der Freilauf relativ groß, da durch ihn das höchste Abtriebsdrehmoment im Gegensatz zu 6.4.1 durchgeleitet werden muß.

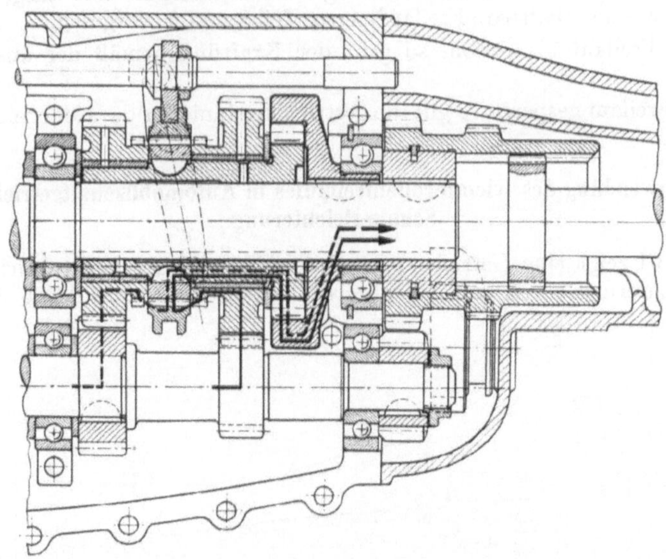

Abb. 134/1. Klemmrollenfreilauf zur Schalterleichterung des 1. und 2. Ganges eines Viergangsynchrongetriebes (Hurth [59])

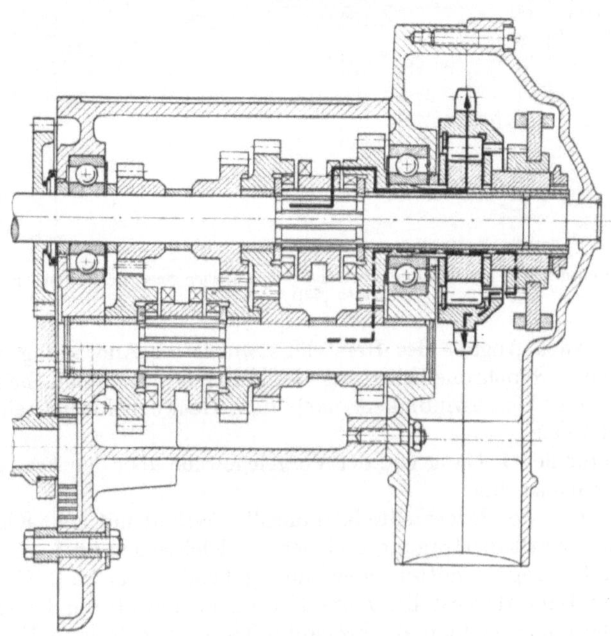

Abb. 134/2. Sperrbarer, in das Kettenritzel eines Motorrad-Schaltgetriebes eingebauter Klemmrollenfreilauf (Hurth [59])

Namhafte Firmen wie z. B. BMW, Daimler-Benz, Porsche, ZF haben bei der Entwicklung von Fahrzeugschaltgetrieben wiederholt Klemmrollenfreiläufe zur Schalterleichterung vorgesehen. Es liegen hierüber zahlreiche Patente der Klasse 63c vor (s. a. Abschn. 7.4).

6.4.3 Verwendung des Klemmrollenfreilaufes bei einem Motorradschaltgetriebe

Von der Fa. Hurth wurde in der Vorkriegszeit ein Motorradschaltgetriebe für ein Motorrad mit 500 ccm Viertaktmotor gebaut, bei welchem ein Klemmrollenfreilauf in das Kettenritzel eingesetzt war (s. Abb. 134/2). Der Freilauf ist sperrbar. Die Schaltung der Sperre ist mit der Getriebeschaltung so gekoppelt, daß der Freilauf nur im 4. Gang in Tätigkeit tritt – siehe Kraftfluß, durchgezogene Linie –, während er im 1., 2. und 3. Gang jeweils gesperrt ist. In den ersten drei Gängen sollte die Bremswirkung des Motors ausgenutzt werden.

Der Kraftfluß bei gesperrtem Freilauf ist gestrichelt eingezeichnet.

6.4.4 Käfiggeführter Klemmrollenfreilauf im Borg-Warner Automatic Overdrive

Aus Abb. 135/1 ist der Aufbau des Klemmrollenfreilaufes zu ersehen. Die 12 Klemmrollen werden durch einen Käfig geführt und auf die gleiche Art, wie in Abb. 7/5 gezeigt, angefedert. Funktion und Wirkungsweise des Overdrive werden an Hand der Darstellung (Abb. 136/1) besprochen.

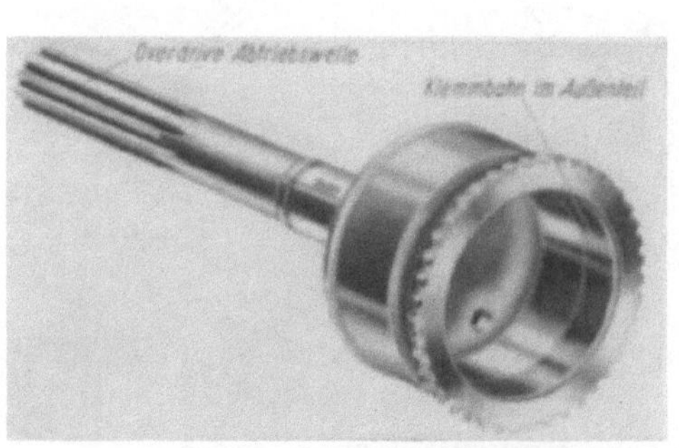

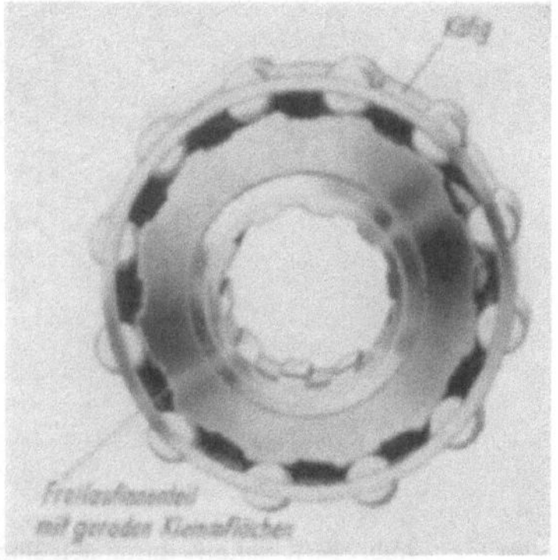

Abb. 135/1. Borg-Warner-Klemmrollenfreilauf mit käfiggeführten Klemmrollen, für die Verwendung im Borg-Warner Automatic Overdrive (Borg-Warner [*53*])
links: Freilaufaußenteil mit Abtriebswelle; rechts: Freilaufstern mit Käfig und Klemmrollen

Der Overdrive [*43*, *44*] wird an das normale Automobilschaltgetriebe angeflanscht und erlaubt die Zuschaltung einer Übersetzung von $i = 0{,}7$ mittels eines Planetengetriebes. Die Schaltung selbst kann vom Fahrer durch entsprechende Betätigung des Gaspedals ausgelöst werden.

Fahrzustände

1. Liegt die Fahrtgeschwindigkeit unterhalb der eingestellten Geschwindigkeit – etwa 40 km/h – bei welcher der Overdrive eingeschaltet wird, so erfolgt die Kraftübertragung über die Antriebswelle *1*, Freilaufstern *2*, Klemmrollen *3*, Freilaufaußenteil *4* auf die Abtriebswelle *5*. Wird das Gaspedal zurückgenommen, so tritt „Freilauf" ein. Da das Sonnenrad *6* frei drehbar auf der Antriebswelle *1* sitzt, können sich auch die im Steg *7* gelagerten Planetenräder *8* frei drehen. Durch das

Planetengetriebe findet keine Kraftübertragung statt. Es ist noch zu erwähnen, daß der Steg *7* fest mit dem Freilaufstern *2* und der Außenkranz *9* über eine Zahnkupplung *10* mit der Abtriebswelle *5* verbunden ist.

2. Wird die Fahrtgeschwindigkeit über die Overdrive-Einschaltgeschwindigkeit – $\sim$ 40 km/h – hinaus gesteigert, so betätigt der Zentrifugalregler *11* über ein Relais die Magnetspule *12*. Das Sperrstück *13* wird nach innen gegen den Kontrollring *14* gedrückt, aber noch am Einrasten durch den Blockierungsring *15* gehindert.

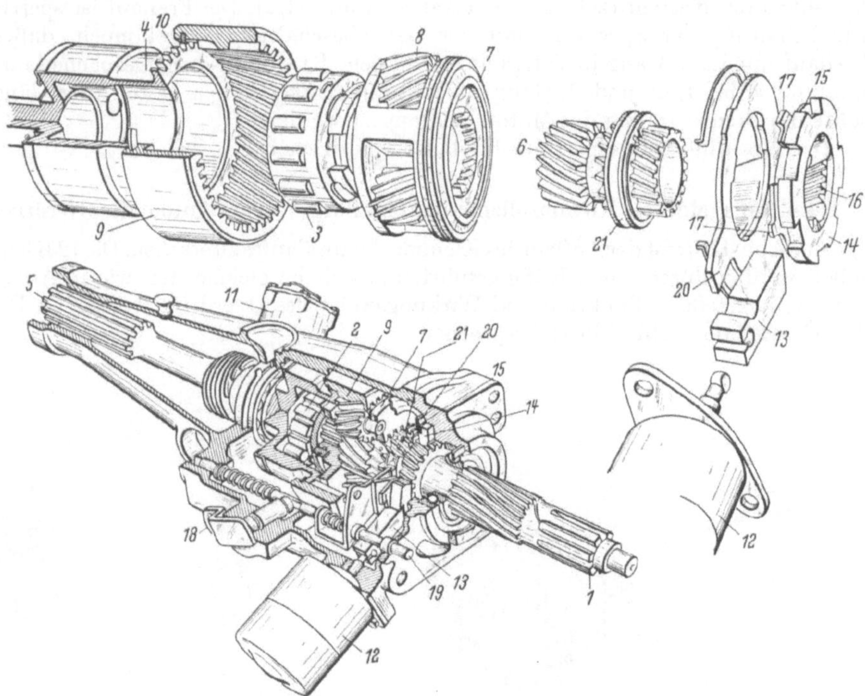

Abb. 136/1. Schnitt durch den Borg-Warner Automatic Overdrive mit Klemmrollenfreilauf gemäß Abb. 135/1 nach [*43*]

Das Planetengetriebe ist so ausgelegt, daß bei stillstehendem Sonnenrad *6* zwischen Steg *7* und Außenkranz *9* ein Übersetzungsverhältnis $i = 0{,}7$ besteht. Dies bedeutet also, daß für $i > 0{,}7$ das Sonnenrad *6* dieselbe Drehrichtung wie die Antriebswelle *1* aufweist, dagegen für $i < 0{,}7$ in umgekehrter Drehrichtung rotiert.

Zwischen dem Kontrollring *14* und dem Blockierungsring *15* ist Reibschluß vorhanden. So wird der Blockierungsring *15* stets von dem über die Verzahnung *16* mit dem Sonnenrad verbundenen Kontrollring *14* in der jeweiligen Drehrichtung bis zu den Anschlägen *17* verdreht. In diesen Endstellungen wird ein Einrasten des Sperrstückes *13* verhindert. Zwischen den beiden Anschlägen *17* befindet sich jedoch in der Mitte ein Schlitz, durch welchen das Sperrstück *13* zur Einrastung kommen kann, sofern der folgende Vorgang abläuft:

Durch Zurücknehmen des Gaspedals fällt die Drehzahl der Antriebswelle *1* ab, wogegen die Abtriebsdrehzahl noch annähernd konstant bleibt. Infolgedessen ist ein laufendes Absinken von i vorhanden. Bei $i = 0{,}7$ beginnt, wie schon erwähnt, die

Drehrichtungsumkehr. In diesem Moment beginnt sich auch der Blockierungsring *15* langsam zu drehen, gibt den Schlitz für das Sperrstück *13* frei, so daß dieses in den ebenfalls langsam drehenden Kontrollring *14* einrasten kann.

Somit ist nun ein konstantes Übersetzungsverhältnis von $i = 0{,}7$ zwischen An- und Abtriebswelle vorhanden. Der Overdrive ist in Aktion.

3. Fällt die Fahrtgeschwindigkeit unter die Overdrive-Einschaltgeschwindigkeit, so tritt der Fliehkraftregler *11* in Tätigkeit und bewirkt die Öffnung des Stromkreises, so daß das Sperrstück *13* in seine Ausgangslage zurückgezogen wird. Die Kraftübertragung geht wieder direkt von der Antriebswelle *1* über den Freilauf auf die Abtriebswelle *5*.

4. Wird im Fahrzustand gemäß Absatz 2. maximale Beschleunigung notwendig, so ist eine augenblickliche Umschaltung auf den direkten Antrieb erforderlich. Dies wird beim Durchtreten des Gaspedals über einen elektrischen Kontakt bewirkt. Die Schaltung ist so vorgenommen, daß durch ein kurzes Aussetzen der Zündung das Sperrstück *13* entlastet wird und dieser Augenblick genügt, es mittels der Magnetspule *12* außer Eingriff zu bringen. Die Kraftübertragung erfolgt wie bei 1. und 3.

Wird das Gaspedal zurückgenommen, so kommt, wie unter 2. beschrieben, das Sperrstück *13* wieder zum Eingriff, und der Overdrive ist eingeschaltet.

5. Durch axiale Verschiebung des Sonnenrades *6* mittels der Overdrive-Sperrvorrichtung *18* wird der Steg *7* mit dem Sonnenrad *6* gekuppelt und damit das Planetengetriebe blockiert. Diese Maßnahme ist zu vergleichen mit der Sperrung des Freilaufes wie aus Abb. 130/1 ersichtlich. Sie darf nicht vorgenommen werden, wenn „Freilauf" vorhanden oder „Overdrive" eingeschaltet ist.

Eine Schaltung ist nur möglich bei Stillstand des Fahrzeuges oder bei direktem Antrieb unter Last.

Wird der Rückwärtsgang im Schaltgetriebe eingelegt, so findet automatisch über ein Schaltgestänge und die Steuerstange *19* eine Sperrung des Overdrives und des Freilaufes, wie oben beschrieben, statt.

Es bleibt noch die Frage offen, warum Borg-Warner im Overdrive nicht den speziell für den Einsatz im Kraftfahrzeug- und Flugzeugbau entwickelten Doppelkäfig-Klemmkörperfreilauf – siehe Abschnitt 6.4.5 – verwendet.

6.4.5 Verwendung des Freilaufes in den vollautomatischen hydraulisch-mechanischen Fahrzeuggetrieben

Dem Bau vollautomatischer, hydraulisch-mechanischer Fahrzeuggetriebe, den Automatic Transmissions, gingen lange Jahre der Entwicklug voraus [*19*, *39*, *40*]. In Amerika entstanden im speziellen für die Personenwagen ausgereifte Konstruktionen, wogegen in Europa in der Hauptsache für Omnibusse und Schienenfahrzeuge Getriebe dieser Art entwickelt wurden [*29*]. In den letzten Jahren geht die Tendenz dahin, bei europäischen Personenwagen hoher Leistung z.B. Mercedes Benz, die bewährten amerikanischen Getriebe, wie die Studebaker Automatic Transmission, zu übernehmen. Ein notwendiges und daher wesentliches Element, dem bei dieser Entwicklung großes Augenmerk geschenkt wurde, ist der Freilauf. Besonderen Anteil an dieser Entwicklung hat zweifellos die Firma Borg-Warner, die ihren Doppelkäfigfreilauf mit Klemmkörpern Abb. 4/1, 8/1, 138/1 u. 138/2 auch für andere Verwendungszwecke bereits in millionenfacher Ausführung gebaut hat [*26*, *37*, *38*].

Abb. 138/2 zeigt eine Ausführung des Borg-Warner Doppelkäfigfreilaufes, die speziell bei dreiteiligen Drehmomentwandlern Verwendung findet. Siehe Abb. 139/1. In diesem Einbaufall muß z.B. der mit einer Drehzahl von 1500–2000 U/min überholende Außenteil innerhalb einer $^1/_{400}$ Sekunde durch die hydraulischen Kräfte im Wandler auf die Drehzahl Null verzögert und über die Klemmkörper mit dem stationären Innenteil gekuppelt werden. Es hat sich hierbei gezeigt, daß durch die starke Verzögerung der rotierenden Teile, infolge der Massenträgheit des Doppelkäfigs, die Wirkung der Bandspreizfeder auf die Klemmkörper aufgehoben wird, wenn nicht ein Freilauf gemäß Abb. 138/2 Verwendung findet. Durch die Haltefederung *1* („T-bar") am Außenkäfig wird dieser gezwungen der Bewegung des Außenteiles zu folgen, während die Schleppfedern *2* (drag springs) auf dem Innenteil gleiten und einerseits bei „Freilauf" das Abheben der Klemmkörper, anderseits die Wirkung der Bandspreizfeder beim Kuppeln unterstützen. Als Material für die Schleppfedern wird eine Kupfer-Beryllium-Legierung verwendet, die sowohl gute Feder- als auch Gleiteigenschaften aufweist. Die durch die Federn *1* und *2* erzeugten Schleppkräfte sind so abgestimmt, daß in jedem Falle, trotz der starken Verzögerung des mit dem Außenteil verbundenen Leitrades, die Funktion des Freilaufes gewährleistet ist. Das Reibmoment der Schleppfedern *2* ist etwa doppelt so groß wie das durch die Bandspreizfeder hervorgerufene Schleppmoment und das Reibmoment der Haltefederung *1* entspricht wiederum rund dem zweifachen Reibmoment der Schleppfedern.

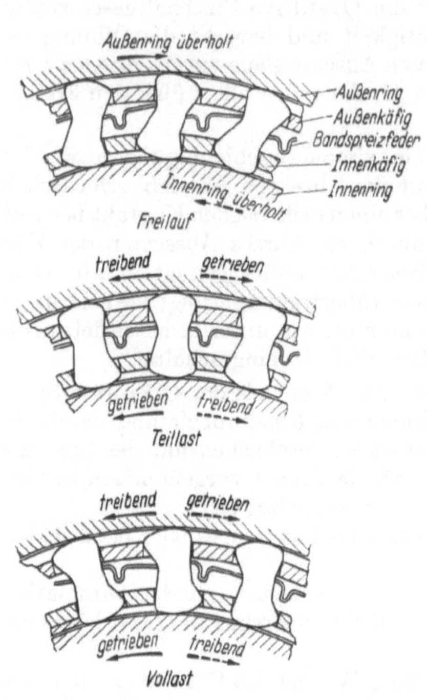

Abb. 138/1. Wirkungsweise des Borg-Warner-Doppelkäfigfreilaufes nach [38]

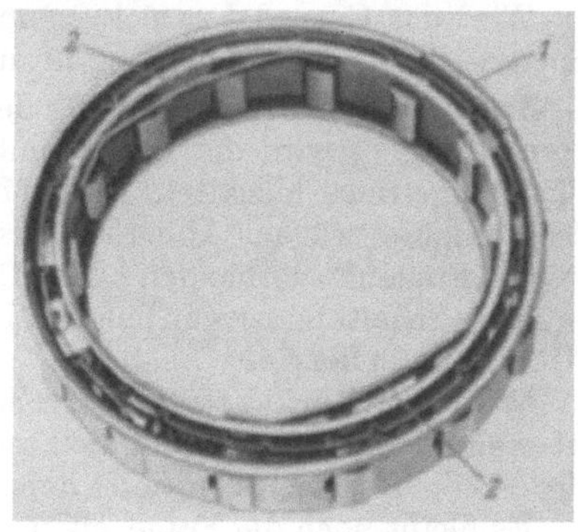

Abb. 138/2. Borg-Warner-Doppelkäfigfreilauf mit Haltefederung *1* und Schleppfedern *2*

Der Reibschluß zwischen Außenkäfig und Außenteil durch die Haltefederung ist so bemessen, daß bei „Freilauf" keine Relativbewegungen auftreten können; dagegen beim Kuppeln, vor allem bei hoher Belastung infolge des Einwälzens der Klemmkörper eine geringe Verdrehung der beiden Teile gegeneinander stattfinden kann.

Im folgenden ist auf das Grundsätzliche der vollautomatischen, hydraulisch-mechanischen Fahrzeuggetriebe, soweit es sich auf Freiläufe bezieht, eingegangen und an Hand von Beschreibungen und Darstellungen erläutert.

Der geringe zur Verfügung stehende Bauraum und die geforderten hohen Leistungen zwingen zur Verwendung von Klemmrollen- bzw. Klemmkörperfreiläufen. Beim Voith Diwabus-Getriebe hat man sich jedoch einer anderen Freilaufart, der klinkengesteuerten Legge-Überholkupplung bedient. In diesem Zusammenhang s. a. Abschn. 6.5.4 und Abb. 145/1. Außerdem siehe Abschn. 6.4.5.6 und 6.5.5.1.

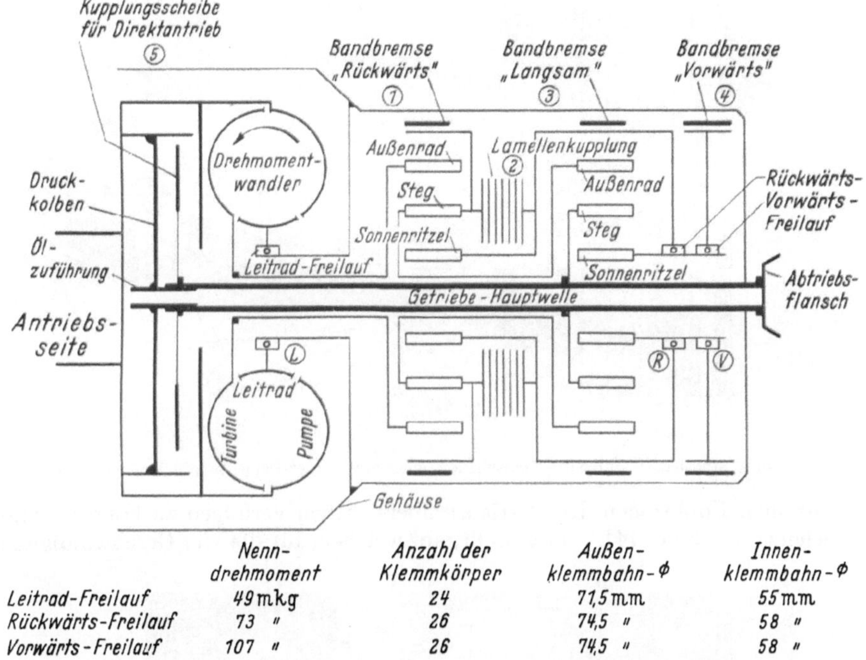

	Nenn-drehmoment	Anzahl der Klemmkörper	Außen-klemmbahn-Φ	Innen-klemmbahn-Φ
Leitrad-Freilauf	49 mkg	24	71,5 mm	55 mm
Rückwärts-Freilauf	73 "	26	74,5 "	58 "
Vorwärts-Freilauf	107 "	26	74,5 "	58 "

Abb. 139/1. Schema des Studebaker-Getriebes, Studebaker Automatic Transmission (Borg-Warner [53])

6.4.5.1 Studebaker Automatic Transmission [19]. Abb. 140/1 zeigt einen Längsschnitt durch das Getriebe. Bei den angedeuteten Freiläufen handelt es sich um Borg-Warner Klemmkörper-Doppelkäfigfreiläufe (s. Abb. 4/1, 8/1, 138/1 u. 138/2). Für die weitere Erklärung wird Abb. 139/1 benutzt. Hieraus sind auch die Daten der drei Freiläufe zu entnehmen.

Einem nach dem Trilok-Prinzip arbeitenden dreiteiligen Drehmomentwandler mit Pumpenrad, Leitrad und Turbinenrad sind zwei einstufige Planetengetriebe nachgeschaltet. Diese Anordnung ermöglicht drei „Vorwärts"-Geschwindigkeitsbereiche – Langsam, Mittel, Direkt – und einen „Rückwärts"-Geschwindigkeitsbereich.

Die Hauptfunktion des Drehmomentwandlers besteht in der stufenlosen Momentenwandlung innerhalb eines bestimmten Bereiches, wobei das Maximum des Abtriebsmomentes bei Drehzahl Null des Turbinenrades auftritt. Das auf das Leitrad wirkende rückdrehende Moment wird über den Leitrad-Freilauf abgestützt. Für den vorliegenden Fall ist bei Stillstand ein maximales Drehmomentverhältnis von 2,15 vorhanden. Die Motordrehzahl liegt dann bei 1475 U/min. Beginnt das Turbinenrad zu drehen, so nimmt das auf das Leitrad wirkende Reaktionsmoment ab und bei entsprechendem Übersetzungsverhältnis wird der Drehmomentwandler zu einer reinen Flüssigkeitskupplung, d. h. das Leitrad läuft im „Freilauf" in der gleichen Richtung wie das Pumpen- und Turbinenrad mit. In Abb. 140/2 ist ein Schnitt durch den Wandler gezeigt, der den Leitradfreilauf gut erkennen läßt. Um

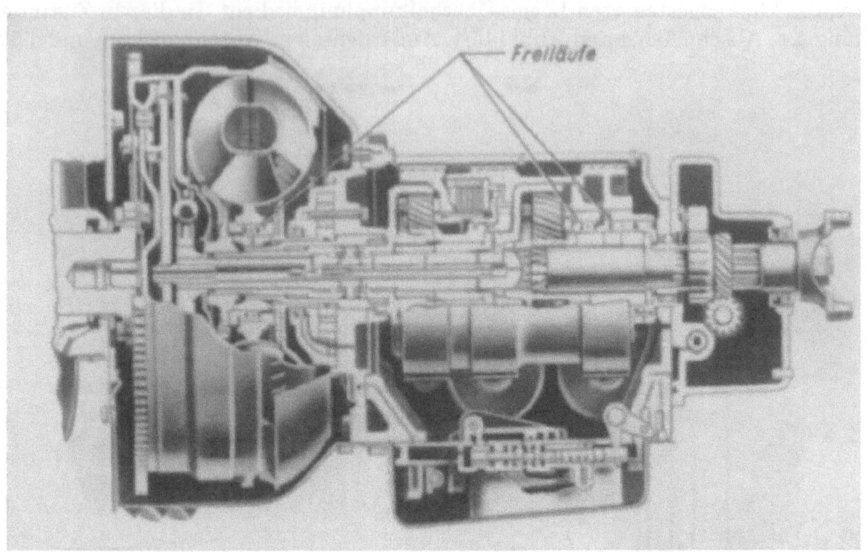

Abb. 140/1. Studebaker Automatic Transmission mit Borg-Warner-Doppelkäfigfreiläufen nach [54]

die einzelnen Funktionen des Getriebes übersichtlich verfolgen zu können, wurde das Schema – s. Seite 141 – aufgestellt, aus welchem für die vier Geschwindigkeits-

Abb. 140/2. Studebaker Automatic Transmission
Schnitt durch den Drehmomentwandler, Abstützung des Leitrades über einen Borg-Warner-Doppelkäfigfreilauf nach [53]

bereiche die jeweilige Schaltstellung der Kupplungen *1* bis *5* und die Beanspruchung der Freiläufe V und R zu ersehen sind (s. Abb. 139/1).

In der Spalte i_{M_t} sind die max. Drehmomentverhältnisse in Abhängigkeit vom Motordrehmoment eingetragen. Nach diesen Größen richtet sich die Auslegung der Freiläufe R und V.

Für den Leitradfreilauf L gilt $i_{M_t} = 2{,}15$.

Geschwindigkeitsbereich		Kupplung		Freilauf		i_{M_t}
		Eingeschaltet	Ausgeschaltet	Gesperrt	„Freilauf“	
„Rückwärts“		*1*	*2 3 4 5*	*R*	*V*	4,30
„Vorwärts“	Langsam	*3 4*	*1 2 5*	*V*	*R*	4,96
	Mittel	*2 4*	*1 3 5*	*V*	*R*	3,08
	Direkt	*2 4 5*	*1 3*	*V*	*R*	1,00
„Neutral“		—	*1 2 3 4 5*	—	—	—

Die Momente errechnen sich nach der folgenden Gleichung:

$$M_{\text{Turbine}} = M_{\text{Pumpe}} + M_{\text{Leitrad}}$$

6.4.5.2 Ford Automatic Transmission [*40*]. Abb. 141/1 zeigt einen Längsschnitt durch die Ford-Mercury Automatic Transmission. Ihr Aufbau ist ähnlich dem

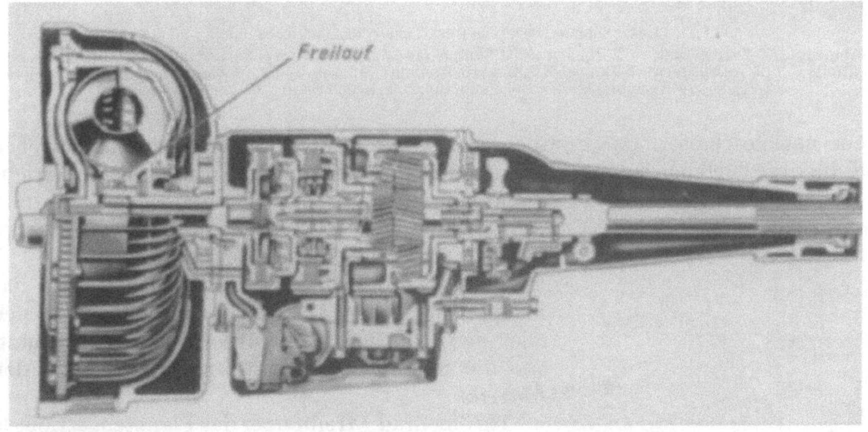

Abb. 141/1. Fordomatic Transmission mit im Leitrad eingebautem Borg-Warner-Doppelkäfigfreilauf nach [*54*]

unter Abschn. 6.4.5.1. beschriebenen Getriebe, jedoch bestehen einige prinzipielle Unterschiede.

Anstatt der hintereinandergeschalteten einstufigen Planetengetriebe wird hier ein zweistufiges mit zwei Sonnenrädern und einem Außenrad verwendet (Wolfrom-Getriebe). Mittels je zweier öldruckbetätigter Lamellenkupplungen und Bandbremsen können drei Vorwärtsübersetzungen und eine Rückwärtsübersetzung geschaltet werden. Freiläufe finden hierbei keine Verwendung. Man ist aber bei einer neueren Ausführung dazu übergegangen, ebenfalls einen Stützfreilauf für das Planetengetriebe einzubauen.

Geschwindigkeitsbereich		i_{M_t}
„Rückwärts“		4,20
„Vorwärts“	Langsam	5,13
	Mittel	3,11
	Direkt	2,10

Der Drehmomentwandler ist im Prinzip derselbe wie bei der Studebaker Automatic Transmission, also dreiteilig mit Pumpenrad, Turbinenrad und Leitrad. Das Leitrad wird ebenfalls über einen Klemmkörper-Doppelkäfigfreilauf gegen das Gehäuse abgestützt. Bei Stillstand ist ein maximales Drehmomentverhältnis von 1:2,10 vorhanden. Dieses ist maßgebend für die Freilaufdimensionierung. Wesentlich ist jedoch, daß der Kraftfluß ständig, also auch im Fahrzustand „Direkt“, durch den Wandler geleitet wird.

In der kleinen Tabelle auf Seite 141 sind die max. Drehmomentverhältnisse i_{M_t} in Abhängigkeit vom Motordrehmoment eingetragen, so daß ein Vergleich mit der Studebaker Automatic Transmission möglich ist.

6.4.5.3 Chevrolet Turboglide Transmission [*39*]. Wie im Schema Abb. 142/1 gezeigt, sind einem fünfteiligen Drehmomentwandler zwei einstufige Planetengetriebe nachgeschaltet.

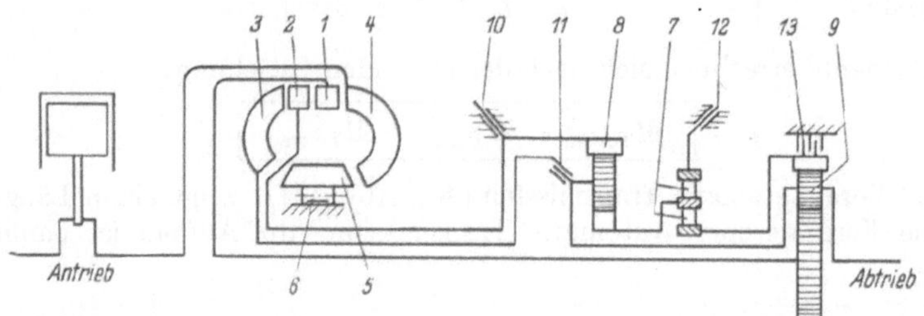

Abb. 142/1. Schema des Chevrolet-Turboglide-Getriebes nach [*39*]
1 Turbinenrad; *2* Turbinenrad; *3* Turbinenrad; *4* Pumpenrad; *5* Leitrad mit Verstellschaufeln; *6* Abstütz-Klemmrollenfreilauf mit Außenstern; *7* Doppel-Klemmkörperfreilauf s.a. Abb. 142/2; *8* Planetengetriebe; *9* Planetengetriebe; *10* Kegelbremse; *11* Kegelkupplung; *12* Kegelbremse; *13* Lamellenbremse

Das Pumpenrad *4* wird direkt vom Motor aus angetrieben und die drei Turbinenräder *1*, *2* und *3* geben ihre Leistung über die Planetengetriebe *8* und *9* an die Abtriebswelle ab.

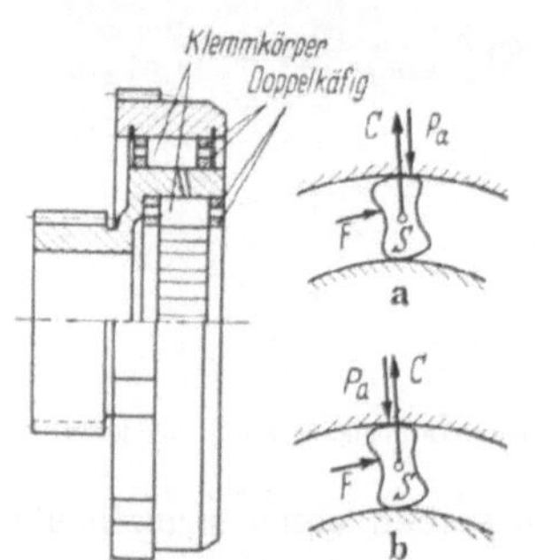

Abb. 142/2a u. b. Klemmkörper-Doppelfreilauf im Chevrolet-Turboglide-Getriebe nach [*39*]
a) Klemmkörper, durch Zentrifugalkraft berührungsfrei werdend; b) Klemmkörper durch Zentrifugalkraft in Sperrstellung gedrückt (antiberührungsfrei)

Turbinenrad *3* wird direkt über die Kegelkupplung *11* mit dem Abtrieb gekuppelt. $i = 1$.

Turbinenrad *2* führt seine Leistung über das Planetengetriebe *8*, $i = 1{,}6$, dessen Sonnenrad sich über den Doppel-Klemmkörperfreilauf *7* abstützt, und die Stegwelle des Planetengetriebes *9* auf den Abtrieb.

Turbinenrad *1* treibt über das Planetengetriebe *9*, $i = 2{,}67$, bei abgestütztem Außenkranz auf den Abtrieb.

Die Turbinenräder *1* und *2* schalten sich automatisch über den Doppel-Klemmkörperfreilauf *7* ab, dessen Außenteil über die Kegelbremse *12* am Gehäuse abgestützt werden kann. Dieser Doppel-Klemmkörperfreilauf ist in Abb. 142/2 im Schnitt dargestellt.

Das Leitrad *5* besitzt verstellbare Schaufeln. Die Anordnung ist ähnlich der in Abb. 143/1 gezeigten (Buick Dynaflow-Getriebe). Ein Klemmrollenfreilauf *6* stützt das Leitrad *5* gegen das Gehäuse ab.

Wie in [*39*] bemerkt, waren ursprünglich an Stelle des Doppel-Klemmkörperfreilaufes *7*, Klemmrollenfreiläufe mit Außenstern eingebaut. Es war übersehen worden (Abschn. 5.2.1), daß die Rollen bei höheren Drehzahlen des Außensternes infolge der Fliehkraftwirkung außer Eingriff gehen und damit die Funktionsbereitschaft des Freilaufes nicht mehr gewährleistet war. Das Einsetzen einer härteren Anfederung war aus Verschleißgründen indiskutabel. Auf Grund dieser Erkenntnisse wurde der Doppel-Klemmkörperfreilauf (Abb. 142/2) mit Klemmkörpern nach Ausführung „b" entwickelt.

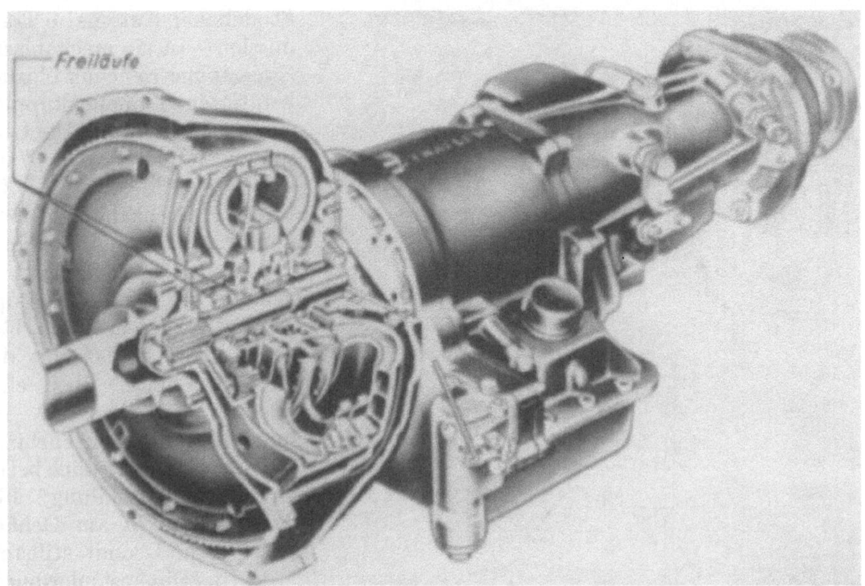

Abb. 143/1. Buick Automatic Transmission mit im Drehmomentwandler eingebauten Borg-Warner-Doppelkäfigfreiläufen nach [54]

6.4.5.4 ZF-Hydromedia-Getriebe 2 H M – 60. Das ZF-Hydromedia-Getriebe [68] in Zweigangausführung ist in Abb. 143/2 gezeigt. Die Funktionsweise und sein Aufbau können Abb. 144/1 entnommen werden.

Abb. 143/2. ZF-Hydromedia-Getriebe nach [68]

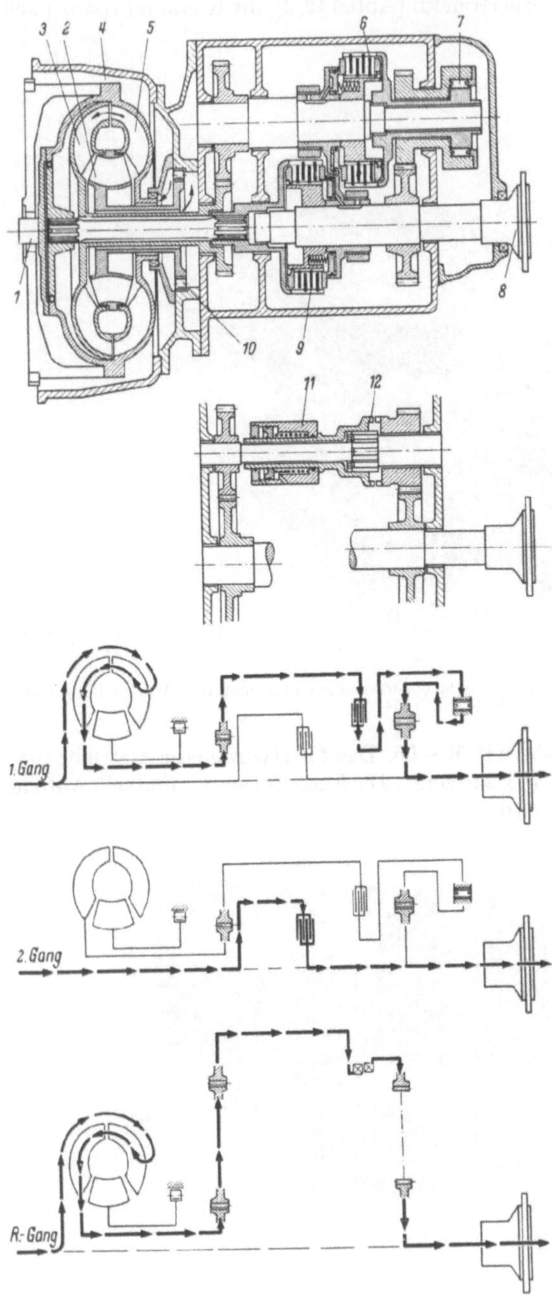

Abb. 144/1. Aufbauschema und Wirkungsweise des ZF-Hydromedia-Getriebes nach [68]
1 Antrieb; *2* Leitrad; *3* Turbinenrad; *4* Drehmomentwandler; *5* Pumpenrad; *6* Lamellenkupplung 1. Gang; *7* Klemmrollenfreilauf für 1. Gang; *8* Abtrieb; *9* Lamellenkupplung 2. Gang; *10* Klemmrollenfreilauf für Wandler; *11* Rückwärtsgang; *12* Schiebemuffe

Einem nach dem KSB-Trilokprinzip arbeitenden Drehmomentwandler – wie bei der Studebaker Automatic Transmission – ist ein mechanisches Zweiganggetriebe mit öldruckbetätigten Lamellenkupplungen nachgeschaltet. Die Übersetzungsfähigkeit des Wandlers entspricht etwa $i_{M_t} = 2{,}5$. Nach Drehzahlangleichung von Pumpen- und Turbinenrad, Teil 5 bzw. 3, wird der Wandler zur Flüssigkeitskupplung. In diesem Falle läuft das Leitrad *2*, das mit dem Getriebegehäuse über einen Klemmrollenfreilauf *10* verbunden ist, mit dem Turbinenrad um, während es sich bei der Drehmomentwandlung über den Freilauf *10* am Gehäuse abstützt und somit stillsteht.

Für die Dimensionierung des Stützfreilaufes *10* ist $i_{M_t} = 2{,}5$ unter Berücksichtigung von $M_{\text{Turbine}} = M_{\text{Pumpe}} + M_{\text{Leitrad}}$ maßgebend.

Der Wandler wirkt nur im 1. Gang und im Rückwärtsgang. Im 2. Gang ist der Antrieb direkt über die Lamellenkupplung *9* mit dem Abtrieb verbunden. Im 1. Gang wird der Kraftfluß über den Klemmrollenfreilauf *7* geleitet, der beim Einschalten des 2. Ganges infolge der kleineren Übersetzung überholt wird. Hierdurch ist es möglich, ohne Zugkraftunterbrechung zu schalten, da die Zugkraft so lange den Kraftweg des 1. Ganges benutzt, bis die Lamellenkupplung *9* geschlossen ist.

Zur Darstellung der Abb. 143/2 u. 144/1 ist noch zu sagen, daß nunmehr anstatt des abgebildeten Klemmkörperfreilaufes 7 ein *Klemmrollenfreilauf* verwendet wird.

6.4.5.5 Voith-Diwabus-Getriebe. Das Voith-Diwabus-Getriebe [67] nach Abb. 145/1, ein vollautomatisches, hydraulisch-mechanisches Getriebe, wurde für den Fahrzeugbau für Leistungen von 80–200 PS entwickelt. Die dargestellte Type kann mit einem Vorwärtsgang SG und einem Rückwärtsgang RG, wie in der oberen Bildhälfte gezeigt, oder mit zwei Vorwärtsgängen NG und SG und einem Rückwärtsgang RG – siehe untere Bildhälfte – ausgestattet werden.

Dem Strömungswandler *C* ist ein als Differential wirkendes Verteilergetriebe *B* vorgeschaltet. Beim Anfahren wird die Motorleistung über die Antriebswelle *a* auf das Verteilergetriebe *B* und damit auf den Strömungswandler *C* bei gelöster Verteilerbremse *d* übertragen.

Zwischenwelle *b* steht zunächst still und das Pumpenrad *P* läuft entsprechend der Übersetzung durch das Verteilergetriebe *B* mit hoher Drehzahl um. Die hydrau-

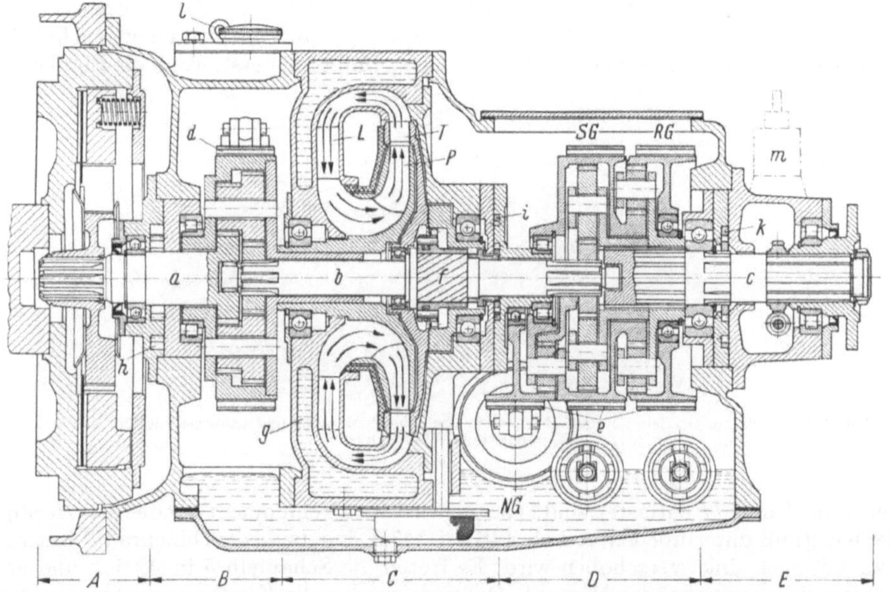

Abb. 145/1. Voith-Diwabus-Getriebe, Type 200 S (Voith [67])

A Elastische Rutschkupplung; *B* Verteilergetriebe; *C* Wandler; *D* Nachschaltgetriebe; *E* Abtrieb; *P* Pumpenrad; *T* Turbinenrad; *L* Leitrad; *NG*/*SG* Vorwärtsgänge; *RG* Rückwärtsgang
a Antriebswelle; *b* Zwischenwelle; *c* Abtriebswelle; *d* Verteilerbremse; *e* Nachschaltgetriebebremsen; *f* Freilauf; *g* Kühlwasser; *h* Arbeitspumpe; *i* Steuerpumpe; *k* Abtriebspumpe; *l* Steuerhebel; *m* Magnet zur Wandlerbremse

lische Drehmomentwandlung im Wandler bewirkt eine große Anfahrbeschleunigung. Das Turbinenrad *T* beginnt über den Freilauf *f*, dessen Aufbau und Wirkungsweise im Prinzip der in Abschn. 6.5.4 beschriebenen SSS-Kupplung entspricht, die Zwischenwelle *b* durchzudrehen und die Leistung über die Planetensätze im Nachschaltgetriebe *D* auf die Abtriebswelle *c* zu übertragen. Mit zunehmender Fahrgeschwindigkeit, also steigender Drehzahl der Welle *b*, nimmt die Übersetzung zum Pumpenrad *P* und damit der hydraulisch übertragene Leistungsanteil ab. Der über das Verteilergetriebe *B* mechanisch übertragene Anteil nimmt zu. Bei etwa voller Motordrehzahl wird der hydraulische Kraftweg durch Festziehen des Verteilerbremsbandes *d* ausgeschaltet und der Strömungswandler *C* stillgesetzt, wobei sich das Turbinenrad *T* über den Freilauf *f* von der Welle *b* löst, also Überholen eintritt. Nunmehr wird die gesamte Motorleistung über das Verteilergetriebe *B* rein mechanisch auf die Zwischenwelle *b* übertragen.

Durch Sperren des Freilaufes *f* besteht auch die Möglichkeit mit dem Strömungswandler zu bremsen.

6.4.5.6 Maybach-Mekydro-Getriebe. Das Mekydro-Getriebe [*61*], in der Hauptsache bei Lokomotiven und Triebwagen eingesetzt, ist die Kombination eines Drehmomentwandlers mit einem nachgeschalteten viergängigen Wechselgetriebe, bei welchem das Schalten der einzelnen Gänge mittels Klauenüberholkupplungen, gemäß Abb. 156/2–157/1 automatisch in Abhängigkeit von der Fahrgeschwindigkeit und der Zugkraft erfolgt. Gegenwärtig bestehen drei Typen, alles 4-Gang-Getriebe, mit den max. Antriebsleistungen von 600, 1000 und 1800 PS. Die Abb. 146/1 u. 147/1 zeigen den Typ K 104. Er ist für eine max. Antriebsleistung von 1000 PS ausgelegt (s. [*48* u. *61*]).

Ein Regler löst über das hydraulische Steuersystem den Schaltvorgang aus. Der Kolben *V* (s. Abb. 147/2), wird mit Drucköl beaufschlagt und versucht die Schaltmuffe *I* aus dem Eingriff zu ziehen. Dies gelingt aber erst, wenn die Flanken *4*

Abb. 146/1. Mekydro-Getriebe, Modell K 104, mit Drehmomentwandler und nachgeschaltetem Viergang-Wechselgetriebe (Maybach [*61*])

der Teile *I* und *II* entlastet sind. Hierzu wird im Drehmomentwandler kurzfristig der Kraftfluß unterbrochen, s. Abb. 146/2 u. 147/1, indem das Turbinenrad *3* mittels Drucköl nach links verschoben wird. Es treten die Schaufeln *5* in Aktion und erzeugen ein rückdrehendes Moment. Dadurch werden die Klauen entlastet und der Kolben *V* kann die Schaltmuffe *I* aus dem Eingriff ziehen und die Schaltmuffe *III* in Kontakt mit den Stirnflächen *5* des Teiles *IV* und den Sperrklauen *7*, also in Überholstellung, bringen. Je nachdem ob aufwärts oder abwärts geschaltet wird, bewirkt ein Steuerimpuls, daß entweder die „Vorwärts"-Schaufeln *4* oder die „Rückwärts"-Schaufeln *5* zur Wirkung kommen. Die zu kuppelnden Teile durchlaufen die

Abb. 146/2. Drehmomentwandler im Mekydro-Getriebe (Maybach [*61*]) *2* Pumpenrad; *3* Turbinenrad mit Druckzylinder; *4* Turbinenschaufeln „Vorwärts"; *5* Turbinenschaufeln „Rückwärts"; *6* Abdecktrommel; *7* Primärwelle; *8* Sekundärwelle (siehe auch Abb. 147/1)

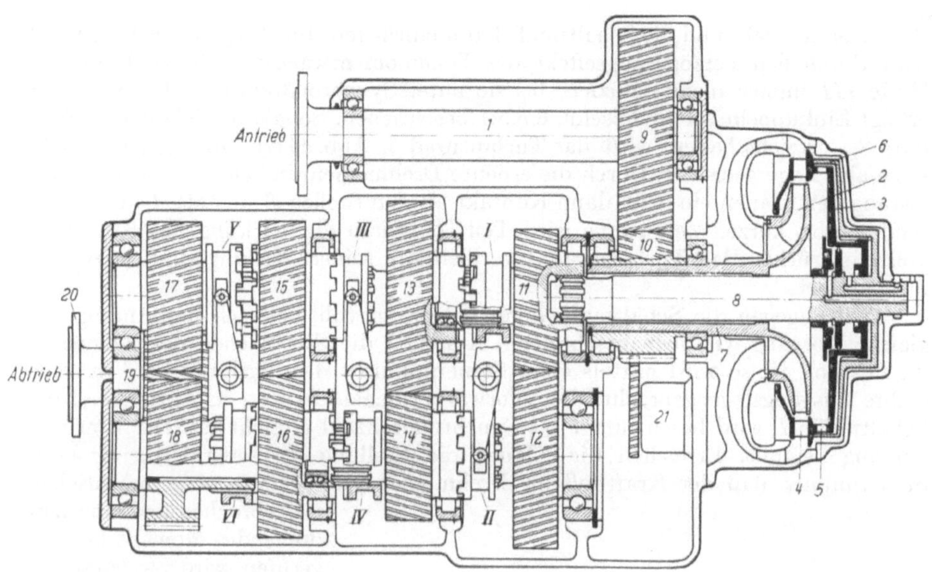

Abb. 147/1. Schnitt durch Mekydro-Getriebe nach Abb. 146/1 (Maybach [*61*])

1 Antriebswelle; *2* Pumpenrad; *3* Turbinenrad mit Druckzylinder; *4* Turbinenschaufeln „Vorwärts"; *5* Turbinenschaufeln „Rückwärts"; *6* Abdecktrommel; *7* Primärwelle; *8* Sekundärwelle; *9–10* vorgeschaltete Übersetzungsstufe; *11–16* Schaltgetrieberäder, ständig im Eingriff; *17–18* Umkehrräder; *19* Abtriebsrad; *20* Abtriebswelle; *21* Druckölpumpe

I–VI Klauenüberholkupplungen mit Sperrklauen

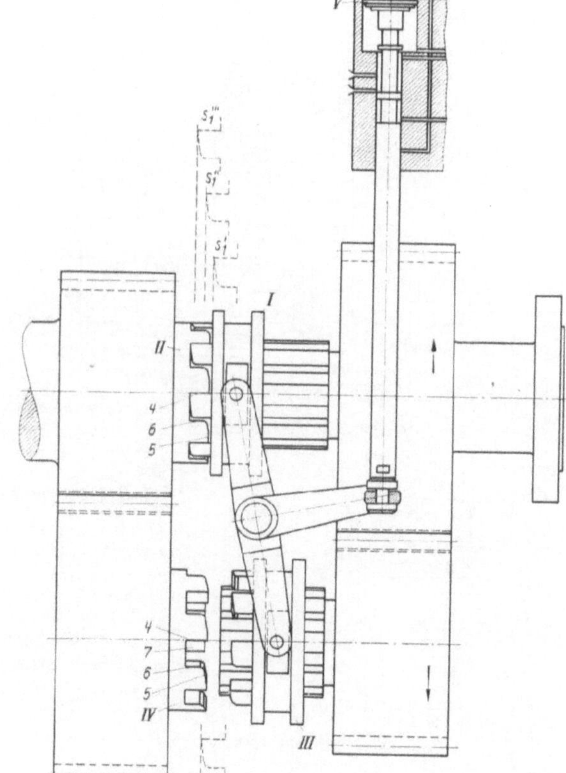

Abb. 147/2. Schalteinrichtung für Maybach-Klauenüberholkupplungen in Mekydro-Getriebe (Maybach [*61*])

I und *III* Klauenschaltmuffen; *II* und *IV* Klauenkupplungsringe; *V* Schaltkolben; *4–7* s. Abb. 157/1; S_1', S_1'', S_1''', S_2 Schaltstellungen

Synchrondrehzahl und die Schaltmuffe kann einrücken. Im Beispiel der Abb. 147/2 wird durch den Verzögerungseffekt des Drehmomentwandlers die Drehzahl der Muffe *III* immer mehr reduziert bis sie unter Synchrondrehzahl fällt. Nunmehr erfolgt Einkuppeln wie in Abschn. 6.5.5.1 beschrieben. Sobald die Klauen die Stellung S_2, erreicht haben, wird das Turbinenrad *3*, Abb. 147/1, mittels Drucköl in seine alte Lage gedrückt. Durch die erneute Drehmomentumkehr tritt wieder Entlastung der Klauen ein und dann Kontakt an den Stellen *6* anstatt *4* auf. Während dieser kurzen Zeitspanne wird Teil *III* durch die Wirkung des Kolbens *V* voll eingerückt. Das Turbinenrad *3* verbleibt in seiner Stellung und setzt den Antrieb fort.

Wird dagegen die Schaltmuffe *I* geschaltet, so vollzieht sich am Anfang der gleiche Vorgang wie oben beschrieben. Kommen die Stirnflächen der Klauen in die Position S_1', so wird mittels eines Steuerimpulses das Turbinenrad *3* in seine rechte Ausgangslage gebracht, die „Vorwärts"-Schaufeln sind in Aktion und die Schaltmuffe *I* wird beschleunigt bis Synchrondrehzahl erreicht ist. Der Einrückvorgang beginnt. Erreichen die Klauen die Stellung S_1'', bewirkt ein erneuter Steuerimpuls, daß der Kraftfluß im Drehmomentwandler wie oben beschrieben unterbrochen und ein rückdrehendes Moment hervorgerufen wird, welches die Klauen an den Stirnflächen *4* entlastet und die Rückflanken zur Anlage bringt. Während dieses Wechsels wird infolge der Kraftwirkung des Kolbens *V*, die Schaltmuffe vollkommen eingerückt. In der Stellung S_1''' wird das Turbinenrad *3* durch Drucköl wieder in seine Ausgangslage gebracht und damit ein neuer Wechsel des Drehmomentes hervorgerufen. Die Klauen kommen an den Vorderflanken *4* zur Anlage und der Schaltvorgang ist beendet. Die gesamte Schaltzeit beträgt nur den Bruchteil einer Sekunde.

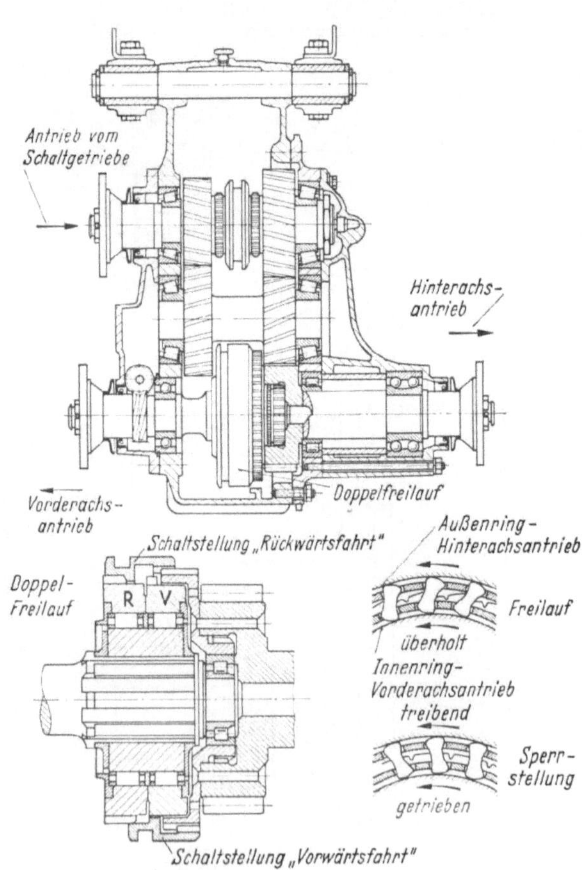

Abb. 148/1. Verteilergetriebe mit Klemmkörper-Doppelfreilauf für LKW-Vierradantrieb nach [45]

6.4.6 Anwendung des Borg-Warner-Klemmkörperfreilaufs im LKW-Bau

In das Verteilergetriebe, Abb. 148/1, der für Allradantrieb ausgerüsteten Daimler-Benz-Lastwagen vom Typ L 322 und L 337 ist ein Doppelfreilauf für die automatische Zuschaltung des Vorderachsantriebes eingebaut. Der Freilauf *V* dient für die Vorwärtsfahrt, *R* für die Rückwärtsfahrt. Sobald die Hinterräder durchzudrehen beginnen, erhöht sich die Drehzahl des Freilaufaußenteils und es tritt die gezeichnete Sperrstellung ein und somit automatische Zuschaltung des Vorderachsantriebes. Bei dieser Konstruktion des Verteilergetriebes wird eine Verspannung und damit Überbeanspruchung der Triebwerksteile, wie dies häufig bei Ausführungen ohne eingebautem Freilauf der Fall ist, vermieden.

6.4.7 Bosch-Schubschraubtrieb-Anlasser

Abb. 149/1 zeigt die schematische Darstellung des Bosch-Schubschraubtriebanlassers [*55*], der zum Anwerfen von Verbrennungsmotoren Verwendung findet. Zum Schutz des Anlassers ist ein Klemmrollenfreilauf (Abb. 150/1) eingebaut, der das Durchdrehen desselben durch den Motor verhindert.

Beim Anlassen wird durch die magnetische Wirkung der Einzugswicklung der Einrückhebel betätigt und dabei über den ritzelseitigen Führungsring und die

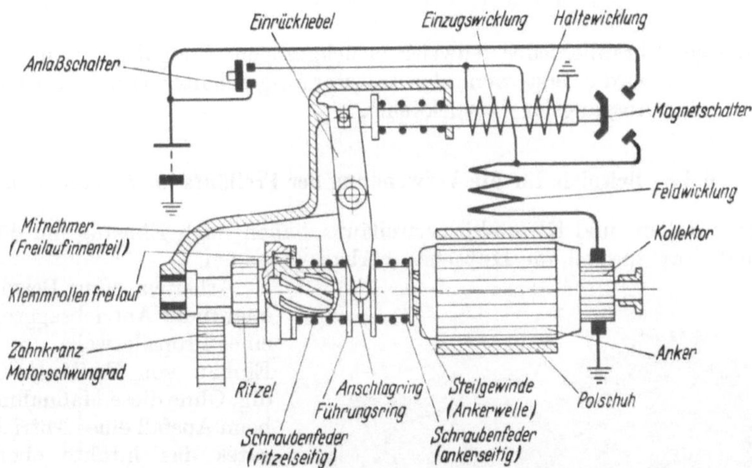

Abb. 149/1. Schema des Bosch-Schubschraubtriebanlassers nach [55]

Schraubenfeder der Mitnehmer samt Freilauf und Ritzel gegen den Zahnkranz des Schwungrades verschoben. Dabei führen diese Teile infolge des Steilgewindes eine Drehung aus. Gelangt das Ritzel vor eine Zahnlücke, so spurt es sofort ein. Kurz vor dem Ende des Einspurweges schließt sich der Magnetschalter, so daß der Anlasseranker anläuft. Stößt jedoch beim Einschalten Zahn auf Zahn, so drückt der Einrückhebel die ritzelseitige Schraubenfeder soweit zusammen, bis der Magnetschalter sich schließt. Durch die beginnende Drehung des Anlassers spurt unter dem Druck der gespannten Schraubenfeder und unter Einwirkung des Steilgewindes das Ritzel in die nächstfolgende Zahnlücke ein. Auf Grund der Schraubwirkung des Steilgewindes wird das Ritzel vollständig bis zum Anschlag auf der Ankerwelle in den Zahnkranz hineingeschoben. Ist der Anschlag erreicht, so beginnt das über den Klemmrollenfreilauf kraftschlüssig mit der Ankerwelle gekuppelte Ritzel den Motor anzuwerfen. Der anspringende Motor läuft schneller als der Anker. Mittels des Klemmrollenfreilaufes wird eine Kraftübertragung vom Motor her und damit ein Überdrehen des Anlassers verhindert. Sobald beim Ritzel „Freilauf“ einsetzt, wird es durch die beim Anlaßvorgang vorgespannte

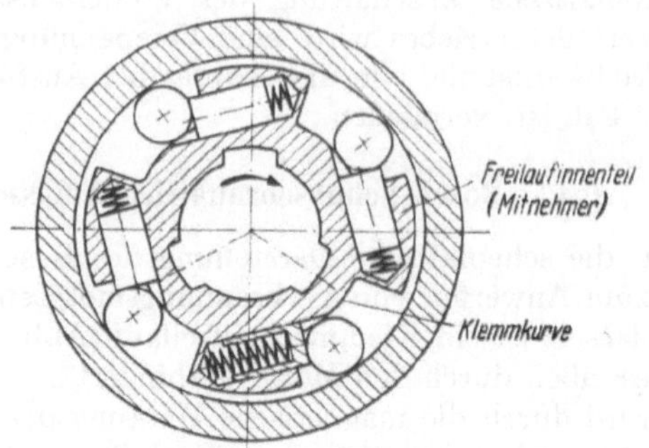

Abb. 150/1. Klemmrollenfreilauf im Bosch-Schubschraubtriebanlasser nach [55]

ankerseitige Schraubenfeder teilweise zurückgezogen. Endgültig aus dem Eingriff herausgezogen wird es erst, wenn der Anlasser ausgeschaltet wird und der Einrückhebel in seine Ausgangslage zurückkehrt.

6.4.8 Beispiele für die Verwendung der Freiläufe im Flugzeugbau

Klemmrollen- und Klemmkörperfreiläufe haben auch Eingang im Flugzeugbau und dort speziell im Hubschrauberbau gefunden.

Abb. 150/2. Klemmkörperfreilauf (Anwurfkupplung) für ein Flugmotor-Anwurfaggregat (Formsprag [58])

Arbeiten zum Beispiel zwei oder mehr Antriebsaggregate auf eine Propellerwelle, so ist der Einbau von Freiläufen notwendig. Ohne diese Maßnahme würde beim Ausfall eines Antriebsaggregates das intakte ebenfalls in Mitleidenschaft gezogen. Erfolgt der Antrieb aber jeweils über Freiläufe, so ist keine Beeinflussung vorhanden und es ist der Flug mit nur einem Antriebsaggregat möglich. Diese Ausführungsart kann zur Erreichung besserer Wirkungsgrade im besonderen bei Gasturbinenantrieben angewandt werden, da diese ihre besten Wirkungsgrade nahe bei Vollast erreichen.

Beim Start, Steigen usw. sind z. B. beide Antriebsaggregate eingeschaltet, beim Normalflug ist eines abgeschaltet und das andere arbeitet bei Vollast [16].

Abb. 150/2 zeigt den Klemmkörperfreilauf eines Anwurfaggregates für einen Flugmotor. Nach dem Start des Motors setzt Überholen ein und der Freilauf wird ab 2800–3000 U/min berührungsfrei. Die maximale Überholdrehzahl beträgt 11000 U/min.

Maximales Drehmoment	~ 130 mkg
Betriebstemperaturbereich von	− 50 °C bis + 120 °C

Der Antrieb für einen Hubschrauber ist grundlegend verschieden von dem üblicher Flugzeugtriebwerke. Der Rotor muß während des Fluges bei gedrosseltem oder stillstehendem Motor frei rotieren können. Deshalb ist der Einbau eines Freilaufes notwendig, der also neben anderen Komponenten eine besondere Stellung

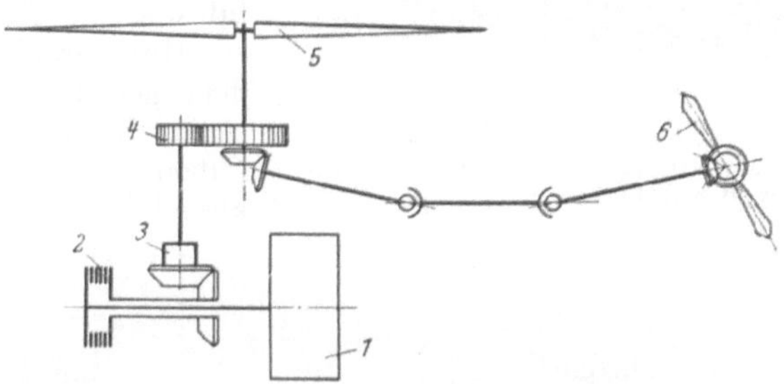

Abb. 151/1. Hubschraubertriebwerk-Einzelantrieb nach [17]
1 Motor; 2 Reibkupplung; 3 Freilauf; 4 Untersetzungsgetriebe; 5 Hubrotor; 6 Heckrotor

einnimmt. Dieser Effekt wäre auch mittels einer Flüssigkeitskupplung oder eines hydraulischen Drehmomentwandlers zu erzielen, aber hohes Gewicht und erhebliche Leistungsverluste machen diese Lösungsart, trotz mancher Vorteile, indiskutabel.

Abb. 151/1 u. 151/2 zeigen den typischen Aufbau zweier Hubschraubertriebwerke und die Anordnung der Freiläufe.

Bei Abb. 151/1 handelt es sich um einen Einzelrotorantrieb mit horizontal angeordnetem Motor und bei Abb. 151/2 um einen Doppelrotorantrieb mit zwei Motoren.

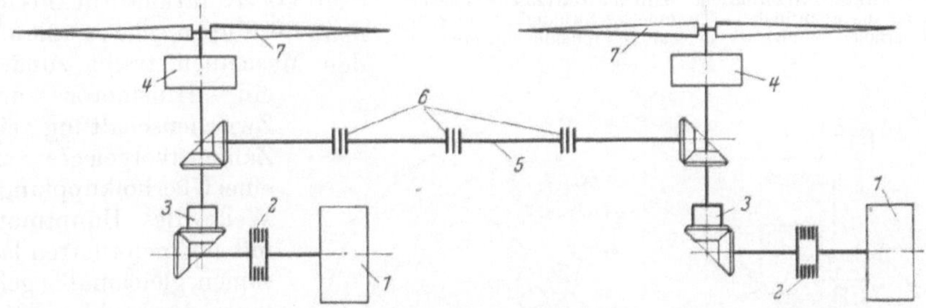

Abb. 151/2. Hubschraubertriebwerk-Doppelrotorantrieb mit zwei Motoren nach [17]
1 Motor; 2 Reibkupplung; 3 Freilauf; 4 Planetengetriebe; 5 Synchronisierungswelle; 6 Flexible Kupplung; 7 Hubrotor

Welche Freilaufart zum Einsatz kommt, hängt von der Konstruktion, der Leistung und der Betriebsart ab. Für kleinere und mittlere Hubschrauber mit kurzen Überholperioden kommen Klemmkörperfreiläufe zur Anwendung. Bei größeren Leistungen und langen Überholperioden, z.B. wenn bei einem Aggregat gemäß Abb. 151/2 nur mit einem Motor gefahren wird, werden gewöhnlich Klemmrollenfreiläufe bevorzugt [*16*, *17*]. Dies wird damit begründet, daß für hohe und höchste Leistungen bei Klemmkörperfreiläufen die Klemmkörperzahl zu groß

Abb. 152/1. Klemmkörper-Doppelfreilauf für Hubschraubertriebwerk (Formsprag [58])

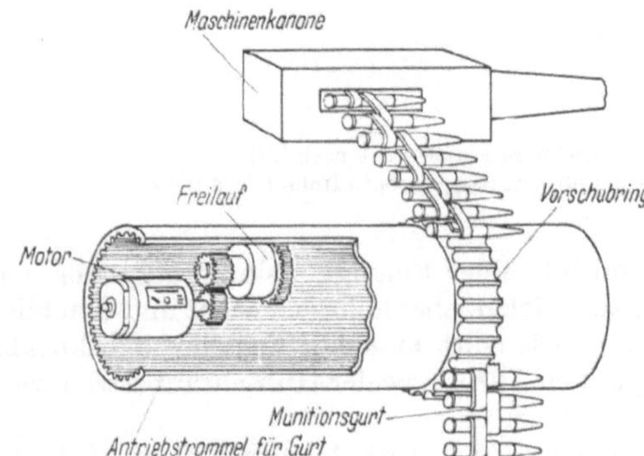

Abb. 152/2. Munitionszuführung für eine Flugzeug-Maschinenkanone nach [42]
Die Vorschubeinrichtung unterstützt die durch die Rückstoßkräfte bewirkte Gurtzuführung. Wird die Gurtgeschwindigkeit größer als die ursprüngliche Trommelgeschwindigkeit, so kann „Überholen" infolge des eingebauten Freilaufes eintreten.

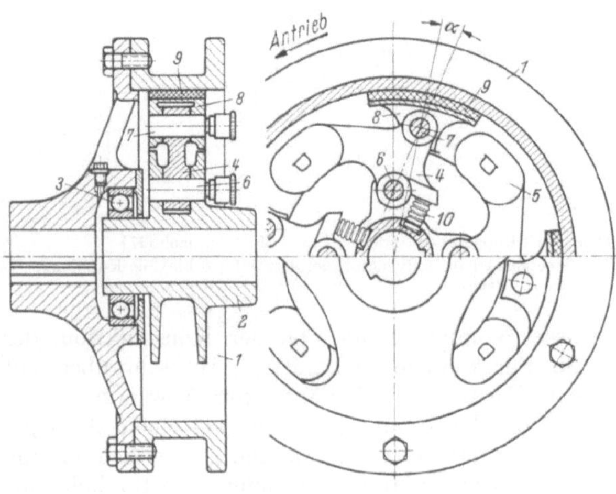

Abb. 152/3. AEG-Klemmbackenüberholkupplung nach [10]

würde, um noch eine gleichmäßige Lastverteilung zu gewährleisten.

Die Freiläufe werden scharfen Tests auf Prüfständen und im Flugbetrieb unterzogen, um ein größtmögliches Maß an Sicherheit zu verbürgen [37].

Abb. 152/1 zeigt noch die Ausführung eines Doppelfreilaufes für ein Hubschraubertriebwerk. Auf dem gemeinsamen Innenkörper sitzen die beiden Klemmkörperreihen und die als Zahnräder ausgebildeten Außenkörper.

6.5 Beispiele für Reibgesperre, Bandgesperre, klinkengesteuerte Freiläufe und Axialfreiläufe

6.5.1 Klemmbacken-Überholkupplung

Die schon in Abschn. 4.9.1 erwähnte und in Abb. 152/3 dargestellte Klemmbacken-Überholkupplung, Bauart AEG, findet besonders Verwendung beim Antrieb von Rotationsdruckmaschinen. Bei diesen schwer anlaufenden Maschinen treibt zunächst ein Hilfsmotor unter Zwischenschaltung eines Zahnradvorgeleges und einer Überholkupplung die Welle des Hauptmotors mit der geforderten langsamen, gleichmäßig gehaltenen Drehzahl an. Beim Anlassen des Hauptmotors bleibt der Hilfsmotor noch eingeschaltet, um dessen Anlauf zu unterstützen. Sobald die Drehzahl des Hauptmotors aber größer wird als die des Hilfsmotors, muß die Überholkupplung selbsttätig stoßfrei entkuppeln.

Auf der Welle des vom Hilfsmotor angetriebenen Vorschaltgetriebes sitzt die Kupplungsnabe *1* und auf der Welle des Hauptmotors die Kupplungsnabe *2*. Beide Naben werden durch das Wälzlager *3* zentriert. Im Stillstand und beim Antrieb durch den Hilfsmotor sind beide Kupplungshälften durch Reibschluß verbunden. Als Zwischenglieder fungieren die um die Bolzen *6* drehbar angeordneten Winkelhebel *4* und die über die Bolzen *7* angelenkten und mit einem Reibbelag *9* versehenen Klemmbacken *8*. Ein Schenkel des Winkelhebels *4* ist als Fliehgewicht *5* ausgebildet. Die Anfederung wird durch die Federn *10* bewirkt. Sobald nach dem Anlassen des Hauptmotors der innere Kupplungsteil *2* den äußeren Teil *1* zu überholen beginnt, knicken die Winkelhebel *4* um die Bolzen *6* ein und die Kupplung löst. Mit steigender Drehzahl werden dann die Klemmbacken *8* unter Einwirkung der Fliehgewichte *5* außer Eingriff gedrückt. Sie legen sich an das Innenteil an und die Klemmbacken-Überholkupplung ist somit berührungsfrei.

6.5.2 Federband-Überholkupplung

Die Berechnungsgrundlagen derartiger Kupplungen wurden in Abschn. 4.9.2 besprochen. In Abb. 153/1 ist eine Ausführungsart gezeigt, die als Schaltelement, Überholkupplung und als Rücklaufsperre Verwendung finden kann [*56*].

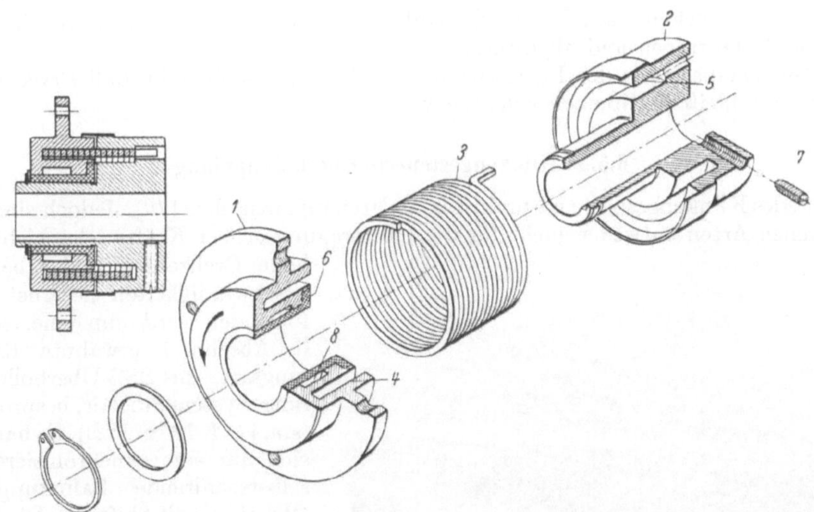

Abb. 153/1. Federband-Überholkupplung, vorgesehen als Schaltfreilauf nach [*56*]

Treibt die Nabe *1* in Pfeilrichtung an, so wird die linksgängige Schraubenfeder *3* an die Nabenwandung *4* und *5* angepreßt, so daß Mitnahme der Nabe *2* erfolgt. Teil *6* ist eine Lagerbüchse und Position *8* deutet die Ölkammer an. Die Nabe *2* wird mittels des Gewindebolzens *7* auf der Welle festgehalten.

Wird die Nabe *1* entgegen Pfeilrichtung angetrieben, so herrscht Freilauf.

Eine Funktionsumkehr kann durch das Einlegen einer Schraubenfeder mit Rechtssteigung erzielt werden.

6.5.3 Federband-Rücklaufsperre

In Abb. 154/1 ist eine spezielle Konstruktion einer Federbandkupplung dargestellt [*52*].

Diese Rücklaufsperren können einbaufertig bezogen werden.

Die Erregerfeder *5*, deren Vorspannung über die Spannschraube *6* eingestellt werden kann, erzeugt an dem Federband *3* die notwendige Initialreibung, damit sich dieses bei Drehen der Nabe *1* in Sperrichtung sofort am ganzen Umfang anlegt.

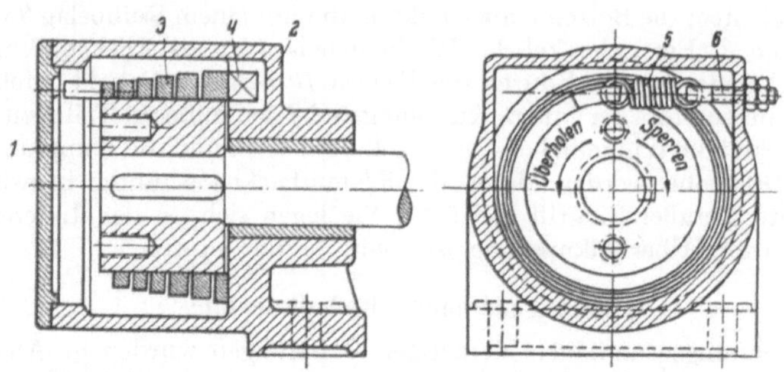

Abb. 154/1. Federband-Rücklaufsperre nach [*52*]

Durch den Nocken *4* am Federende wird das abzubremsende Moment auf das Gehäuse *2* übertragen und abgestützt.

Die Vorspannung der Erregerfeder *5* muß so eingestellt sein, daß Erwärmung und Verschleiß in Grenzen gehalten werden.

6.5.4 Klinkengesteuerte Überholkupplung

Jedes Klinkengesperre ist praktisch als Freilauf anzusehen [*10*]. Jedoch sind die üblichen Arten entweder nicht für die Übertragung großer Kräfte oder nicht für hohe Drehzahlen und Überholgeschwindigkeiten geeignet. Im folgenden wird nun eine, schon in Abschn. 1 erwähnte Kupplungsart, die SSS-Überholkupplung, System Sinclair, besprochen (s. a. [*114*, *120* u. *122*]). Es handelt sich um eine synchronisierende, selbstschaltende Zahnkupplung (*S*ynchro *S*elf *S*hifting). Die Abb. 155/1 b zeigt die Kupplung in Einrückstellung, die Abb. 155/1 a in Freilaufstellung. Das Moment wird formschlüssig über die Kupplungsverzahnung *I*, Teil *2*, die Kupplungsverzahnung *II*, Kupplungshülse *7*, und Kupplungsverzahnung *III* auf die Abtriebsnabe *8* übertragen. Für die Dimensionierung ist also die Verzahnung *I* maßgebend. Durch das im Uhrzeigersinn wirkende Drehmoment wird die Muffe *3*

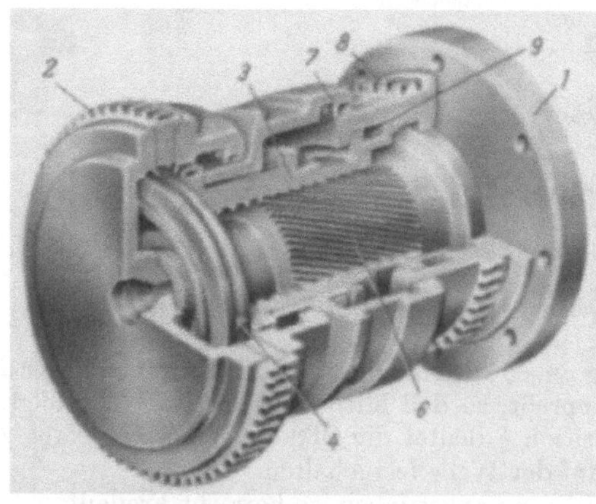

Abb. 154/2. SSS-Überholkupplung mit Sperreinrichtung nach [*69*]. Bei dieser Ausführungsart ist es möglich, die Überholkupplung in Einrückstellung zu sperren, so daß in beiden Drehrichtungen ein Drehmoment übertragen werden kann.
1 Antriebsflansch (Primärteil); *2* Kupplungsverzahnung für Abtriebszahnkupplung (Sekundärteil); *3* Kupplungsmuffe mit Steilgewinde; *4* Sperrklinken, in Teil *3* drehbar gelagert; *6* Steilgewinde auf Primärteil; *7* Schaltmuffe mit Sperrverzahnung; *8* Sperrverzahnung auf Primärteil; *9* Öldämpfung

infolge der Wirkung des Steilgewindes *6* in axialer Richtung an den rechten Wellenbund gedrückt und verbleibt so lange in dieser Stellung bis eine Relativbewegung zwischen Teil *1* und *2* eintritt. Sobald die Drehzahl $n_2 > n_1$ wird, weicht die Muffe *3* nach links aus und geht außer Eingriff (s. Abb. 155/1a). Somit herrscht

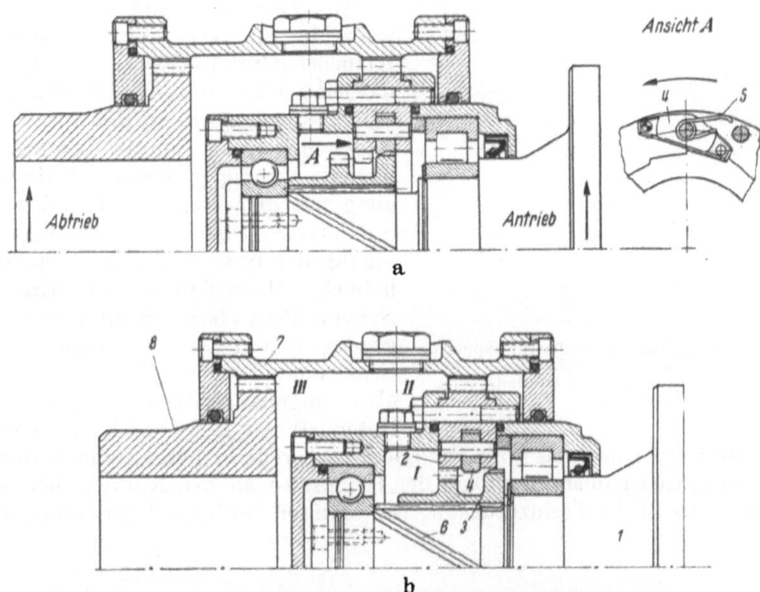

Abb. 155/1 a u. b. SSS-Überholkupplung nach [69]
a) in Ausrückstellung; b) in gekuppeltem Zustand
I Kupplungsverzahnung; *II* Kupplungsverzahnung; *III* Kupplungsverzahnung;
1 Antriebswelle; *2* Klinkenträger; *3* Kupplungsmuffe; *4* Klinken; *5* Feder; *6* Steilgewinde; *7* Kupplungshülse; *8* Abtriebsnabe

„Freilauf". Durch entsprechende Schwerpunktanordnung der Klinken kann vermieden werden, daß diese dauernd auf der Klinkenverzahnung ratschen. Es läßt sich somit derselbe Effekt wie schon im Abschn. 5.2.3 – Berührungsfreie Freiläufe – erwähnt, erzielen.

Sinkt nun n_2 wieder ab, so stützen sich bereits bei Synchrondrehzahl die Klinken *4*, die mittels der Feder *5* in den Eingriff gedrückt werden, in der Klinkenverzahnung ab. Es folgt eine Relativdrehung zwischen Teil *1* und *3* und die Muffe *3* geht in Einrückstellung. Die Klinkenstellung ist genau mit der Kupplungsverzahnung *I* abgestimmt, so daß nunmehr genau Zahn auf Zahnlücke steht. Durch die Reaktionskraft der Klinken wird die Muffe *3* auf dem Steilgewinde *6* der Antriebswelle *1* schraubend nach rechts in den Zahneingriff bewegt bis der Anschlagbund erreicht ist. Dort stützt sich die durch das Steilgewinde erzeugte Axialkomponente ab. Das Drehmoment kann wieder voll übertragen werden (s.a. Abb. 145/1 u. Abschn. 6.4.5.5).

Abb. 154/2 zeigt eine SSS-Überholkupplung mit Sperreinrichtung [*69*].

6.5.5 Klauenfreilaufkupplungen

6.5.5.1 Maybach-Klauenüberholkupplung. Eine Weiterentwicklung der einfachen Klauenkupplung ist die Maybach-Klauenüberholkupplung. Diese Entwicklung geht zurück auf das Jahr 1927. Die Maybach-Klauenüberholkupplung in ihrer Grundform – ähnlich Abb. 156/1a u. 156/1b – fand zuerst Anwendung in Automobil-Schnellganggetrieben (Overdrive), schließlich in Mehrgangschaltgetrieben und in den ersten Ausführungen des Mekydro-Getriebes (s. Abschn. 6.4.5.6). Eine eingehende Beschreibung dieser Entwicklung ist [*48*] und [*61*] zu entnehmen.

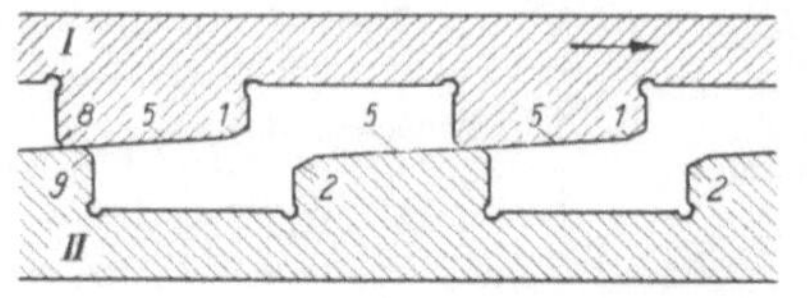

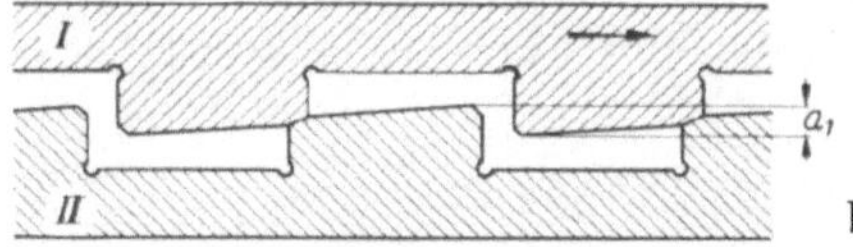

Abb. 156/1 a u. b. Maybach-Klauenüberholkupplung in Normalausführung nach [*61*]
a) Überholstellung, höchste Lage; b) Überholstellung, tiefste Lage

Aus Abb. 156/1 geht die Wirkungsweise hervor. Die axial angedrückte Klauenschaltmuffe *I* wird von den Stirnflächen *5* während des Überholvorganges ständig abgewiesen, so daß die Klauen selbst nicht zum Eingriff kommen. Es ist eine ständig pulsierende Axialbewegung um den Weg a_1 vorhanden. Dadurch treten je nach Masse und Beschleunigung der bewegten Teile nicht unerhebliche Massenkräfte auf. Erst bei Synchronlauf bzw. Beginn der entgegengesetzten Relativdrehung kann die Schaltmuffe *I* einrücken. Es können aber ungünstige Schaltstellungen auftreten. Wenn z. B. die Kanten *8* und *9* aufeinandertreffen und das volle Drehmoment bereits in dieser Stellung auftritt, so ist der Schaltmechanismus infolge der Reibkräfte an den Kanten nicht mehr in der Lage, die Muffe *I* einzurücken. Die dadurch bedingte Überlastung führt

Abb. 156/2. Maybach-Klauenüberholkupplung mit Sperrklauenring. Sperrklauen in Sperrstellung (Maybach [*61*])

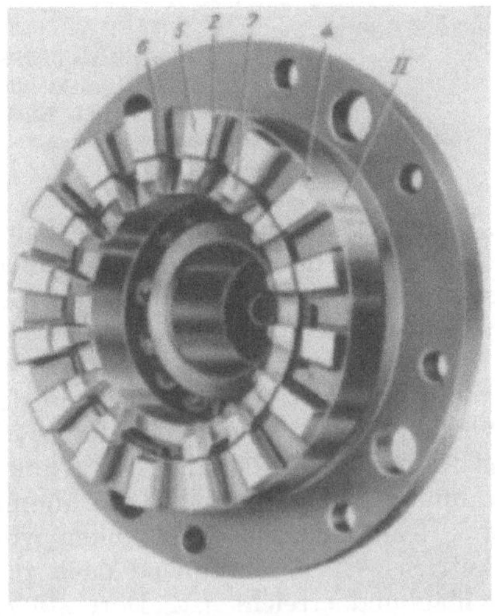

Abb. 156/3. Maybach-Klauenüberholkupplung mit Sperrklauenring. Sperrklauen in Einrückstellung (Maybach [*61*])

zur Beschädigung, wenn nicht Zerstörung der Klauen und der Schaltelemente. Es kommt noch hinzu, daß für höhere Antriebsleistungen größere Kupplungs- und Schaltelemente erforderlich sind, die aber beim Schaltvorgang so große Massenkräfte hervorrufen, daß diese nicht mehr in erträglichen Grenzen gehalten werden können. Weitere vom Einsatz in Bahngetrieben herrührende Forderungen führten schließlich zu der Entwicklung der Klauenüberholkupplung mit Sperrklauenring (s. Abb. 156/2 u. 156/3). Ein konzentrisch angeordneter Ring mit Sperrklauen *7* ist gegenüber dem Kupplungsring *II* angefedert. Nach Abb. 156/2 befindet er sich in Sperrstellung, nach Abb. 156/3 in Einrückstellung. Das Prinzip der Sperrklauenkupplung ist aus Abb. 157/1 a–d ersichtlich.

Abb. 157/1a zeigt die Kupplung in Überholstellung und damit Sperrstellung. Im Gegensatz zu der normalen Klauenüberholkupplung Abb. 156/1 b ergibt sich nunmehr gemäß Abb. 157/1 b, daß der axiale Weg a_2 gegenüber a_1 wesentlich reduziert wurde. Damit ergeben sich beim Schaltvorgang erheblich kleinere und wie sich gezeigt hat, erträgliche Massenkräfte.

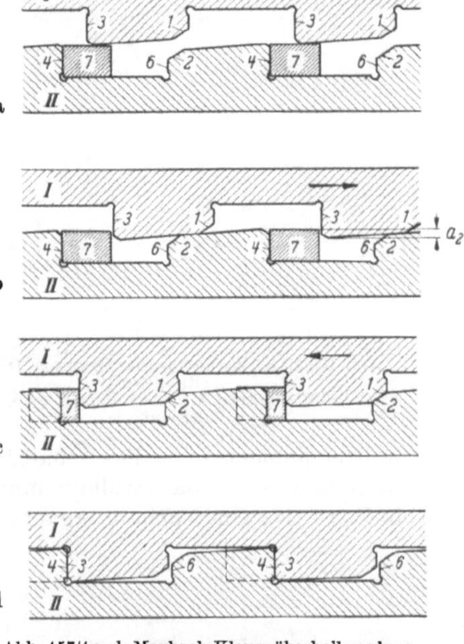

Abb. 157/1 a–d. Maybach-Klauenüberholkupplung mit Sperrklauenring nach [*61*]

a) Überholstellung, höchste Lage; b) Überholstellung, tiefste Lage; c) Eingriffsbeginn; d) voller Eingriff, Kraftübertragung

I Klauenschaltmuffe; *II* Klauenkupplungsring; *1* Anfasung an der Rückflanke von Teil *I*; *2* Anfasung an der Rückflanke von Teil *II*; *3* Vorderflanke von Teil *I*; *4* Vorderflanke von Teil *II*; *5* geneigte Stirnflächen an Teil *I* und *II* (s. Abb. 156/1); *6* Rückflanke; *7* angefederter Sperrklauenring

Kehrt sich die Relativbewegung zwischen Klauenschaltmuffe *I* und Klauenkupplungsring *II* (s. Abb. 157/1 c) um, so rutscht Teil *I* über die Anfasung *1* und *2* in die Klauenlücke, während gleichzeitig die angefederte Sperrklaue *7* von der Flanke *3* zurückgeschoben wird, bis die Stellung nach Abb. 157/1 d erreicht ist. Erst wenn die Flanken *3* und *4* in Kontakt sind, kann das Drehmoment übertragen werden. Da in jedem Falle die zum Zurückdrehen des Sperrklauenringes *7* benötigte Zeit ausreichend ist, um die zunächst nur durch die Anfederungskraft belastete Flanke *3* axial bis in die Endstellung zu verschieben, kann die oben beschriebene, bei der normalen Klauenüberholkupplung mögliche Zerstörung nicht mehr eintreten.

Über die Verwendung der Klauenüberholkupplung mit Sperrklauen s. Abschn. 6.4.5.6.

6.5.5.2 Klauenfreilaufkupplung mit Dämpfung. Die in Abb. 158/1 gezeigte Klauenfreilaufkupplung [*69*] ist in ihrer Wirkungsweise ähnlich der in Abschn. 6.5.4 beschriebenen. Eine Muffe *3*, die über die Erregerfeder *4* angedrückt wird, ist auf dem Steilgewinde *5* axial verschiebbar angeordnet. An der Stirnseite sind an Muffe *3* und Antriebsrad *1* die Abweisklauenzähne *6* angebracht, die bei Synchrondrehzahl selbsttätig ineinandergeschoben werden. Ist $n_2 > n_1$, so tritt „Freilauf" ein, da die Muffe *3* infolge der Wirkung des Steilgewindes *5* in Ausrückstellung gebracht wird. Es ist aber bei den normalen Ausführungen immer ein Ratschen der Stirnseiten der Abweisklauenzähne aufeinander vorhanden.

Im vorliegenden Falle wird nun über die Ölzuführungsbohrung *10* Öl in den Ringraum *7* gebracht, das durch die Fliehkraftwirkung einen erheblichen Axialdruck auf die Muffe *3* ausübt und diese somit ab einer bestimmten Drehzahl (Schaltdrehzahl) in die linke Endstellung drückt. Es wird also berührungsfreier Lauf beim Überholen erzielt und damit die Beanspruchung der stirnseitigen Klauenteile erheblich reduziert.

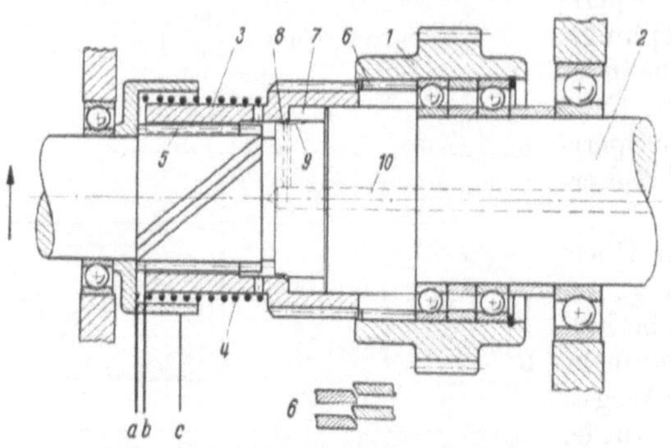

Abb. 158/1. Klauen-Freilaufkupplung mit Dämpfung (RENK [*69*])
a „Freilauf"-Stellung, *b* Einrückstellung, *c* Sperrstellung der Muffe 3

Die Ölzuführung ist so ausgebildet, daß eine vorteilhafte Dämpfung durch die im Ringraum befindliche Ölmenge beim Einschalten (Kuppeln) erzielt wird. Maßgebend ist die sich allmählich verjüngende Austrittsöffnung *9* und der Ölüberlauf *8* (Spalt). Die Größe der Öffnungen muß entsprechend der vorhandenen Axialkraft und Axialgeschwindigkeit der einzuschaltenden Muffe *3*, welche vom Drehmoment und der Schaltdrehzahl abhängig sind, bemessen werden.

In Abb. 59/1a ist das Oszillogramm eines Schaltvorganges *mit* Dämpfung und in Abb. 59/1b das eines Schaltvorganges *ohne* Dämpfung dargestellt.

6.5.6 Fahrradfreilauf Komet-Super

In Abb. 158/2 ist der bekannte Fahrradfreilauf der Firma Fichtel & Sachs AG. dargestellt, dessen Funktion in Abschn. 4.9.3.1 beschrieben wurde (s. Abb. 64/1). Der hierfür getroffene Berechnungsansatz ist allgemein für Axialfreiläufe mit Steilgewinde gültig [s. Gln. (65/1) u. (65/2)].

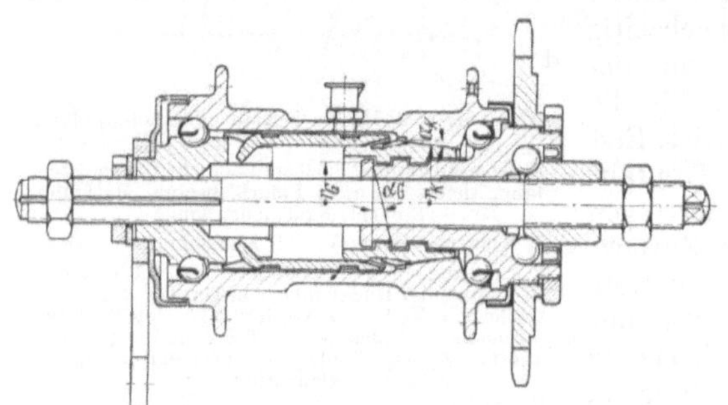

Abb. 158/2. Konus-Axialfreilauf F & S-Komet-Super nach [*28*]
$r_G = 9{,}25$ mm; $r_K = 13{,}30$ mm; $\alpha_G = 15°16'$; $\alpha_K = 15°$

6.5.7 Lamellen-Reibüberholkupplungen

Bei der Bauart nach Abb. 159/1 handelt es sich um einen sperrbaren Lamellen-Axialfreilauf (s. a. [*121*]). Auf der Antriebswelle *1* und mit dieser fest verbunden ist der Gewindekörper *8* mit steilgängigem Flachgewinde angeordnet. Die Drehrichtung ist durch den Pfeil gekennzeichnet. Auf diesem Gewindekörper bewegt sich die Kupplungsglocke *3*, die gleichzeitig als Lamellenträger für die Außenlamellen *5* dient. Das Abtriebszahnrad *10* ist auf der Antriebswelle *1* mittels Wälzlagern gelagert und trägt den Innenlamellenträger *7*, auf dem die Innenlamellen *6* und der Einrückring *2* verschiebbar angeordnet sind. Entsprechend der Richtung des Drehmomentes wird die auf dem Steilgewinde sitzende Kupplungsglocke *3* gegen die Lamellen und gegen den festen Bund *9* gedrückt, während beim Voreilen des Abtriebszahnrades *10* selbsttätiges Lösen der Lamellen erfolgt.

Das Einschalten der Kupplung geschieht durch Andrücken des Einrückringes *2* an die Lamellen. Der Außenlamellenkörper *3* wird durch schräg in Richtung der

Gewindegänge angeordnete Federn *4* bei geöffneter Kupplung ständig leicht gegen den Bund *9* gedrückt. Dadurch wird beim Einschalten sofort ein sicherer Reibschluß erzielt. Gegebenenfalls kann durch weiteres Einrücken unter Überwindung der Federkraft der Federn *4* die Überholkupplung gesperrt werden, so daß die Kupplung nunmehr in beiden Drehrichtungen kraftschlüssig wird.

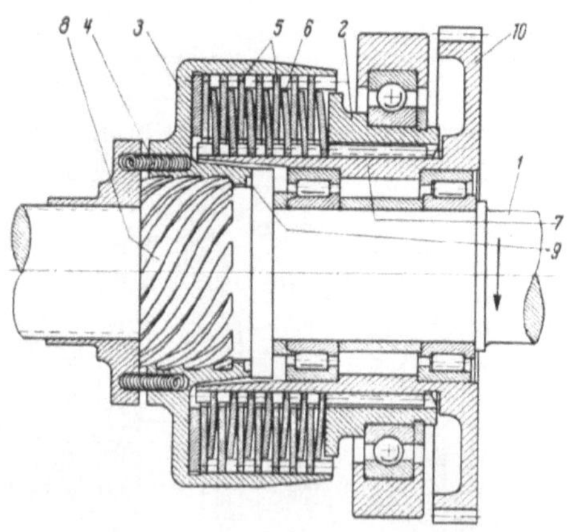

Abb. 159/1. Lamellen-Reibüberholkupplung nach RAMBAUSEK

Die Kupplung kann auch als Doppelreibüberholkupplung mit entgegengesetzt gerichteten Gewindesteigungen ausgeführt werden. Abb. 159/2 u. 160/1 zeigen eine solche in ein Fahrzeuggetriebe eingebaute Doppelreibüberholkupplung. Derartige Getriebe können mittels dieser Kupplung ohne Zugkraftunterbrechung geschaltet werden, wobei z.B. die eine Teilkupplung die Gänge *1*, *3* und *5* und die andere Teilkupplung die Gänge *2*, *4* und *6* abwechselnd schaltet [*115*, *118*, *121* u. *123*].

Eine andere Ausführungsart, die Hurth-Reibüberholkupplung, schaltbar für beide Drehrichtungen, zeigt Abb. 161/1. Im Gegensatz zu der Doppelreibüberholkupplung, einer Kombination zweier Reibüberholkupplungen für gleiche Drehrichtung, handelt es sich hierbei um eine Einfach-Reibüberholkupplung mit zwei gleichgerichteten Gewindesteigungen, schaltbar für beide Drehrichtungen.

Abb. 159/2. 6-Gang-Fahrzeugschaltgetriebe mit eingebauter Doppelreibüberholkupplung nach [*69*]

Abb. 161/2 zeigt das Schema eines kraftschlüssig schaltbaren Hurth-Getriebes. Der Antrieb erfolgt im angegebenen Drehsinn an der Antriebswelle A_{II}, die ein Steilgewinde trägt. Drehfest und axial nicht verschiebbar mit ihr verbunden ist der Schaltzylinderkörper B sowie der Innenlamellenträger C. Auf der Antriebswelle A_{II} sind die Zahnräder D und E mit den Außenlamellenträgern drehbar angeordnet. Der Innenlamellenträger F, der als Steilgewindemutter ausgeführt ist,

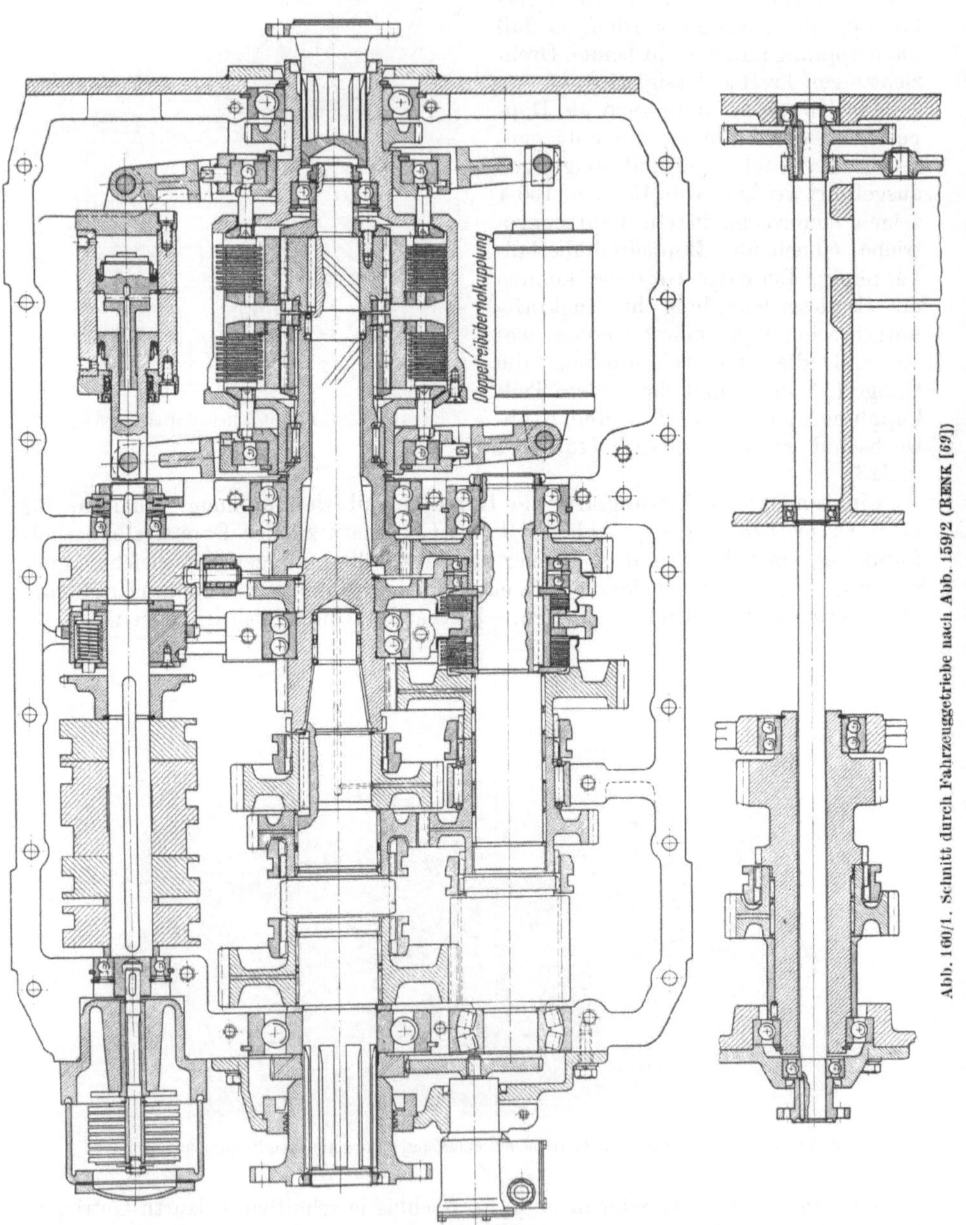

Abb. 160/1. Schnitt durch Fahrzeuggetriebe nach Abb. 159/2 (RENK [69])

kann infolge der Wirkung des Gewindes gegenüber der Welle A_{II} eine begrenzte axiale Verschiebung unter gleichzeitiger Relativdrehung ausführen. Die beiden

Kolben G und H, die mittels Drucköl in Richtung der Kupplungslamellen I und K unabhängig voneinander verschiebbar sind, steuern das Getriebe.

Im 1. Gang ist der Schaltkolben G mit Drucköl beaufschlagt. Beim Anfahren des Getriebes steht zunächst die Abtriebswelle A_b still. Bei Antrieb der Antriebswelle A_n in Pfeilrichtung hat das Steilgewinde auf der Antriebswelle die Tendenz, den noch stillstehenden Innenlamellenträger F nach rechts zu verschieben, wodurch der Kraftschluß von der Welle A_n über Lamellen und Innenlamellenträger F und Zahnrad D hergestellt wird. Das Getriebe läuft im 1. Gang an.

Abb. 161/1. Schnitt durch eine Hurth-Reibüberholkupplung, schaltbar für beide Drehrichtungen (Hurth [59])

Soll auf die höhere Drehzahl übergegangen werden, so wird der Kolben H zusätzlich mit Drucköl beaufschlagt. Über die Lamellen K sowie Außenlamellenträger und Zahnrad E wird dadurch der 2. Gang eingeschaltet. Da die Abtriebswelle A_b nunmehr ihre Drehzahl erhöht bzw. bei sehr großen Trägheitsmassen der anzutreibenden Maschine die Antriebswelle A_n ihre Drehzahl vermindert, läuft der noch über Zahnrad D mit der Abtriebswelle A_b verbundene Lamellenträger F mit höherer Drehzahl um, als die Antriebswelle A_n. Der Innenlamellenträger schraubt sich daher nach links und entlastet selbsttätig – obwohl der Kolben G noch mit Drucköl beaufschlagt ist – die Lamellen I vom Anpreßdruck des Kolbens G.

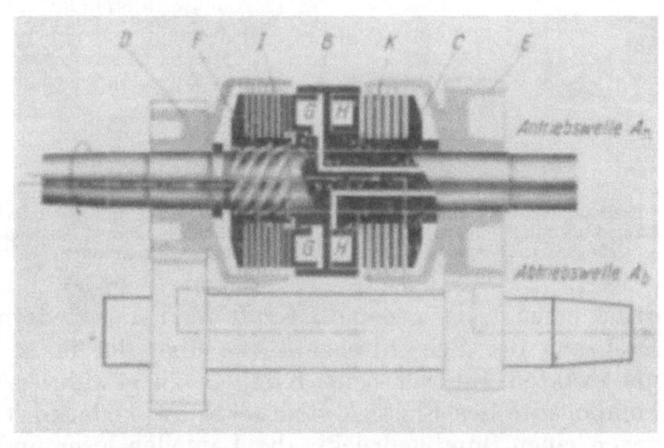

Abb. 161/2. Anwendungsbeispiel für Reibüberholkupplung. Kraftschlüssig schaltbares 2-Gang-Getriebe nach [59]

Der Wechsel vom 1. Gang zum 2. Gang findet dabei ohne Unterbrechung der Zugkraft an der Abtriebswelle A_b statt.

6.5.8 Berührungsfreier Lamellen-Axialfreilauf, Bauart RENK

Das in Abschn. 6.5.5.2 beschriebene Verfahren zur Dämpfung des Einschaltstoßes wurde auch auf Lamellen-Axialfreiläufe angewandt [69]. Ferner ist es aber bei dieser Bauart auch noch möglich, durch Drucköl Berührungsfreiheit herzustellen und durch Begrenzungsfedern das Drehmoment zu begrenzen. In Abb. 162/1 ist eine bewährte Ausführung gezeigt, bei welcher das zur Schmierung der Kupplung durch die Ölzuführung *12* zugeleitete Öl zunächst in die Kammer *11* geführt wird. Das durch den Spalt *10* überlaufende Öl wird zur Schmierung benützt. Im rotierenden Ringraum *11* wird bei der Drehbewegung infolge der Fliehkraft ein Flüssigkeits-

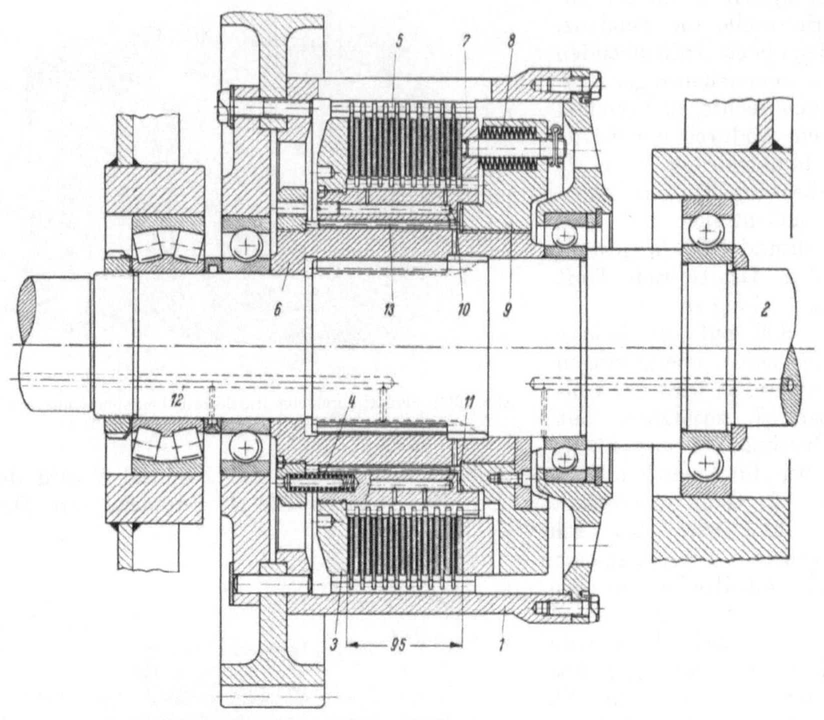

Abb. 162/1. Lamellenfreilauf für Mehrganggetriebe (Renk [69])
1 Freilaufaußenteil (Antrieb); *2* Abtriebswelle; *3* Muffe mit Steilgewinde; *4* Erregerfedern; *5* Lamellenpaket; *6* Innenteil mit Steilgewinde, drehfest mit Teil *2* verbunden; *7* Anschlagscheibe; *8* Begrenzungsfeder; *9* Begrenzungsring; *10* Spalt (Ölüberlauf); *11* Ölkammer (Ringraum); *12* Ölzuführungsbohrung; *13* Steilgewinde

druck erzeugt, der gegen die Kraft der Erregerfedern *4* wirkt. Ab einer bestimmten Drehzahl, der Schaltdrehzahl, die über der max. Antriebsdrehzahl liegen muß, um exakten Eingriff beim Kuppeln zu gewährleisten, überwiegt die Axialkraftkomponente des Flüssigkeitsdruckes die Federkraft, d.h. Muffe *3* wird nach links gegen einen Bund gedrückt, die Lamellen lösen und der Freilauf wird berührungsfrei.

Die Schaltdrehzahl kann durch die Abstimmung des Druckes der Erregerfedern *4* und des Durchmessers des Ringraumes *11* festgelegt werden.

Es ist auch möglich, Drucköl zuzuführen und den Spalt *10* zu verkleinern. Mittels dieser Maßnahmen kann die Schaltdrehzahl beliebig festgelegt werden.

Das Kupplungsmoment wird durch die vorgespannten Tellerfedern *8* begrenzt. Kuppelt der Freilauf, so drückt die auf dem Steilgewinde *13* geführte Muffe *3* das Lamellenpaket *5* über die Anschlagscheibe *7* gegen die Begrenzungsfedern *8*. Die Muffe *3* selbst kann sich axial am Teil *9* abstützen.

Durch die Ölfüllung im Ringraum *11* und die Federn *8* werden beim Schließvorgang Stöße weitgehend gemindert und gedämpft.

7 Schrifttum

7.1 Bücher

[1] AWF und VDMA Getriebeblätter: Gesperre und Sperrtriebe.
[2] Biezeno-Grammel: Technische Dynamik, 2. Aufl. Bd. 1. Berlin/Göttingen/Heidelberg: Springer 1953.
[3] Bussien, R.: Automobiltechnisches Handbuch. Abschnitt Schaltwerksgetriebe, Berlin 1953.
[4] Eschmann-Hasbargen-Weigand: Die Wälzlagerpraxis. München: Oldenbourg 1953.
[5] Föppl, L., u. E. Mönch: Praktische Spannungsoptik, 2. Aufl. Berlin/Göttingen/Heidelberg: Springer 1958.
[6] Föppl, A.: Vorlesungen über Technische Mechanik, Vierter Band „Dynamik". München: Oldenbourg 1944.
[7] Heldt, P. M.: Torque Converters or Transmissions, Nyack, N.Y. P.M. Heldt 1947.
[8] Hütte: Des Ingenieurs Taschenbuch, Bd. II A, 28. Aufl., 1. Abschnitt. Berlin: Ernst u. Sohn 1954.
[9] Jahr-Knechtel: Getriebelehre. Leipzig: Jänecke 1943.
[10] Niemann, G.: Maschinenelemente Bd. I, 4. Bericht, Neudruck u. Bd. II. Berlin/Göttingen/Heidelberg: Springer 1959 und 1960.
[11] Simonis, F. W.: Stufenlos verstellbare mechanische Getriebe, 2. Aufl. Berlin/Göttingen/Heidelberg: Springer 1959.

7.2 Aufsätze

[12] Altmann, G.: Stufenlos regelbare Schaltwerksgetriebe. Z. VDI 1940, S. 333.
[13] Altmann, G.: Ausgleichsgetriebe für Kraftfahrzeuge. Z. VDI 1940, S. 545–551.
[14] Altmann, G.: Stufenlos verstellbare mechanische Getriebe. Konstruktion 1952, H. 6, S. 165.
[15] Benz, W.: Drehfedernde Kupplungen und ihr dynamisches Verhalten in Maschinenanlagen. Technische Mitteilungen 1958, H. 8, S. 345–349.
[16] Botstiber, D. W., u. L. Kingston: Freewheeling Clutches. Design and application factors for roller and sprag one-way units. Machine Design 24 (1952) Nr. 4, S. 189/194.
[17] Botstiber, D. W.: Helicopter Drives. Machine Design, April 1951, S. 185–191.
[18] Better, B. R.: Overload Clutch designed for accurate torque Control. The Tool Engineer, März 1957, S. 87–89.
[19] Churchill, H. E.: The Studebaker Automatic Transmission. Vortrag SAE Annual Meeting, Januar 1950.
[20] Daniels R. L.: The sprag type overrunnig clutch. The American Society of Mechanical Engineers, Paper No. 57-A-166.
[21] v. Derschmidt: Der Klemmrollenfreilauf als einbaufertiges Maschinenelement. Konstruktion Bd. 5 (1953), H. 10, S. 344.
[22] Diederichs, M.: Moderne Freilaufkonstruktionen. Der Maschinenmarkt Bd. 61 (1955) S. 26–28.
[23] Gräbner, R.: Ausbildung und Anwendung von Klemmrollenfreiläufen im Werkzeugmaschinenbau. Werkstatt und Betrieb Bd. 86 (1953) H. 12, S. 733.
[24] Karde: Die Grundlagen der Berechnung und Bemessung des Klemmrollenfreilaufes. ATZ Bd. 51 (1949) H. 3, S. 49–58. Berichtigung ATZ Bd. 52 (1950) H. 3, S. 85.
[25] Kehrl, H. H., M. R. Marsh u. R. A. Gallant: Automatic Transmission Testing becomes essential for designers. SAE Journal, Juni 1959.
[26] Kirchner, E.: Sprag Clutches make a comeback. Aviation Age, Januar 1955, New York.
[27] Kite, W. H.: Type A, Suffix A Automatic Transmission Fluids. MLGI Spokesman, Sept. 1959, S. 231–234. Kansas City, Mo. USA.
[28] Kollmann, K.: Beitrag zur Konstruktion und Berechnung von Überholkupplungen. Konstruktion Bd. 9 (1957) H. 7, S. 254–259.
[29] Kollmann u. Förster: Amerikanische Fahrzeuggetriebe. ATZ H. 4, Juli/August 1950.
[30] Machen, J. F.: Overrunning Clutches. Product Engineering 31 (1960) 6, S. 62–63.

[31] PILIPENKO, M. N.: Methods of Calculating Freewheel Mechanisms. Machines and Tooling (1959) 9, S. 15–20. Übersetzt nach: „stanki i Instrument“ 30 (1959) 9, S. 14–19.
[32] RAMBAUSEK, H.: Das Verhalten von Überholungskupplungen in Lastschaltgetrieben. Werkstatt und Betrieb, 93. Jg. 1960, H. 5, S. 249–253.
[33] SCHJOLIN, H. O.: The V-Hydraulic Transmission. SAE Quarterly Transactions Vol. 3 (October 1949) No. 4.
[34] THEARLE, E. L.: A Nonreversing Coupling. Machine Design, April 1951.
[35] THOMAS, W.: Rechnerische Bestimmung des Ungleichförmigkeitsgrades stufenlos regelbarer Schaltwerksgetriebe. Z. VDI 1953, S. 189.
[36] v. THÜNGEN, H.: Der Freilauf. Sonderkonstruktion und Anwendungsbeispiele im Kraftfahrzeug. ATZ Bd. 59 (1957) H. 1, S. 1–7.
[37] TROENDLY, H. P., u. R. R. ANDERSON: Development of the Borg-Warner Double Cage Full Phasing Sprag Clutch. Vortrag vom 14. Mai 1953. Annual Forum of the American Helicopter Society, Washington, D.C.
[38] TROENDLY, H. P.: Full Phasing for One-Way Clutches. Product Engineering, Dezember 1954. New York: McGraw-Hill.
[39] WINCHELL, F. J., W. D. ROUTE u. O. K. KELLEY: The Chevrolet Turboglide Transmission. Vortrag SAE Annual Meeting, Januar 1957.
[40] YOUNGREN, H. T., u. H. G. ENGLISH: The Ford-Mercury Automatic Transmission. Vortrag SAE Summer Meeting, Juni 1950.
[41] –: One-Way Clutch and Bearing. Design News 14 (1959) 13, S. 60.
[42] –: Sprag-Type Overrunning Clutches. Design News 14 (1959) 15, S. 18–19.
[43] –: An Overdrive from America. „The Motor“, 28. Sept. 1955. London: Temple Press Ltd.
[44] –: Borg-Warner Automatic Overdrive. Supplement to „Motor Trader“, 26. Sept. 1956. London: Cornwall Press Ltd.
[45] –: Eine neue Daimler-Benz-Lastwagen-Serie Typ L 322 und L 337 mit Varianten. ATZ Bd. 61 (1959) H. 4, S. 116–117.
[46] –: Turbocharger driven at low power through planetary gears with a free-wheel. The Marine Engineer and Naval Architect No. 998, September 1959, S. 365.
[47] –: Irreversible Torque Control. Machine Design. 30 (1958) Nr. 22, S. 91.
[48] –: Mekydro Hydraulic Transmission. Diesel Railway Traction, April 1960, S. 137–150.
[49] –: Starting Clutches for Gas Turbines. Gas and Oil Power, Dez. 1959, S. 323.
[50] –: Evaluating Automatic Transmission Fluids in the United States. Lubrication, Sept. 1959, Vol. 14, No. 9. Caltex, New York.

7.3 Firmenschriften

[51] Auto-Union, Ingolstadt
[52] Bolenz und Schäfer, Dortmund.
[53] Borg-Warner Limited, Letchworth, Herts/England.
[54] Borg-Warner Corporation, Spring Division, Bellwood, Ill., USA.
[55] Robert Bosch GmbH, Stuttgart.
[56] Curtiss-Wright Corporation, Cleveland, Ohio, USA.
[57] Daimler Benz AG, Stuttgart-Untertürkheim.
[58] Formsprag Company, Warren, Michigan, USA.
[59] Carl Hurth, Maschinen- u. Zahnradfabrik, München.
[60] Malmedie & Co., Düsseldorf.
[61] Maybach Motorenbau GmbH, Friedrichshafen.
[62] Morse Chain Company, Detroit, Michigan, USA.
[63] Ringspann Albrecht Maurer KG, Bad Homburg.
[64] L. Schuler AG, Göppingen
[65] Stieber & Nebelmeier, München.
[66] Stieber Rollkupplung KG, Heidelberg.
[67] J. M. Voith GmbH, Heidenheim (Brenz).
[68] Zahnradfabrik Friedrichshafen AG, Friedrichshafen.
[69] Zahnräderfabrik RENK AG, Augsburg.

7.4 Patentschriften

[70] DBP 838844, 47 b 12 (16. 12. 1950). Wälzlager mit Freilaufgesperre (HANS GASSNER, Schweinfurt).
[71] DRP 98060, 47 c 6 (17. 7. 1897). Kupplung mit einem als Klemmgesperre wirkenden Kugel- oder Rollenlager (EDUARD BRESLAUER, Leipzig).
[72] DRP 121831, 47 c 6 (30. 8. 1899). Einstellvorrichtung für die Kupplungsrollen an Klemmrollenkupplungen (JOHN POTTER MURPHY, Philadelphia).
[73] DRP 187002, 47 c 6 (5. 6. 1906). Bürstenkupplung (JOHN HARTLEY, Stone, England).

[*74*] DRP 285107, 47 c 6 (4. 1. 1913). Klemmkupplung auf durchgehender Welle mit durch einen Korb verstellbaren Rollen oder Kugeln als klemmende Mitnehmer (FRANZ SIEBER, Regensburg).
[*75*] DRP 383174, 47 c 6 (26. 11. 1920). Überholungskupplung (THEODOR STOFFEL, Augsburg).
[*76*] DRP 496495, 47 c 6 (16. 9. 1925). Kupplungsvorrichtung (Humfrey-Sandberg Company, Ltd., London).
[*77*] DRP 508123, 47 c 6 (18. 3. 1927). Selbstsperrende Einrichtung zur Verbindung zweier Wellen (Gesellschaft für Elektrische Apparate m.b.H., Berlin).
[*78*] DRP 518826, 47 c 6 (13. 2. 1927). Kugel- oder Rollenklemmkupplung (WILLIAM MILLER und HAROLD LAMB [„Millam"], Dunston und Newcastle on Tyne, England).
[*79*] DRP 538044, 47 c 6 (7. 12. 1929). Freilaufkupplung mit windschiefen Rollen (Humfrey-Sandberg Company Ltd. London).
[*80*] DRP 556617, 47 c 6 (26. 1. 1929). Selbsttätig einrückbare Sperrkupplung (WILLIAM MILLER und HAROLD LAMB [„Millam"], Dunston und Newcastle on Tyne, England).
[*81*] DRP 603357, 47 c 6 (2. 7. 1932). Freilaufkupplung (Henschel und Sohn A.G., Kassel).
[*82*] DRP 621830, 47 c 6 (11. 4. 1934). Rollenklemmkupplung (Kugelfischer, Erste Automatische Gußstahlkugelfabrik vorm. Friedrich Fischer, Schweinfurt).
[*83*] DRP 693787, 47 c 6 (20. 6. 1940). Klemmrollenkupplung (Dipl.-Ing. CARL SCHÜRMANN, Düsseldorf).
[*84*] DBP 850100, 47 c 6 (9. 12. 1941). Freilaufkupplung für hohe Drehzahlen (HEINO FRANK, Stuttgart-Hedelfingen).
[*85*] DBP 882778, 47 c 6 (30. 6. 1950). Freilaufkupplung, insbesondere für Schaltwerksgetriebe (RICHARD SEIDEL, Bocholt).
[*86*] DBP 885331, 47 c 6 (2. 10. 1948). Klemmrollen- oder Klemmkugelfreilaufkupplung, vorzugsweise für kleine Belastungen, z. B. Magnettongeräte (PAUL ULLRICH, Berlin-Tempelhof).
[*87*] DBP 893731, 47 c 6 (1. 8. 1942). Klemmrollenfreilauf mit durch Tangentialfedern angedrückten Klemmrollen (NORBERT RIEDEL, Flecken b. Immemstadt).
[*88*] DBP 907228, 47 c 6 (1. 2. 1951). Freilaufkupplung (Dipl.-Ing. HUBERT FRHR. VON THÜNGEN, Friedrichshafen).
[*89*] DBP 915402, 47 c 6 (26. 7. 1951). Freilaufkupplung (LUDWIG NETTER, Windsheim).
[*90*] DBP 921958, 47 c 6 (30. 12. 1951). Freilaufkupplung mit zwischen gegenüberliegenden Zylinderflächen durch Kippen verklemmbaren Körpern (HARRY P. TROENDLY, City of la Grange, USA).
[*91*] DBP 924408, 47 c 6 (24. 10. 1951). Freilauf (Dr.-Ing. WILHELM STIEBER, München).
[*92*] DBP 928560, 47 c 6 (23. 12. 1951). Freilaufkupplung (ERNEST A. FERRIS, Oak Park, USA).
[*93*] DRP 2804, 47 h 5 (13. 3. 1878). Schaltwerkmotor (HANS GOELDEL, Berlin).
[*94*] DRP 18261, 47 h 5 (19. 6. 1881). Neuerungen an Tretvorrichtungen für den Fußbetrieb von Maschinen (CHARLES MAYO und WILLIAM PERRY, Lowell, USA).
[*95*] DRP 42936, 47 h 5 (15. 3. 1887). Doppelt wirkendes Klemmrollenschaltwerk mit veränderlicher Übersetzung und Umsteuerung mittels Handhebelwerks (THOMAS DRAKE HOLLICK und WILLIAM EDWARD RICKARD, London).
[*96*] DRP 75682, 47 h 5 (5. 1. 1893). Umkehrbares Klemmrollengesperre (BIRGER LJUNGSTRÖM, Stockholn).
[*97*] DRP 115043, 47 h 5 (16. 11. 1897). Umsteuerbares Klemmrollengesperre (WILLIAM EDMUND SIMPSON, Birmingham, England).
[*98*] DRP 122942, 47 h 5 (23. 2. 1898). Umsteuerbares Klemmrollengesperre (GEORGE ALTHAM, Swansea, USA).
[*99*] DRP 257072, 47 h 5 (11. 12. 1909). Vorrichtung zur Veränderung der Umdrehungsgeschwindigkeit einer mit Hilfe eines in pendelnder Bewegung erhaltenen Hebels angetriebenen Welle (Fa. Robert Bosch, Stuttgart).
[*100*] DRP 306763, 47 h 5 (7. 9. 1916). Schaltwerkwechselgetriebe (ARTUR LEFFLER, Stockholm).
[*101*] DRP 356736, 47 h 5 (24. 2. 1920). Gesperre (Dipl.-Ing. CARL SCHÜRMANN, Düsseldorf).
[*102*] DRP 359468, 47 h 5 (11. 2. 1921). Antriebsvorrichtung zur Kraftübertragung mittels Rollen oder Kugeln (WILHELM WEIGER JUN., Köln).
[*103*] DRP 392492, 47 h 5 (13. 3. 1923). Rollenschaltwerk (EUGEN WOERNER, Stuttgart).
[*104*] DRP 426548, 47 h 5 (5. 7. 1924). Schaltwerk (GEORGE CONSTANTINESCO, London).
[*105*] DRP 453958, 47 h 5 (9. 1. 1927). In einer Richtung wirkendes Schaltwerk (GEORGE CONSTANTINESCO, Weybridge, England).
[*106*] DRP 453959, 47 h 5 (9. 1. 1927). In einer Richtung wirkendes Schaltwerk (GEORGE CONSTANTINESCO, Weybridge, England).
[*107*] DRP 491824, 47 h 5 (16. 3. 1926). Klemmschaltwerk (LEO ROBIN, Ixelles; PHILIPPE DE PONTHIERE, Woluwe-St. Lambert, Belgien).
[*108*] DRP 594141, 47 h 5 (24. 7. 1932). Klemmschaltwerk (MICHAEL HAUSER, Augsburg, und FRITZ DÜRR, München).

[109] DRP 576669, 63 c 8/01 (14. 1. 1931). Zahnräderwechselgetriebe mit Freilaufeinrichtung, insbesondere für Kraftfahrzeuge (Warner Gear Company, Muncie, USA).

[110] DRP 595487, 63 c 8/01 (29. 12. 1931). Zahnradwechselgetriebe, insbesondere für Kraftfahrzeuggetriebe (Daimler-Benz A.G., Stuttgart-Untertürkheim).

[111] DRP 598930, 63 c 8/01 (19. 9. 1931). Schnellganggetriebe für Kraftfahrzeuge (Dr.-Ing. h. c. F. Porsche, G.m.b.H., Stuttgart).

[112] DRP 621422, 63 c 8/01 (26. 2. 1933). Selbsttätig sich einstellendes Zahnräderwechselgetriebe, insbesondere für Kraftfahrzeuge (Bendix Aviation Corporation, Chicago, USA).

[113] DBP 871698, 63 c 8/01 (31. 7. 1951). Gesperre zur Verhinderung des ungewollten Rückwärtsrollens von Motorfahrzeugen (Walter Husy, Zürich).

[114] DBP 875761, 63 c 8/01 (30. 9. 1950). Geschwindigkeitswechselgetriebe, insbesondere für Kraftfahrzeuge (Harold Sinclair, London).

[115] DBP 883842, 63 c 8/01 (22. 9. 1950). Zahnradwechselgetriebe ohne Zugkraftunterbrechung für mehrere Geschwindigkeiten, insbesondere für Kraftfahrzeuge (Hugo Rambausek, Augsburg).

[116] DBP 884461, 63 c 8/01 (27. 7. 1951). Rückrollsperre für Kraftfahrzeuge (Franz Heinrich Müller, Hamburg).

[117] DRP 642227, 63 c 8/40 (1. 8. 1934). Zwischen dem Wechselgetriebe von Kraftfahrzeugen und der Fahrzeugtreibachse angeordnete Freilaufvorrichtung (Bayerische Motorenwerke AG., München).

[118] DBP 840653, 63 c 8/40 (26. 11. 1942). Gleichachsige Doppel- oder Mehrfachreibungskupplung (Hugo Rambausek, Augsburg).

[119] DBP 876646, 63 c 8/40 (29. 6. 1950). Verfahren zum Schalten von Wechselgetrieben mit mehreren Übersetzungsstufen und Wechselgetriebe zur Durchführung dieses Verfahrens, insbesondere für Kraftfahrzeuge (Dipl.-Ing. Hans Joachim Förster, Harthausen).

[120] DBP 892115, 63 c 8/40 (21. 10. 1937). Geschwindigkeitswechselgetriebe, insbesondere für Kraftfahrzeuge (Harold Sinclair, London).

[121] DRP 714379, 63 c 8/41 (6. 7. 1937). Mehrstufiges Zahnräderwechselgetriebe, insbesondere für Motorfahrzeuge mit dauernd in Eingriff befindlichen Räderpaaren (Hugo Rambausek und Karl Macrander, Eberswalde).

[122] DBP 914342, 63 c 8/41 (9. 1. 1952). Mechanische Kupplungsanordnung, insbesondere für Geschwindigkeitswechselgetriebe von Kraftfahrzeugen (Harold Sinclair, Windsor, England).

[123] DBP 925509, 63 c 8/41 (1. 5. 1953). Mehrgängiges Zahnräderschaltgetriebe vorzugsweise für Fahrzeuge mit zwei vorgeschalteten Reibungs-Überholungskupplungen (Hugo Rambausek, Augsburg).

[124] DRP 605879, 63 c 16/07 (13. 7. 1933), Klemmrollenfreilaufkupplung für Kraftfahrzeuge mit einer zusätzlichen Klemmkupplung (Maschinenfabrik Prometheus G.m.b.H., Berlin).

[125] DRP 606374, 63 c 16/07 (7. 10. 1932). Vorrichtung zum Entblocken und Wiederblockieren eines Freilaufgesperres an Kraftfahrzeugen (Zahnradfabrik Friedrichhafen A.G., Friedrichshafen).

[126] DRP 618767, 63 c 16/07 (29. 10. 1932). In ein Kraftfahrzeug eingebautes Klemmgesperre (Zahnradfabrik Friedrichshafen A.G., Friedrichshafen).

[127] DRP 662730, 63 c 16/07 (5. 5. 1933). Klemmrollenkupplung mit ausrückbarer Klauenkupplung zum Überbrücken der Klemmrollenkupplung (Kugelfischer, Erste Automatische Gußstahlkugelfabrik vorm. Friedrich Fischer, Schweinfurt).

[128] DRP 685181, 63 c 16/07 (19. 9. 1935). Freilaufeinrichtung für Kraftfahrzeuge (Dr.-Ing. h. c. F. Porsche K.G., Stuttgart-Zuffenhausen).

[129] DRP 700834, 63 c 16/07 (18. 7. 1936). Überholungskupplung für Kraftfahrzeuge (General Motors Truck Corporation, Pontiac, USA).

[130] DBP 827160, 63 c 16/07 (23. 2. 1949). Antriebsanordnung, insbesondere für Kraftfahrzeuge (Dipl.-Ing. Dr.-Ing. e. h. Friedrich Nallinger, Stuttgart).

[131] DRP 165882, 63 i 9 (31. 3. 1903). Freilauf und Bremsnabe für Fahrräder und dgl. (Ernst Sachs, Schweinfurt).

[132] DRP 105465, 63 i 11/01 (20. 6. 1897). Kombiniertes Gesperre für Fahrradantrieb und Hinterradbremse (Karl Jungk, Bremen).

[133] DRP 266637, 63 k 6 (24. 7. 1912). Trethebelantrieb für Fahrräder (Antoine Laffond, Le Fousseret, Frankreich).

[134] DRP 401152, 63 k 34 (22. 12. 1922). Freilaufrad (Dimitri Sensaud de Lavaud, Paris).

[135] DRP 378887, 82 b 11/50 (29. 1. 1921). Freilaufkupplung zwischen der losen Antriebsscheibe und der Welle einer Schleuder mit Kugelsperrung (F. & M. Lautenschläger G.m.b.H., Berlin).

[136] DBP 919275, 82 b 11/50 (27. 7. 1952). Antriebsvorrichtung für diskontinuierlich arbeitende Zentrifugen (Kurt Wendler, München-Allach).

8 Sachverzeichnis

Berichtigungen

S. 5: statt Abb. 5/ö **lies** Abb. 5/1

S. 27, Beispiel 1: statt k_{ul} **lies** k_{zul}

S. 42, Zeile unter Gl. (42/5): statt Differentation **lies** Differentiation

S. 48, nach Gl. (48/5): statt [°[**lies** [°]

S. 69, Tab. 5.2.1, letzte Spalte, letzte Zeile: statt 12^3 **lies** 12^3)

S. 87, letzte Tabelle: die Überschrift heißt richtig „Anhaltswerte für die Auswuchtung“

Stölzle/Hart, Freilaufkupplungen